建设工程读图识图与工程量清单计价系列

水暖工程读图识图与造价

本书编委会 编写

SHUINUAN GONGCHENG DUTU SHITU YU ZAOJIA

内容提要

本书主要依据《建筑给水排水制图标准》GB/T 50106—2010、《暖通空调制图标准》GB/T 50114—2010、《燃气工程制图标准》CJJ/T 130—2009、《建设工程工程量清单计价规范》GB 50500—2013、《通用安装工程工程量计算规范》GB 50856—2013等最新规范编写。内容包括水暖工程识图、水暖工程造价概述、水暖工程定额与定额计价、工程量清单与工程量清单计价、给水排水工程工程量计算、采暖工程工程量计算、燃气工程及其他工程量计算、水暖工程施工图预算的编制及水暖工程竣工结算。

本书内容翔实、资料丰富，重点突出地介绍了水暖工程造价人员应掌握的实用知识，可供从事水暖工程读图识图、预算编制、工程量计算等工作的造价工程师及相关人员参考使用。

责任编辑：陆彩云　栾晓航　　　**责任出版**：卢运霞

图书在版编目（CIP）数据

水暖工程读图识图与造价/《水暖工程读图识图与造价》编委会编写. --北京：知识产权出版社，2013.9
（建设工程读图识图与工程量清单计价系列）
ISBN 978-7-5130-2337-5

Ⅰ.①水… Ⅱ.①水… Ⅲ.①给排水系统－建筑安装－工程制图－识别②给排水系统－建筑安装－工程造价③采暖设备－建筑安装－工程制图－识别④采暖设备－建筑安装－工程造价 Ⅳ.①TU82②TU832③TU723.3

中国版本图书馆CIP数据核字(2013)第233629号

建设工程读图识图与工程量清单计价系列
水暖工程读图识图与造价
本书编委会　编写

出版发行：知识产权出版社

社　　址：北京市海淀区马甸南村1号	**邮　　编**：100088
网　　址：http://www.ipph.cn	**邮　　箱**：lcy@cnipr.com
发行电话：010－82000893	**传　　真**：010－82000860转8240
责编电话：010－82000860转8110/8382	**责编邮箱**：luanxiaohang@cnipr.com
印　　刷：北京雁林吉兆印刷有限公司	**经　　销**：新华书店及相关销售网点
开　　本：720mm×960mm　1/16	**印　　张**：17.5
版　　次：2014年1月第1版	**印　　次**：2014年1月第1次印刷
字　　数：322千字	**定　　价**：43.00元

ISBN 978-7-5130-2337-5

《水暖工程读图识图与造价》编写人员

主　编　曹美云

参　编　（按姓氏笔画排序）

于　涛　马文颖　王永杰　刘艳君

何　影　佟立国　张建新　李春娜

邵亚凤　姜　媛　赵　慧　徐卫林

陶红梅　曾昭宏　韩　旭　雷　杰

前　言

随着能源、原材料等基础工业建设的发展和建设市场的开放，安装行业不断向前发展。水暖工程作为安装工程的重要组成部分，发展势头更为迅猛。目前，国家对水暖工程相关的制图标准与计价规范进行了大范围的修改与制订，例如《建筑给水排水制图标准》GB/T 50106—2010、《暖通空调制图标准》GB/T 50114—2010、《燃气工程制图标准》CJJ/T 130—2009、《建设工程工程量清单计价规范》GB 50500—2013、《通用安装工程工程量计算规范》GB 50856—2013 等，这些都要求水暖工程造价及相关工作人员必须具备更强的读图识图能力、计算能力及预算、清单计价编制水平。

为了让水暖工程造价及相关工作人员快速地具备这些能力，本书依据上述最新制图标准与计价规范，结合工程实际应用而编写，内容包括水暖工程识图、水暖工程造价概述、水暖工程定额与定额计价、工程量清单与工程量清单计价、给水排水工程工程量计算、采暖工程工程量计算、燃气工程及其他工程量计算、水暖工程施工图预算的编制及水暖工程竣工结算。

本书在编写过程中，得到了给水排水、采暖、燃气工程造价方面的专家和技术人员的大力支持和帮助，在此表示衷心地感谢。本书可供从事水暖工程读图识图、预算编制、工程量计算等工作的造价工程师及相关人员参考使用。

此外，由于编者水平有限，书中难免有疏漏之处，恳请广大读者热心指点，以便进一步修改和完善。

编　者

2013 年 7 月

目　　录

1　水暖工程识图

1.1　投影基本知识

1.1.1　投影的基本概念

1. 投影的概念

投影是指光线投影于物体产生影子的现象，例如光线照射物体在地面或其他背景上产生影子，这个影子就是物体的投影。在制图学上，我们称投影为投影图（也叫视图），如图 1-1 所示。

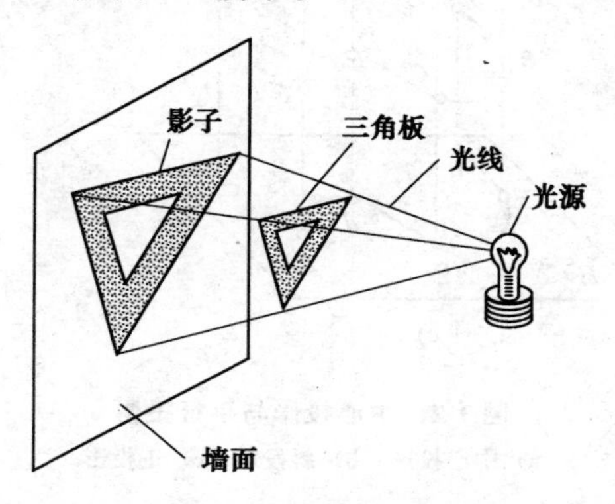

图 1-1　物体的影子

利用一组假想的光线把物体的形状投射到投影面上，并在上面形成物体的图像，这种用投影图表示物体的方法叫投影法，它表示光源、物体和投影面三者间的关系。投影是绘制工程图的基础。

2. 投影的分类

工程制图上常用的投影包括中心投影和平行投影。

中心投影：即投射线由一点放射出来的投影，如图 1-2a）所示。按中心投影法所得到的投影称为中心投影。

平行投影：当投影中心离开投影面无限远时，投射线可看成是相互平行的，投射线相互平行的投影叫做平行投影。按平行投影法所得到的投影称为平行投影。按照投射线与投影面的位置关系不同，平行投影又可分为两种。

投射线相互平行而且垂直于投影面，叫正投影，也叫直角投影（图 1-2c）。投射线相互平行，但倾斜于投影面，叫斜投影（图 1-2b）。

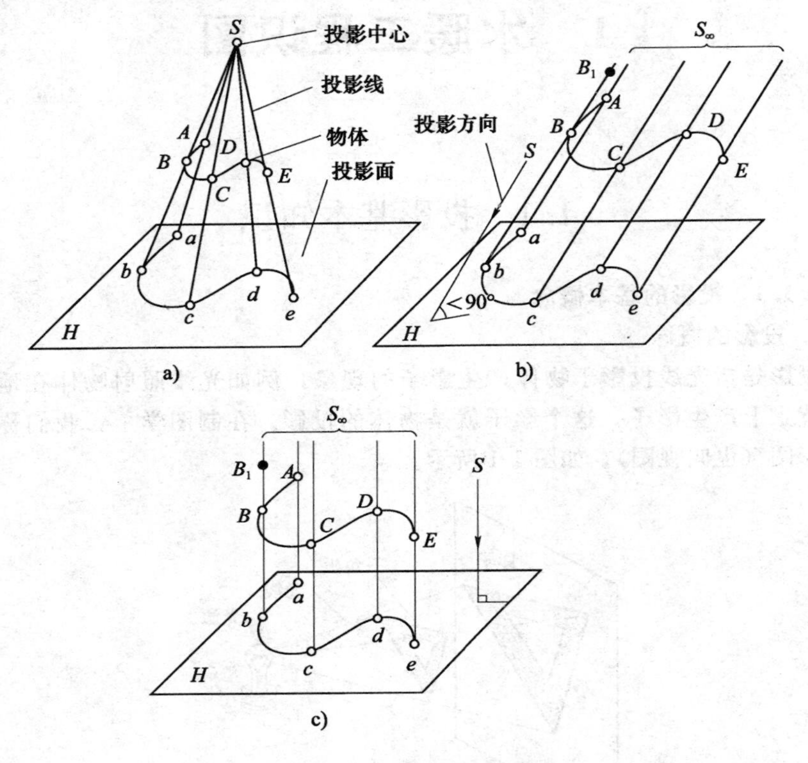

图 1-2　中心投影与平行投影

a）中心投影；b）斜投影；c）正投影

1.1.2　点的投影

1. 点的三面投影

在任何投影面上点的投影仍是点。如图 1-3 所示 A 点的三面投影立体图和其展开图。制图中规定，空间点用大写拉丁字母（如 A、B、C……）表示；投影点用同名小写字母表示。为区别各投影点号：H 面记作 a、b、c……；V 面记作 a'、b'、c'……；W 面记作 a''、b''、c''……。点的投影用小圆圈画出（直径小于 1mm），点号标在投影的近旁，并写在所属的投影面区域中。

图 1-3 是空间点 A 在三投影体系中的投影，即过 A 点向 H、V、W 面作垂线（叫投影连系线），所交之点 a、a'、a''就是空间点 A 在三个投影面上的投影。从图中可见，由投影线 Aa、Aa'构成的平面 P（$Aa'a_Xa$）与 OX 轴相交于 a_X，因 $P\perp V$、$P\perp H$，即 P、V、H 三面互相垂直，立体几何知识可知，此三平面两两的交线相互垂直，即 $a'a_X\perp OX$，$aa_X\perp OX$，$a'a_X\perp aa_X$，故 P

为矩形。当 H 面旋转至与 V 面重合时 O 不动，且 $aa_X \perp OX$ 的关系不变，所以 a'、a_X、a 三点共线，即 $a'a \perp OX$。

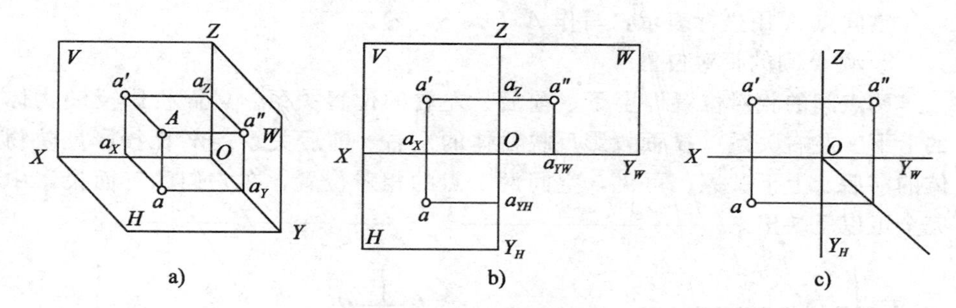

图 1-3 点的三面投影图

a）直观图；b）展开图；c）投影图

同理，可得到 $a'a'' \perp OZ$，$aa_{YH} \perp OY_H$、$a''a_{YW} \perp OY_W$。从图中也可看出：

$a'a_X = a_ZO = a''a_{YW} = Aa$，反映 A 点到 H 面的距离。

$aa_X = a_{YH}O = a_{YW}O = a''a_Z = Aa'$，反映 A 点到 V 面的距离。

$a'a_Z = a_XO = aa_{YH} = Aa''$，反映 A 点到 W 面的距离。

综上所述，点的三面投影规律为：

1）点的任意两面投影的连线垂直于相应的投影轴。

2）点的投影到投影轴的距离，反映点到相应投影面的距离。

这些规律是“长对正、高平齐、宽相等”的理论所在。根据以上规律，只要已知点的任意两投影，就能求其第三投影。

2. 点的坐标

若把三面投影体系看作直角坐标系，那么 H 投影面、V 投影面、W 投影面称为坐标面，投影轴 OX、OY、OZ 称为直角坐标轴。如图 1-4 所示，此时：

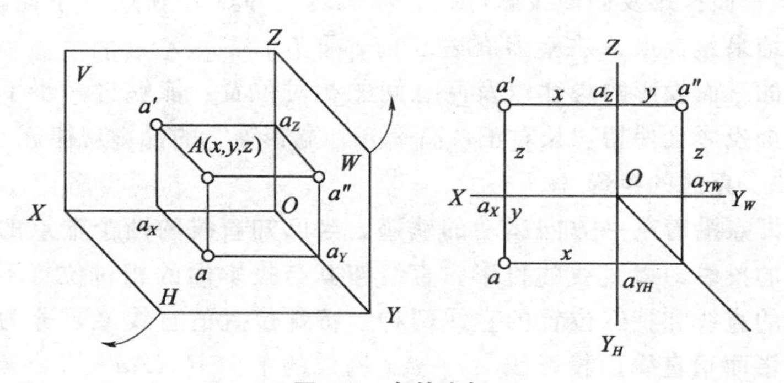

图 1-4 点的坐标

A 点到 W 面的距离为 x 坐标。

A 点到 V 面的距离为 y 坐标。

A 点到 H 面的距离为 z 坐标。

空间点 A 用坐标表示，写作 A（x，y，z）。

3. 两点间的相对位置

两点间的相对位置即上下、前后、左右的位置关系。V 面投影反映物体的上下、左右关系；H 面投影反映物体的左右、前后关系；W 面投影反映物体的前后、上下关系。可见，空间两个点的相对位置，在它们的三面投影中完全可以反映出来。

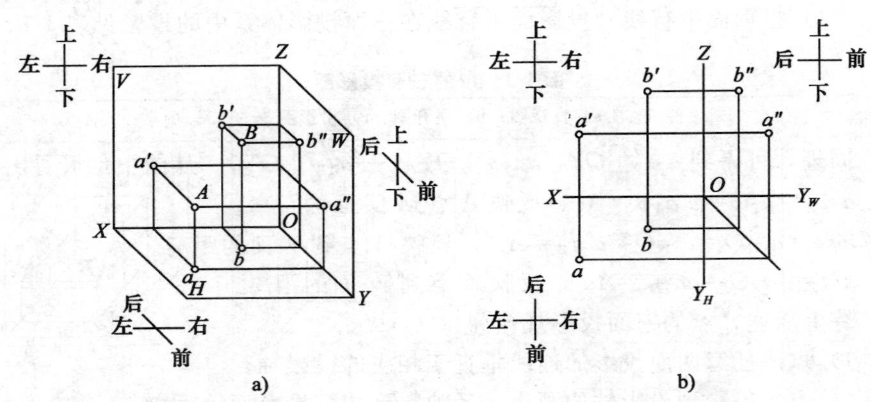

图 1-5 两点的相对位置

a）立体图；b）投影图

如图 1-5 所示，比较 A、B 两点的投影，即可分析两点的相对位置。

1）从正面投影及水平投影可见，$x_A > x_B$，即点 A 在点 B 左面。

2）从水平投影及侧面投影可见，$x_A > x_B$，即点 A 在点 B 前面。

3）从正面投影及侧面投影可见，$x_A < x_B$，即点 A 在点 B 下面。

比较结果是：点 A 在点 B 的左、前、下方。

从点的三面投影的规律以及两点间的相对位置，能够进一步了解为什么物体的三个投影会保持“长对正，高平齐，宽相等”的投影规律。

1.1.3 直线的投影

直线即点沿着某一方向运动的轨迹。当已知直线的两个端点的投影，连接两端点的投影即得直线的投影。直线按其与投影面的相对位置不同，包括一般位置的直线和特殊位置的直线两种，特殊位置的直线又可分为投影面平行线和投影面垂直线。

1. 一般位置直线的投影

与三投影面都倾斜的直线叫一般位置的直线。它的投影如图 1-6 所示。

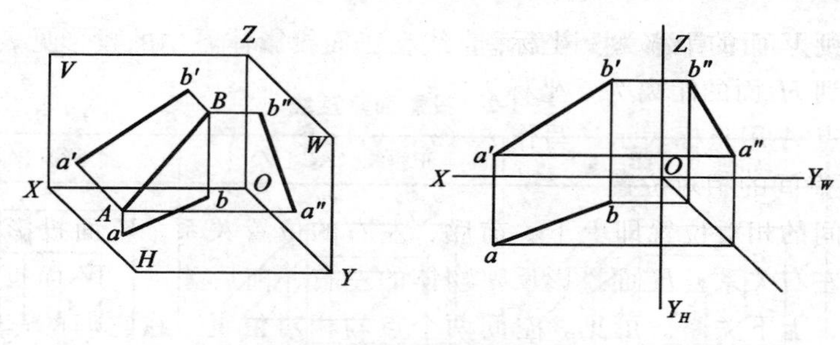

图 1-6 一般位置直线的投影

(1) 投影面平行线 投影面平行线在三面投影体系中的投影见表 1-1。

表 1-1 投影面平行线

名称	水平线（$AB/\!/H$）	正平线（$AC/\!/V$）	侧平线（$AD/\!/W$）
立体图	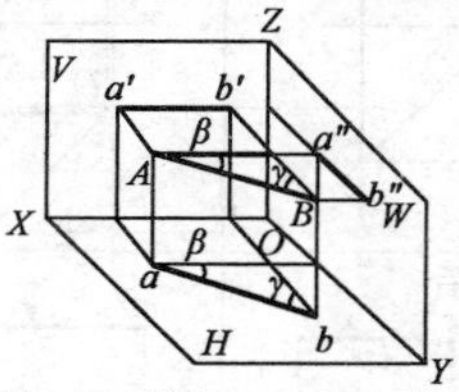	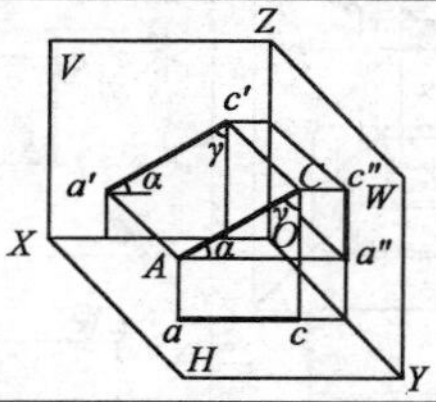	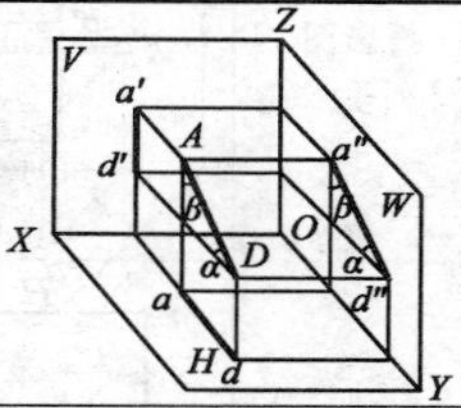
投影图	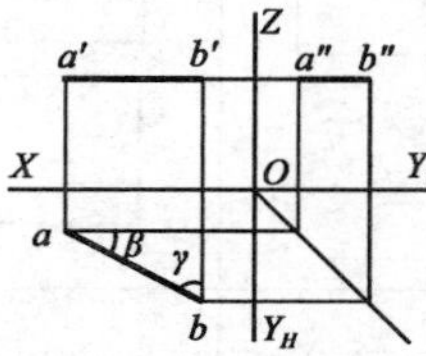	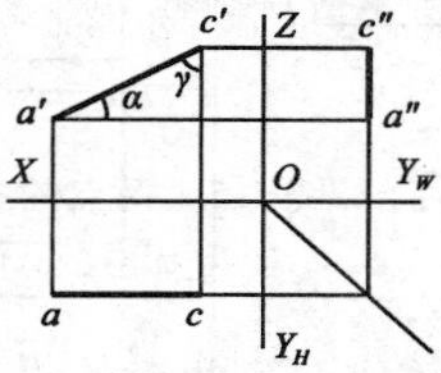	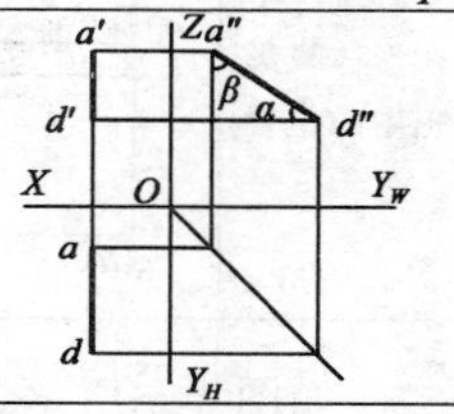
在形体投影图中的位置	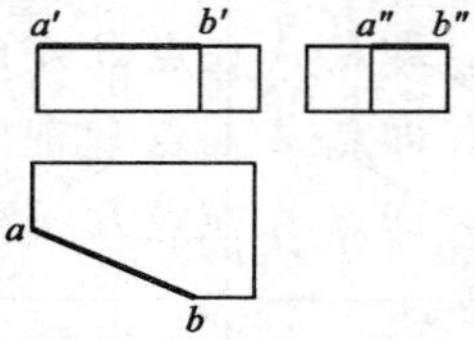	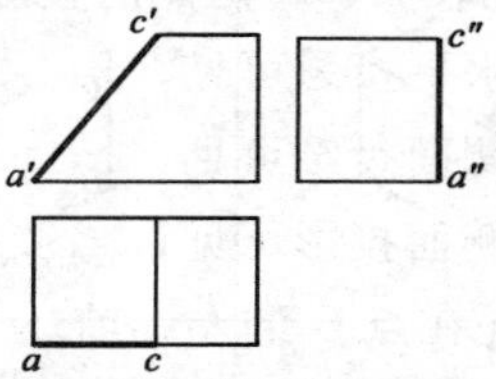	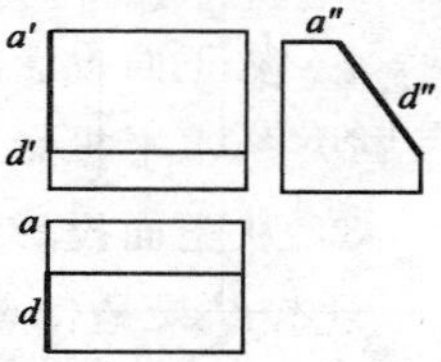
在形体立体图中的位置	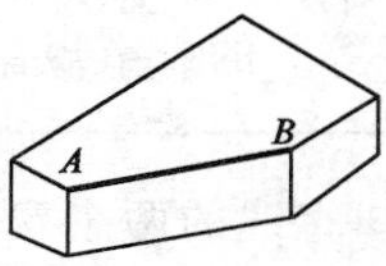	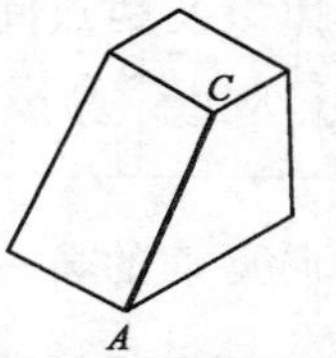	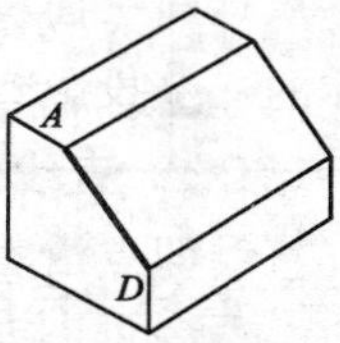
投影规律	1）ab 与投影轴倾斜，$ab=AB$：反映倾角 β、γ 的实形 2）$a'b'/\!/OX$、$a''b''/\!/OY_w$	1）$a'c'$ 与投影轴倾斜，$a'c'=AC$：反映倾角 α、γ 的实形 2）$ac/\!/OX$、$a''c''/\!/OZ$	1）$a''d''$ 与投影轴倾斜，$a''d''=AD$：反映倾角 α、β 的实形 2）$ad/\!/OY_H$、$a'd'/\!/OZ$

（2）投影面垂直线　投影面垂直线在三面投影体系中的投影见表 1-2。

表 1-2　投影面垂直线

名称	铅垂线（$AB \perp H$）	正垂线（$AC \perp V$）	侧垂线（$AD \perp W$）
立体图	Z V a′ A a″ b′ O W b″ X B a(b) b H Y	Z V a′(c′) c″ C W A O a″ X c aH Y	a′ d′ a″(d″) W A D X O a d Y
投影图	a′ Z a″ b′ b″ X O Y_W a(b) Y_H	a′(c′) Z c″ a″ X O Y_W c a Y_H	a′ d′ Z a″(d″) X O Y_W a d Y_H
在形体投影图中的位置	a′ a″ b′ b″ a(b)	a′(c′) c″ a″ c a	a′ d′ a″(d″) a d
在形体立体图中的位置	A B	C A	D A
投影规律	1）ab 积聚为一点 2）$a'b' \perp OX$；$a''b'' \perp OY_w$ 3）$a'b' = a''b'' = AB$	1）$a'c'$ 积聚为一点 2）$ac \perp OX$；$a''c'' \perp OZ$ 3）$ac = a''c'' = AC$	1）$a''d''$ 积聚为一点 2）$ad \perp OY_H$；$a'd' \perp OZ$ 3）$ad = a'd' = AD$

2. 直线上点的投影

直线的投影是直线上全部点投影的集合，如图 1-7 所示，直线 AB 上有一点 C，过点 C 作投影线 Cc 垂直于 H 面，与 H 面的交点必在 AB 的水平投影 ab 上，同理，点 C 的正面投影 c' 和侧面投影 c'' 也在直线 AB 的正面投影和侧面投影上。因此，直线上点的投影必在直线的同面投影上。相反，若一个点的三面投影在一直线的同面投影上，则该点必为直线上的点。

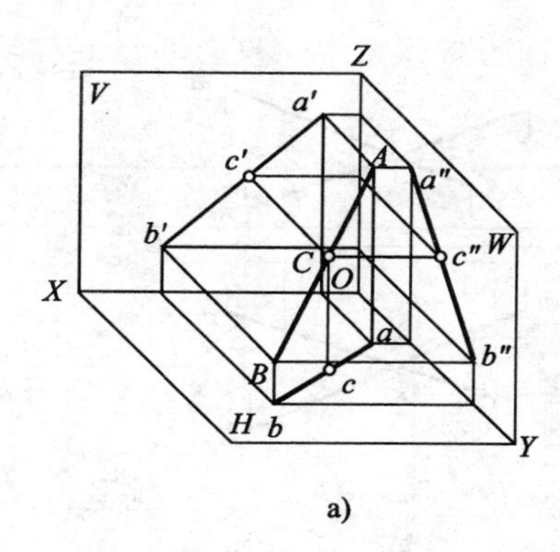

a)

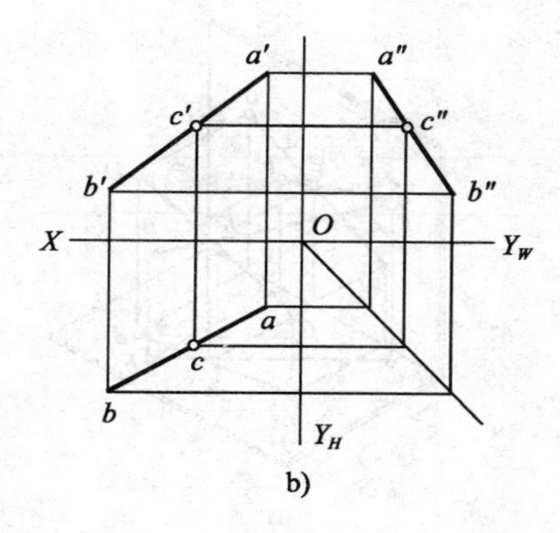

b)

图 1-7　直线上点的投影

a）直观图；b）投影图

3. 两直线的相对位置

（1）两直线平行　根据平行投影的基本性质可知：若空间两直线互相平行，那么其同面投影必平行，且两平行线段长度之比等于其同面投影长度之比。如图 1-8 a）所示，两直线 $AB /\!/ CD$，则 $ab /\!/ cd$，$a'b' /\!/ c'd'$，同样 $a''b'' /\!/ c''d''$。且 AB：$CD = ab$：$cd = a'b'$：$c'd' = a''b''$：$c''d''$。

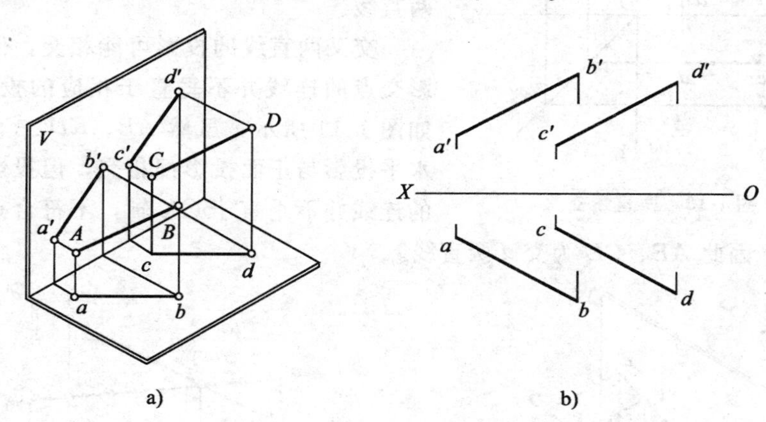

a)　　b)

图 1-8　两直线平行

a）两直线平行；b）两直线不平行

（2）两直线相交　如果空间两直线相交，则其同面投影必相交、且各投影的交点必符合点的投影规律。如图 1-9 a）所示，直线 AB 与 CD 相交于点 K，K 是 AB 与 CD 的共有点。当将它们分别向 H 面和 V 面作投影时，其水平投影 ab 与 cd 交于 k，正面投影 $a'b'$与 $c'd'$交于 k'。同理，它们的侧面投影 $a''b''$与 $c''d''$必交于 k''。

（3）两直线交叉　交叉两直线是既不平行也不相交的异面两直线，因此

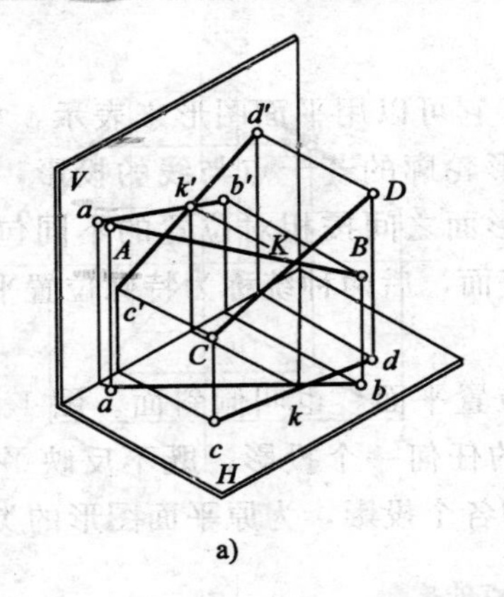

a)

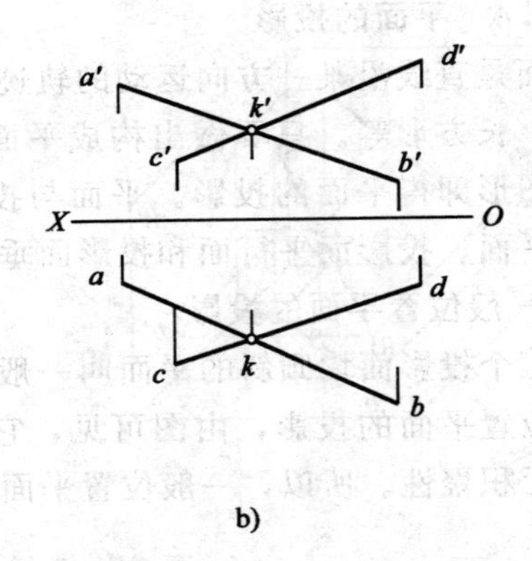

b)

图 1-9 两直线相交

a）投影图；b）平面图

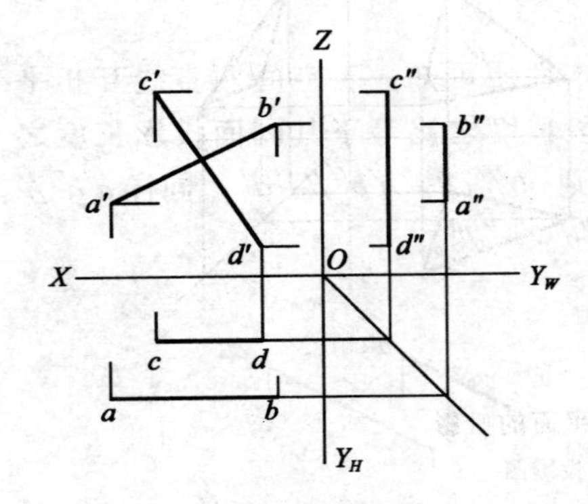

图 1-10 两直线交叉

其投影不具备两直线平行或相交的投影特性。图 1-10 中，虽然 *AB*、*CD* 两直线的水平投影和侧面投影均平行，但它们的正面投影并不平行，所以 *AB*、*CD* 为交叉两直线。

交叉两直线的投影可能相交，但各投影交点的连线并不垂直于相应的投影轴。如图 1-11 所示，虽然 *AB*、*CD* 二直线的水平投影与正面投影都相交，但投影交点的连线并不垂直于 *OX* 轴，不符合点的投影规律，因此 *AB*、*CD* 为交叉两直线。

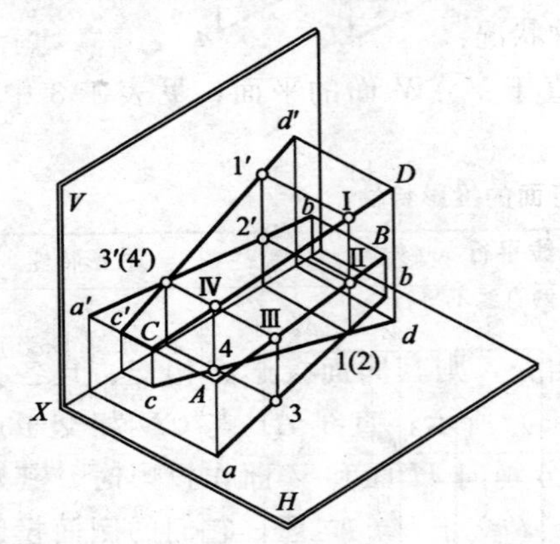

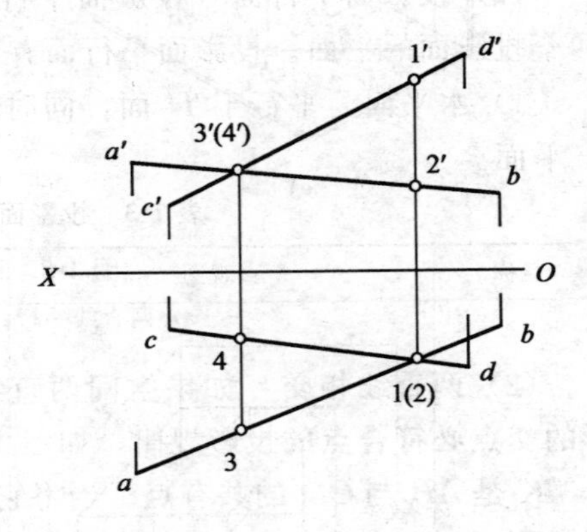

图 1-11 两交叉直线重影点

1.1.4 平面的投影

平面是直线沿某一方向运动的轨迹。它可以用平面图形来表示，如圆形、正方形、长方形等。只要做出构成平面形轮廓的若干点与线的投影，然后连成平面图形即得平面的投影。平面与投影面之间按相对位置的不同包括：一般位置平面、投影面平行面和投影面垂直面，后两种统称为特殊位置平面。

1. 一般位置平面的投影

与三个投影面均倾斜的平面叫一般位置平面，也叫倾斜面。图 1-12 所示为一般位置平面的投影，由图可见，它的任何一个投影，既不反映平面的实形，也无积聚性。所以，一般位置平面的各个投影，为原平面图形的类似形。

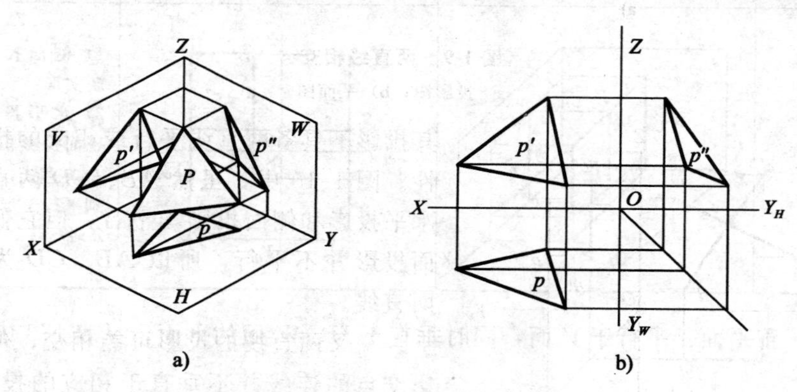

图 1-12 一般位置平面的投影

a) 直观图 b) 投影图

2. 特殊位置平面的投影

(1) 投影面平行面 投影面平行面即平行于某一投影面，因而垂直于另两个投影面的平面。投影面平行面有三种状况：

1) 水平面：平行于 H 面，同时垂直于 V、W 面的平面，见表 1-3 中的 P 平面。

表 1-3 投影面平行面的投影特性

名称	直观图	投影图	投影特性
水平面			1) 水平投影反映实形 2) 正面投影及侧面投影积聚成一条直线，且分别平行于 X 轴及 Y 轴

续表

名称	直观图	投影图	投影特性
正平面	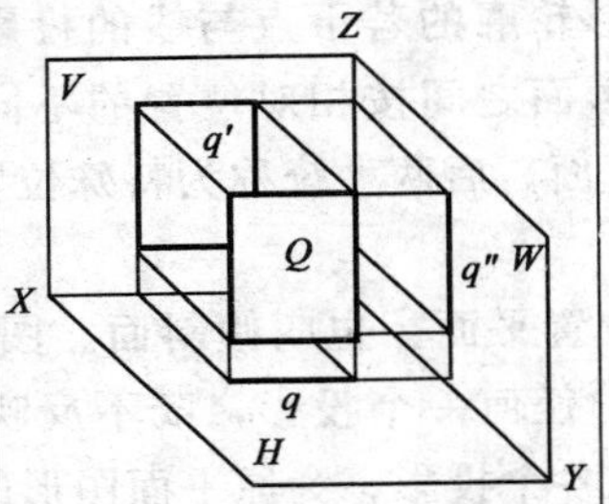	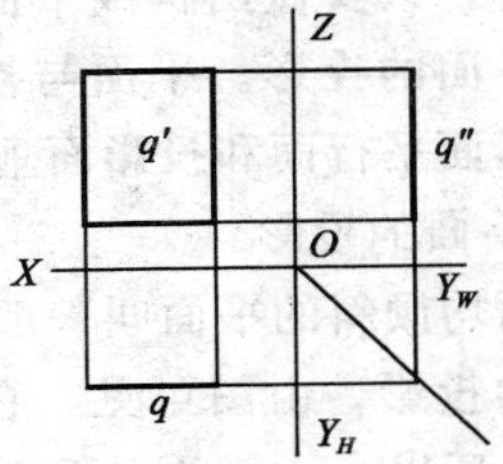	1）正面投影反映实形 2）水平投影及侧面投影积聚成一条直线，且分别平行于 X 轴及 Y 轴
侧平面	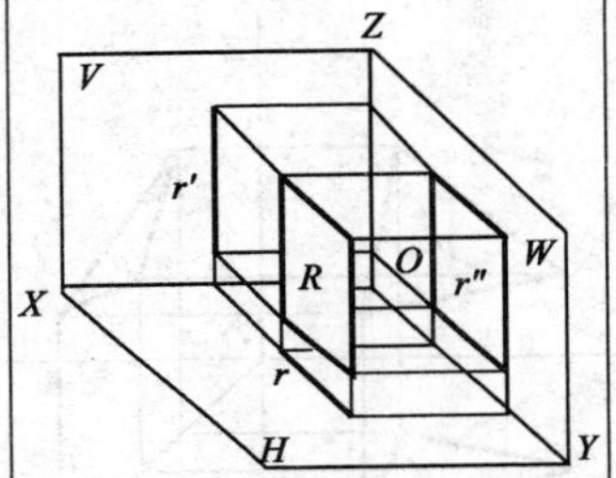	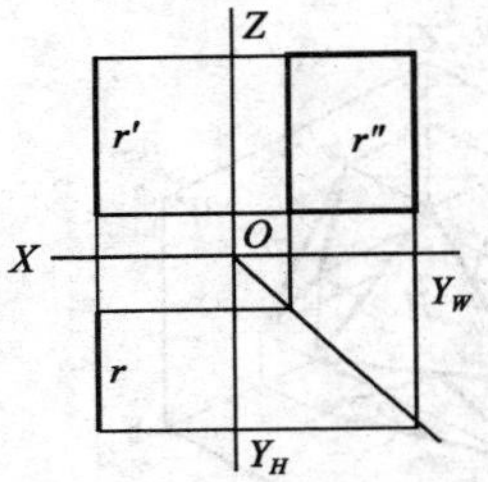	1）侧面投影反映实形 2）水平投影及正面投影积聚成一条直线，且分别平行于 Y 轴及 Z 轴

2）正平面：平行于 V 面，同时垂直于 H、W 面的平面，见表 1-3 中的 Q 平面。

3）侧平面：平行于 W 面，同时垂直于 V、H 面的平面。见表 1-3 中的 R 平面。

综合表 1-3 中的投影特性，得到投影平行面的共同特性：

投影面平行面在它所平行的投影面的投影反映实形，在其他两个投影面上投影积聚为直线，且与相应的投影轴平行。

（2）投影面垂直面　投影面垂直面即垂直于一个投影面，同时倾斜于其他投影面的平面。投影面垂直面也有三种状况：

1）铅垂面：垂直于 H 面，倾斜于 V、W 面的平面，见表 1-4 中的 P 平面。

2）正垂面：垂直于 V 面，倾斜于 H、W 面的平面，见表 1-4 中的 Q 平面。

3）侧垂面：垂直于 W 面，倾斜于 H、V 面的平面，见表 1-4 中的 R 平面。

综合表 1-4 中的投影特性，得到投影面垂直面的共同特性：

投影面垂直面在它所垂直的投影面上的投影积聚为一斜直线，它与相应投影轴的夹角，反映该平面对其他两个投影面的倾角；在另两个投影面上的投影反映该平面的类似形，且小于实形。

表 1-4　投影面垂直面的投影特性

名称	直观图	投影图	投影特性
铅垂面	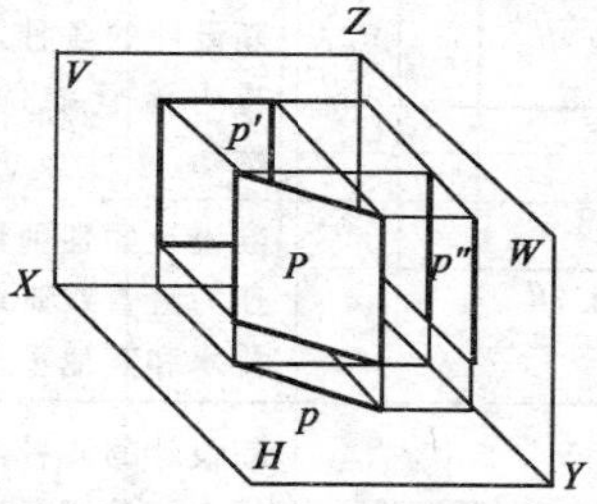 Z V p′ X P p″ W p H Y	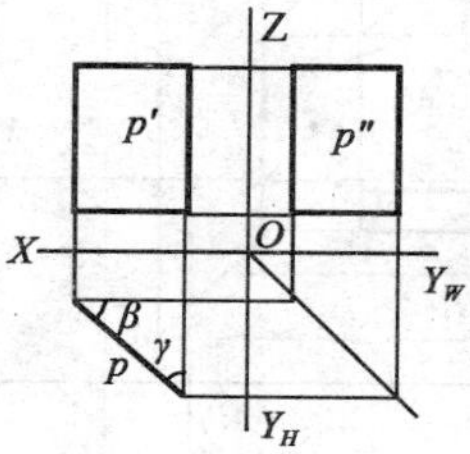 Z p′ p″ X O Y_W β γ p Y_H	1）水平投影积聚成一条斜直线 2）水平投影与 X 轴和 Y 轴的夹角，分别反映平面与 V 面和 W 面的倾角 β 和 γ 3）正面投影及侧面投影为平面的类似形
正垂面	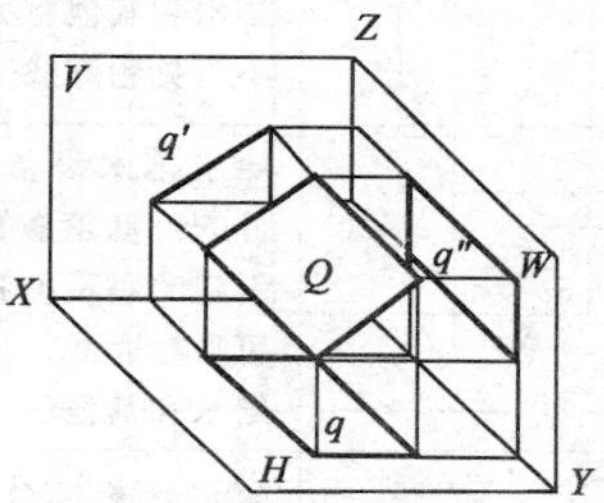 Z V q′ X Q q″ W q H Y	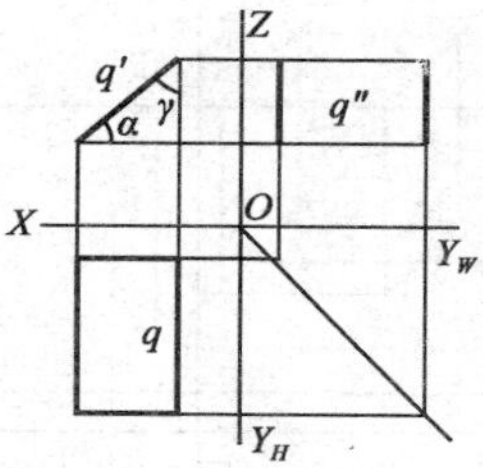 Z q′ α γ q″ X O Y_W q Y_H	1）正面投影积聚成一条斜直线 2）正面投影与 X 轴和 Z 轴的夹角，分别反映平面与 H 面和 W 面的倾角 α 和 γ 3）水平投影及侧面投影为平面的类似形
侧垂面	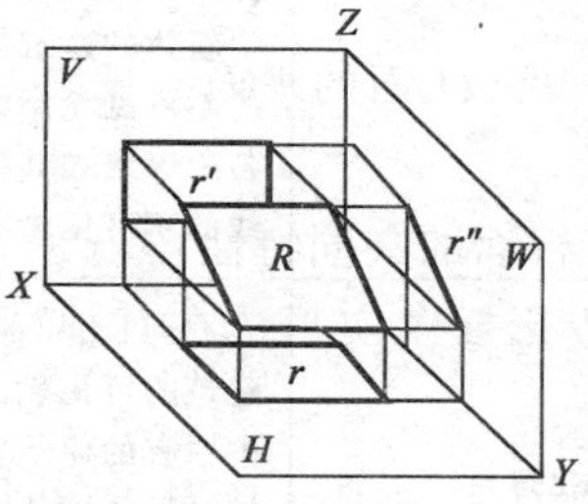 Z V r′ X R r″ W r H Y	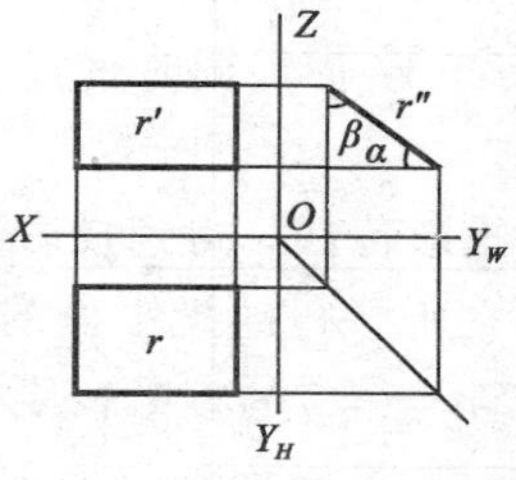 Z r′ r″ β α X O Y_W r Y_H	1）侧面投影积聚成一条斜直线 2）侧面投影与 Y 轴和 Z 轴的夹角，分别反映平面与 H 面和 V 面的倾角 α 和 β 3）水平投影及正面投影为平面的类似形

1.2　水暖施工图的有关规定

1.2.1　图线

1. 图线的宽度

图线的宽度 b 应按照图样的类型、比例和复杂程度，根据现行国家标准《房屋建筑制图统一标准》GB/T 50001—2010 中的规定选用。线宽 b 宜为 0.7mm 或 1.0mm。

2. 图线的线型

建筑给水排水专业制图中，常用的各种线型见表 1-5 的规定。

表 1-5　线型

名称	线型	线宽	用途
粗实线		b	新设计的各种排水和其他重力流管线
粗虚线		b	新设计的各种排水和其他重力流管线的不可见轮廓线
中粗实线		$0.7b$	新设计的各种给水和其他压力流管线；原有的各种排水和其他重力流管线
中粗虚线		$0.7b$	新设计的各种给水和其他压力流管线及原有的各种排水和其他重力流管线的不可见轮廓线
中实线		$0.5b$	给水排水设备、零（附）件的可见轮廓线；总图中新建的建筑物和构筑物的可见轮廓线；原有的各种给水和其他压力流管线
中虚线		$0.5b$	给水排水设备、零（附）件的不可见轮廓线；总图中新建的建筑物和构筑物的不可见轮廓线；原有的各种给水和其他压力流管线的不可见轮廓线
细实线		$0.25b$	建筑的可见轮廓线；总图中原有的建筑物和构筑物的可见轮廓线；制图中的各种标注线
细虚线		$0.25b$	建筑的不可见轮廓线；总图中原有的建筑物和构筑物的不可见轮廓线
单点长画线		$0.25b$	中心线、定位轴线
折断线		$0.25b$	断开界线
波浪线		$0.25b$	平面图中水平线；局部构造层次范围线；保温范围示意线

1.2.2 比例

1）建筑给水排水专业制图常用的比例，见表1-6的规定。

表1-6 常用比例

名称	比例	备注
区域规划图 区域位置图	1∶50000、1∶25000、1∶10000、1∶5000、1∶2000	宜与总图专业一致
总平面图	1∶1000、1∶500、1∶300	宜与总图专业一致
管道纵断面图	竖向1∶200、1∶100、1∶50 纵向1∶1000、1∶500、1∶300	—
水处理厂（站）平面图	1∶500、1∶200、1∶100	—
水处理构筑物、设备间、卫生间、泵房平、剖面图	1∶100、1∶50、1∶40、1∶30	—
建筑给水排水平面图	1∶200、1∶150、1∶100	宜与建筑专业一致
建筑给水排水轴测图	1∶150、1∶100、1∶50	宜与相应图样一致
详图	1∶50、1∶30、1∶20、 1∶10、1∶5、1∶2、1∶1、2∶1	—

2）在管道纵断面图中，竖向与纵向可采用不同的组合比例。

3）在建筑给水排水轴测系统图中，若局部表达有困难，此处可不按比例绘制。

4）水处理工艺流程断面图及建筑给水排水管道展开系统图可不按比例绘制。

1.2.3 标高

1）标高符号和一般标注方法应符合《房屋建筑制图统一标准》GB/T 50001—2010的规定。

2）室内工程应标注相对标高；室外工程应标注绝对标高，若无绝对标高资料，可标注相对标高，但应与总图专业一致。

3）压力管道应标注管中心标高；重力流管道及沟渠应标注管（沟）内底标高。标高单位以m计时，可注写到小数点后两位。

4）以下部位应标注标高：

① 沟渠和重力流管道：

a. 建筑物内宜标注起点、变径（尺寸）点、变坡点、穿外墙及剪力墙处。

b. 需控制标高处。

c. 小区内管道根据《建筑给水排水制图标准》GB/T 50106—2010 的有关规定执行。

② 压力流管道中的标高控制点。

③ 管道穿外墙、剪力墙和构筑物的壁及底板等处。

④ 不同水位线处。

⑤ 建（构）筑物中土建部分的相关标高。

5）标高的标注方法应符合以下规定：

① 平面图中，管道标高按图 1-13 的方式标注。

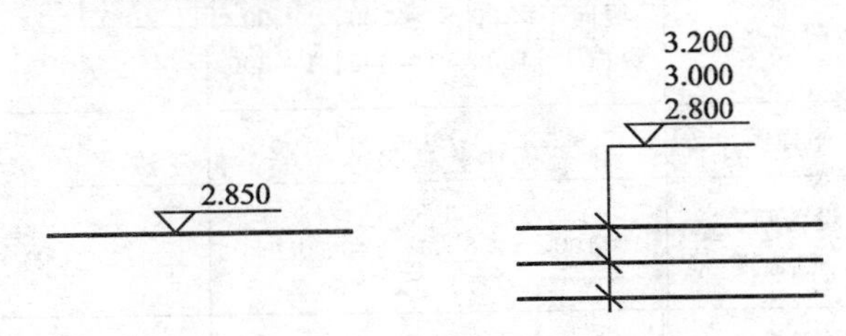

图 1-13　平面图中管道标高标注法

② 平面图中，沟渠标高按图 1-14 的方式标注。

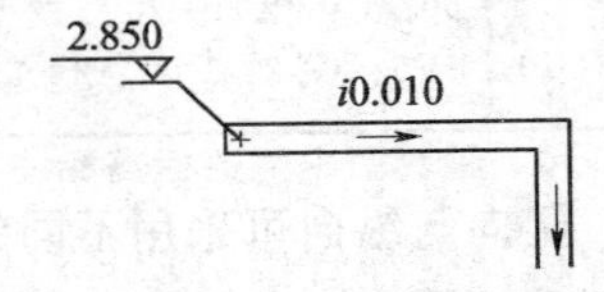

图 1-14　平面图中沟渠标高标注法

③ 剖面图中，管道及水位的标高按图 1-15 的方式标注。

④ 轴测图中，管道标高按图 1-16 的方式标注。

6）建筑物内的管道也可按本层建筑地面的标高加管道安装高度的方式标注管道标高，标注方法为 *H*＋×.×××，其中 *H* 表示本层建筑地面标高。

1.2.4　管径

1）管径单位为 mm。

2）管径的表达方法应符合以下规定：

① 水煤气输送钢管（镀锌或非镀锌）、铸铁管等管材，管径应以公称直径 *DN* 表示。

② 无缝钢管、焊接钢管（直缝或螺旋缝）等管材，管径应以外径 *D*×壁厚表示。

③ 铜管、薄壁不锈钢管等管材，管径宜以公称外径 *Dw* 表示。

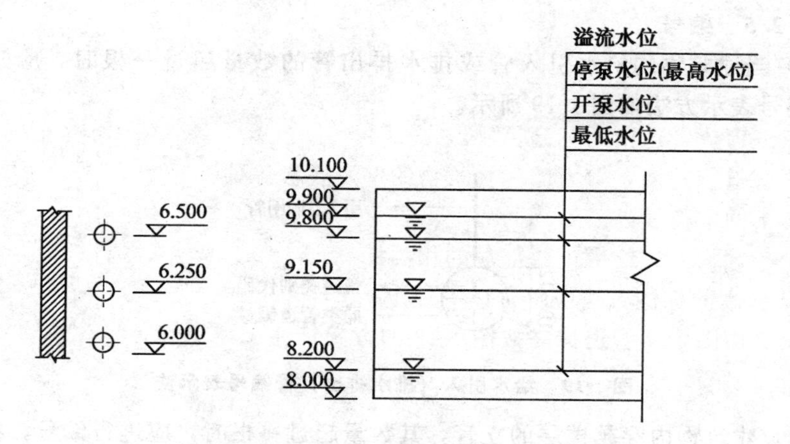

图 1-15 剖面图中管道及水位标高标注法

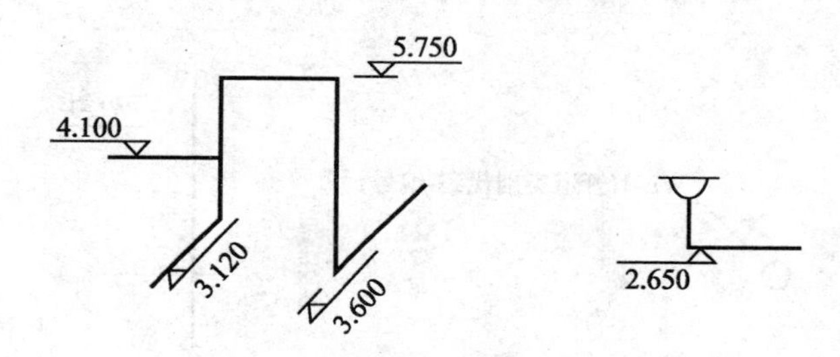

图 1-16 轴测图中管道标高标注法

④ 建筑给水排水塑料管材，管径宜以公称外径 *DN* 表示。

⑤ 钢筋混凝土（或混凝土）管，管径宜以内径 *d* 表示。

⑥ 复合管、结构壁塑料管等管材，管径按产品标准的方法表示。

⑦ 当设计中管径均采用公称直径 *DN* 表示时，应有公称直径 *DN* 与相应产品规格对照表。

3）管径的标注方法应符合以下规定：

① 若为单根管道，管径按图 1-17 的方式标注。

② 若为多根管道，管径按图 1-18 的方式标注。

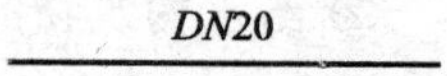

*DN*20

图 1-17 单管管径表示法

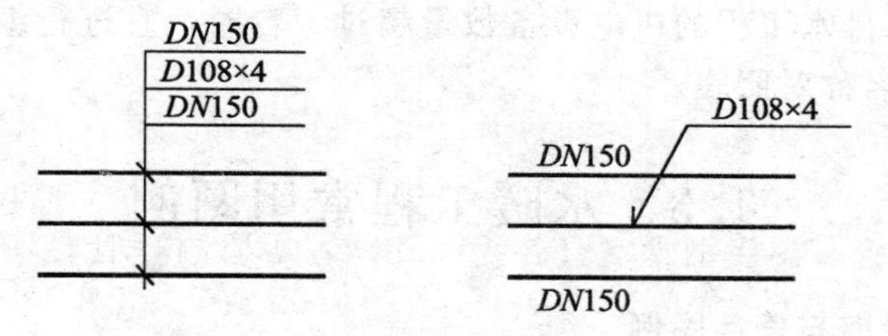

图 1-18 多管管径表示法

1.2.5 编号

1）当建筑物的给水引入管或排水排出管的数量超过一根时，应进行编号，编号表示方法如图1-19所示。

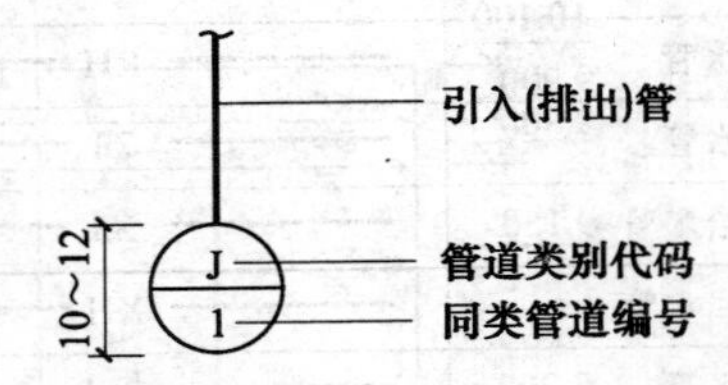

图1-19 给水引入（排水排出）管编号表示法

2）建筑物内穿越楼层的立管，其数量超过一根时，应进行编号，编号表示方法如图1-20所示。

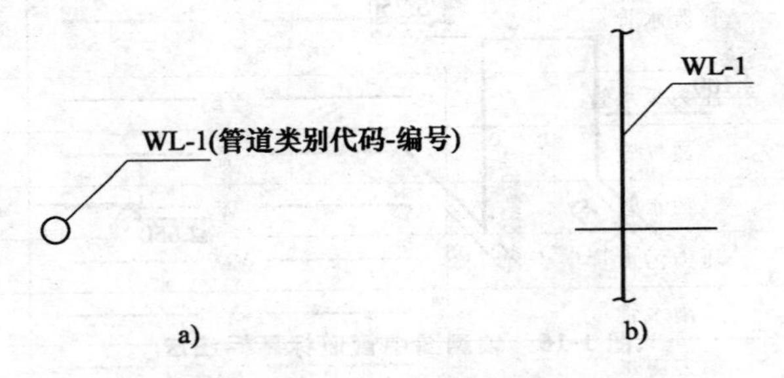

图1-20 立管编号表示法

a）平面图；b）剖面图、系统图、轴测图

3）在总图中，当同种给水排水附属构筑物的数量超过一个时，要进行编号，并符合以下规定：

① 编号方法应采用构筑物代号加编号表示。

② 给水构筑物的编号顺序宜为从水源到干管，再从干管到支管，最后到用户。

③ 排水构筑物的编号顺序宜为从上游到下游，先干管后支管。

4）当给水排水工程的机电设备数量超过一台时，宜进行编号，且应有设备编号与设备名称对照表。

1.3 水暖工程常用图例

1.3.1 管道与管件图例

1）管道类别应用汉语拼音字母表示，管道图例宜符合表1-7的规定。

表 1-7 管道

序号	名称	图例	备注
1	生活给水管	—— J ——	—
2	热水给水管	—— RJ ——	—
3	热水回水管	—— RH ——	—
4	中水给水管	—— ZJ ——	—
5	循环冷却给水管	—— XJ ——	—
6	循环冷却回水管	—— XH ——	—
7	热媒给水管	—— RM ——	—
8	热媒回水管	—— RMH ——	—
9	蒸汽管	—— Z ——	—
10	凝结水管	—— N ——	—
11	废水管	—— F ——	可与中水原水管合用
12	压力废水管	—— YF ——	—
13	通气管	—— T ——	—
14	污水管	—— W ——	—
15	压力污水管	—— YW ——	—
16	雨水管	—— Y ——	—
17	压力雨水管	—— YY ——	—
18	虹吸雨水管	—— HY ——	—
19	膨胀管	—— PZ ——	—
20	保温管		也可用文字说明保温范围
21	伴热管		也可用文字说明保温范围
22	多孔管		—
23	地沟管		—
24	防护套管		—
25	管道立管	XL-1 平面　XL-1 系统	X 为管道类别 L 为立管 1 为编号
26	空调凝结水管	—— KN ——	—
27	排水明沟	坡向 →	—

续表

序号	名称	图例	备注
28	排水暗沟	 坡向	—

注：1. 分区管道用加注角标方式表示。

2. 原有管线可用比同类型的新设管线细一级的线型表示，并加斜线，拆除管线则加叉线。

2）管道附件的图例宜符合表 1-8 的规定。

表 1-8 管道附件

序号	名称	图例	备注
1	管道伸缩器		—
2	方形伸缩器		—
3	刚性防水套管	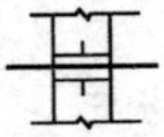	—
4	柔性防水套管	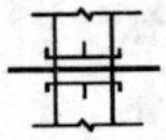	—
5	波纹管		—
6	可曲挠橡胶接头	 单球  双球	—
7	管道固定支架		—
8	立管检查口	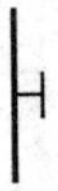	—
9	清扫口	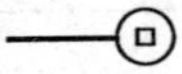 平面  系统	—
10	通气帽	 成品 蘑菇形	—
11	雨水斗	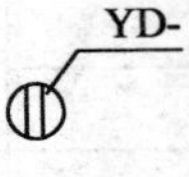 YD- YD- 平面 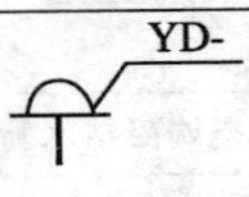 系统	—

续表

序号	名称	图例	备注
12	排水漏斗	平面　系统	—
13	圆形地漏	平面　系统	通用。如无水封，地漏应加存水弯
14	方形地漏	平面　系统	—
15	自动冲洗水箱		—
16	挡墩		—
17	减压孔板		—
18	Y形除污器		—
19	毛发聚集器	平面　系统	—
20	倒流防止器		—
21	吸气阀		—
22	真空破坏器		—
23	防虫网罩		—
24	金属软管		—

3）管道连接的图例宜符合表1-9的规定。

表1-9 管道连接

序号	名称	图例	备注
1	法兰连接		—
2	承插连接		—
3	活接头		—
4	管堵		—
5	法兰堵盖		—
6	盲板		—
7	弯折管	高 低 低 高	—
8	管道丁字上接	高 低	—
9	管道丁字下接	高 低	—
10	管道交叉	低 高	在下面和后面的管道应断开

4）管件的图例宜符合表1-10的规定。

表1-10 管件

序号	名称	图例
1	偏心异径管	
2	同心异径管	
3	乙字管	
4	喇叭口	
5	转动接头	
6	S形存水弯	

续表

序号	名称	图例
7	P形存水弯	
8	90°弯头	
9	正三通	
10	TY三通	
11	斜三通	
12	正四通	
13	斜四通	
14	浴盆排水管	

5）燃气工程常用管道代号宜符合表1-11的规定。

表1-11 燃气工程常用管道代号

序号	管道名称	管道代号
1	燃气管道（通用）	G
2	高压燃气管道	HG
3	中压燃气管道	MG
4	低压燃气管道	LG
5	天然气管道	NG
6	压缩天然气管道	CNG
7	液化天然气气相管道	LNGV
8	液化天然气液相管道	LNGL
9	液化石油气气相管道	LPGV
10	液化石油气液相管道	LPGL
11	液化石油气混空气管道	LPG-AIR
12	人工煤气管道	M

续表

序号	管道名称	管道代号
13	供油管道	O
14	压缩空气管道	A
15	氮气管道	N
16	给水管道	W
17	排水管道	D
18	雨水管道	R
19	热水管道	H
20	蒸汽管道	S
21	润滑油管道	LO
22	仪表空气管道	IA
23	蒸汽伴热管道	TS
24	冷却水管道	CW
25	凝结水管道	C
26	放散管道	V
27	旁通管道	BP
28	回流管道	RE
29	排污管道	B
30	循环管道	CI

1.3.2 阀门与给水配件图例

1）阀门的图例宜符合表 1-12 的规定。

表 1-12 阀门

序号	名称	图例	备注
1	闸阀		—
2	角阀	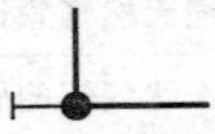	—
3	三通阀		—
4	四通阀	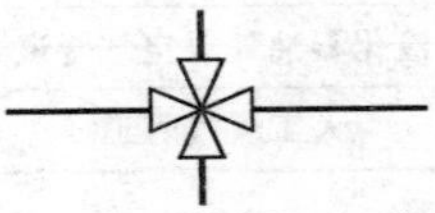	—

续表

序号	名称	图例	备注
5	截止阀		—
6	蝶阀		—
7	电动闸阀	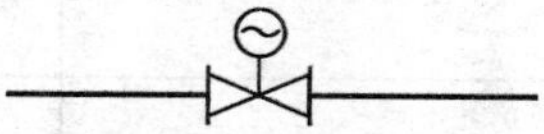	—
8	液动闸阀	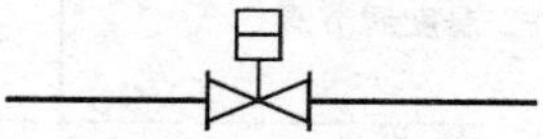	—
9	气动闸阀	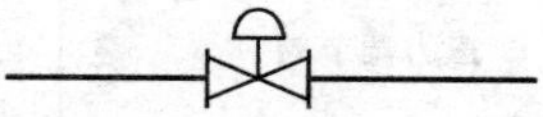	—
10	电动蝶阀	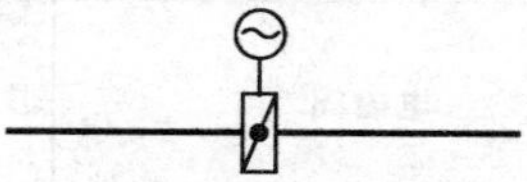	—
11	液动蝶阀	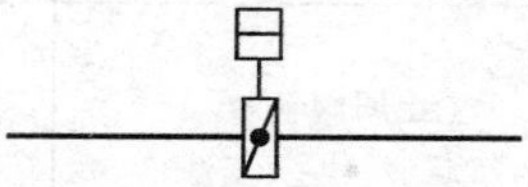	—
12	气动蝶阀	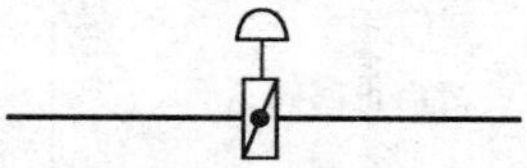	—
13	减压阀	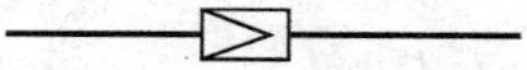	左侧为高压端
14	旋塞阀	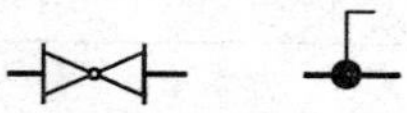 平面 系统	—
15	底阀	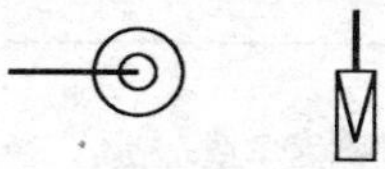 平面 系统	—
16	球阀		—
17	隔膜阀		—
18	气开隔膜阀	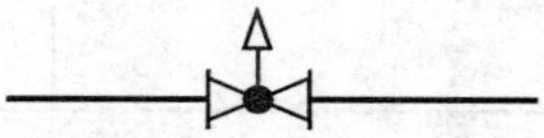	—

续表

序号	名称	图例	备注
19	气闭隔膜阀		—
20	电动隔膜阀		—
21	温度调节阀		—
22	压力调节阀		—
23	电磁阀	M	—
24	止回阀		—
25	消声止回阀		—
26	持压阀	C	—
27	泄压阀		—
28	弹簧安全阀		左侧为通用
29	平衡锤安全阀		—
30	自动排气阀	平面　系统	—

续表

序号	名称	图例	备注
31	浮球阀	平面 系统	—
32	水力液位控制阀	平面 系统	—
33	延时自闭冲洗阀		—
34	感应式冲洗阀		—
35	吸水喇叭口	平面 系统	—
36	疏水器		—

2）给水配件的图例宜符合表 1-13 的规定。

表 1-13 给水配件

序号	名称	图例
1	水嘴	平面 系统
2	皮带水嘴	平面 系统
3	洒水（栓）水嘴	
4	化验水嘴	
5	肘式水嘴	

续表

序号	名称	图例
6	脚踏开关水嘴	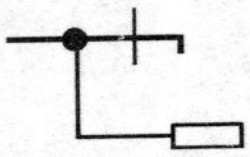
7	混合水嘴	
8	旋转水嘴	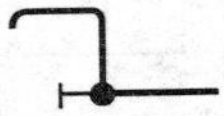
9	浴盆带喷头混合水嘴	
10	蹲便器脚踏开关	

1.3.3 卫生设备及水池图例

卫生设备及水池的图例宜符合表 1-14 的规定。

表 1-14 卫生设备及水池

序号	名称	图例	备注
1	立式洗脸盆	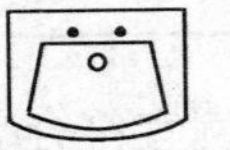	—
2	台式洗脸盆	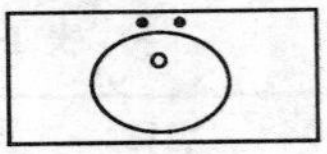	—
3	挂式洗脸盆	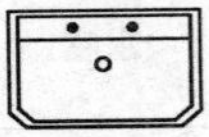	—
4	浴盆	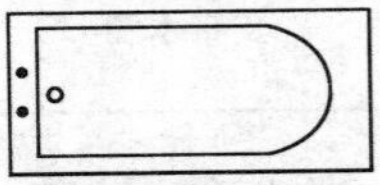	—
5	化验盆、洗涤盆	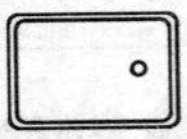	—

续表

序号	名称	图例	备注
6	厨房洗涤盆	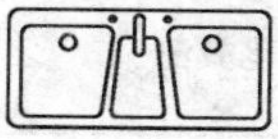	不锈钢制品
7	带沥水板洗涤盆	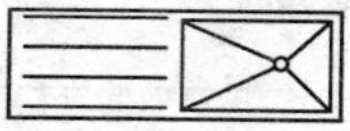	—
8	盥洗槽	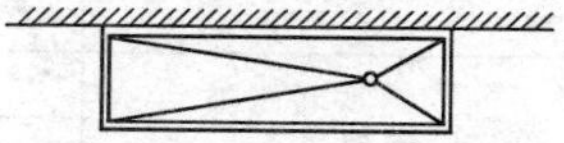	—
9	污水池		—
10	妇女净身盆		—
11	立式小便器	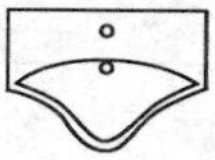	—
12	壁挂式小便器	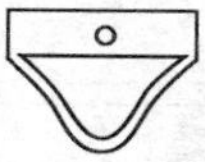	—
13	蹲式大便器		—
14	坐式大便器	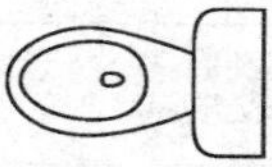	—
15	小便槽		—
16	淋浴喷头		—

注：卫生设备图例也可以建筑专业资料图为准。

1.3.4 小型给水排水构筑物图例

小型给水排水构筑物的图例宜符合表 1-15 的规定。

表 1-15　小型给水排水构筑物

序号	名称	图例	备注
1	矩形化粪池	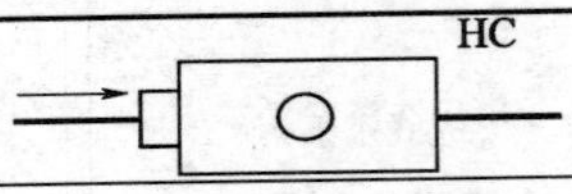 HC	HC 为化粪池
2	隔油池	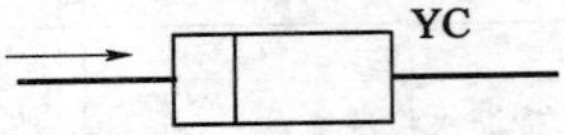 YC	YC 为隔油池代号
3	沉淀池	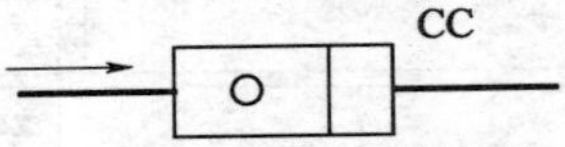 CC	CC 为沉淀池代号
4	降温池	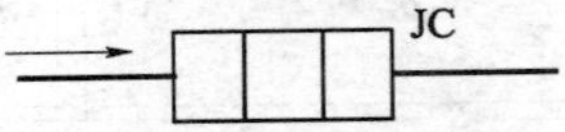 JC	JC 为降温池代号
5	中和池	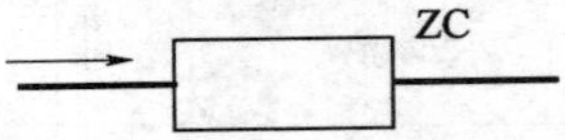 ZC	ZC 为中和池代号
6	雨水口（单箅）		—
7	雨水口（双箅）		—
8	阀门井及检查井	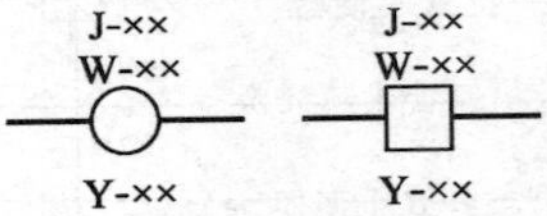 J-×× W-×× Y-××　J-×× W-×× Y-××	以代号区别管道
9	水封井		—
10	跌水井		—
11	水表井		—

1.3.5　给水排水设备图例

给水排水设备的图例宜符合表 1-16 的规定。

表 1-16　给水排水设备

序号	名称	图例	备注
1	卧式水泵	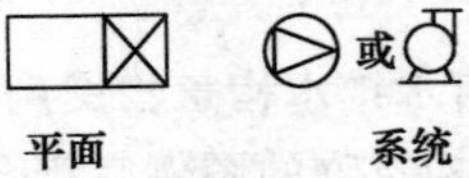 平面　或　系统	—

续表

序号	名称	图例	备注
2	立式水泵	 平面  系统	—
3	潜水泵	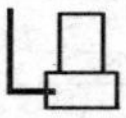	—
4	定量泵		—
5	管道泵	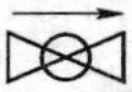	—
6	卧式容积热交换器	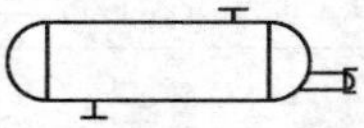	—
7	立式容积热交换器	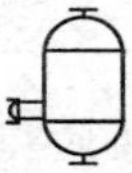	—
8	快速管式热交换器	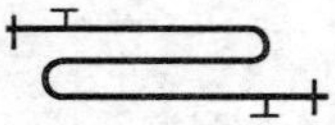	—
9	板式热交换器	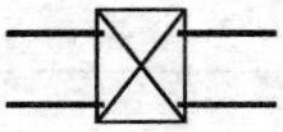	—
10	开水器	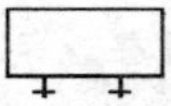	—
11	喷射器	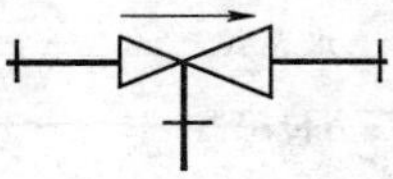	小三角为进水端
12	除垢器		—
13	水锤消除器	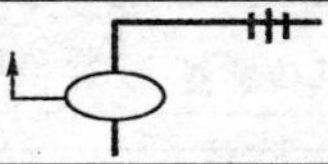	—
14	搅拌器	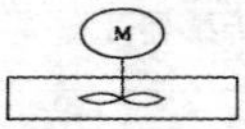 M	—
15	紫外线消毒器	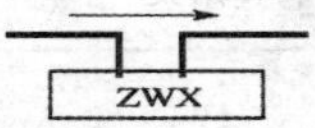 ZWX	—

1.3.6　给水排水专业所用仪表图例

给水排水专业所用仪表的图例宜符合表1-17的规定。

表1-17　仪表

序号	名称	图例	备注
1	温度计		—
2	压力表		—
3	自动记录压力表		—
4	压力控制器		—
5	水表		—
6	自动记录流量表	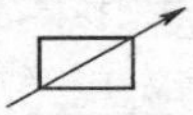	—
7	转子流量计	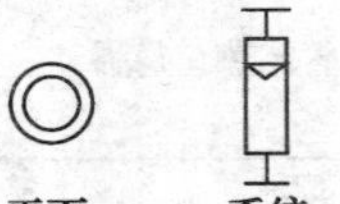 平面　系统	—
8	真空表		—
9	温度传感器	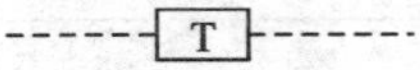 T	—
10	压力传感器	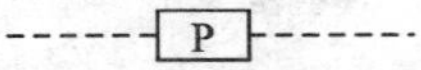 P	—
11	pH传感器	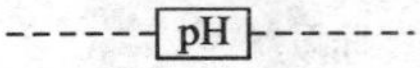 pH	—
12	酸传感器	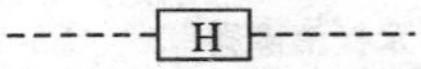 H	—
13	碱传感器	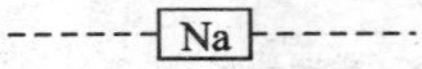 Na	—
14	余氯传感器	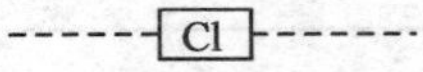 Cl	—

1.3.7 燃气工程其他图例

1）区域规划图、布置图中燃气厂站的常用图形符号见表1-18。

表1-18 燃气厂站常用图形符号

序号	名称	图形符号
1	气源厂	
2	门站	
3	储配站、储存站	
4	液化石油气储配站	
5	液化天然气储配站	
6	天然气、压缩天然气储配站	
7	区域调压站	
8	专用调压站	
9	汽车加油站	
10	汽车加气站	
11	汽车加油加气站	
12	燃气发电站	
13	阀室	
14	阀井	

2）常用不同用途管道图形符号见表1-19。

表 1-19　常用不同用途管道图形符号

序号	名称	图形符号
1	管线加套管	
2	管线穿地沟	
3	桥面穿越	
4	软管、挠性管	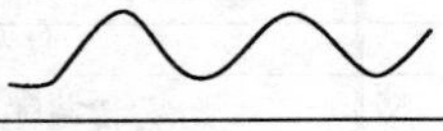
5	保温管、保冷管	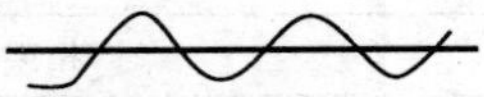
6	蒸汽伴热管	
7	电伴热管	
8	报废管	
9	管线重叠	 上或前
10	管线交叉	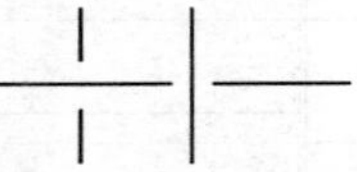

3）常用管线、道路等图形符号见表 1-20。

表 1-20　常用管线、道路等图形符号

序号	名称	图形符号
1	燃气管道	—— G ——
2	给水管道	—— W ——
3	消防管道	—— FW ——
4	污水管道	—— DS ——
5	雨水管道	—— R ——
6	热水供水管线	—— H ——
7	热水回水管线	—— HR ——
8	蒸汽管道	—— S ——
9	电力线缆	—— DL ——
10	电信线缆	—— DX ——
11	仪表控制线缆	—— K ——

续表

序号	名称	图形符号
12	压缩空气管道	—— A ——
13	氮气管道	—— N ——
14	供油管道	—— O ——
15	架空电力线	DL
16	架空通信线	DX
17	块石护底	
18	石笼稳管	
19	混凝土压块稳管	
20	桁架跨越	
21	管道固定墩	
22	管道穿墙	
23	管道穿楼板	
24	铁路	
25	桥梁	
26	行道树	
27	地坪	
28	自然土壤	
29	素土夯实	
30	护坡	
31	台阶或梯子	上
32	围墙及大门	
33	集液槽	
34	门	
35	窗	
36	拆除的建筑物	

4）用户工程的常用设备图形符号见表1-21。

表1-21 用户工程的常用设备图形符号

序号	名称	图形符号
1	用户调压器	
2	皮膜燃气表	
3	燃气热水器	
4	壁挂炉、两用炉	
5	家用燃气双眼灶	
6	燃气多眼灶	
7	大锅灶	
8	炒菜灶	
9	燃气沸水器	
10	燃气烤箱	
11	燃气直燃机	Z
12	燃气锅炉	G
13	可燃气体泄漏探测器	
14	可燃气体泄漏报警控制器	

1.4 给水、排水工程施工图识读

1.4.1 给水、排水工程施工图的绘制要求

1. 一般规定

1）图样幅面规格、字体、符号等均应按现行国家标准《房屋建筑制图统

一标准》GB/T 50001—2010 的有关规定选用。图样图线、比例、管径、标高和图例等应按《建筑给水排水制图标准》GB/T 50106—2010 第 2 章和第 3 章的有关规定选用。

2）设计应用图样表示，当图样无法表示时可加注文字说明。设计图样表示的内容应满足相应设计阶段的设计深度要求。

3）对于在图样中无法表示的内容，如设计依据、管道系统划分、施工要求、验收标准等，应按以下规定，用文字说明：

① 关于项目的问题，施工图阶段应在首页或次页编写设计施工说明集中说明。

② 图样中的局部问题，应在本张图样内用附注形式予以说明。

③ 文字说明应条理清晰、简明扼要、通俗易懂。

4）设备和管道的平面布置、剖面图均应按现行国家标准《房屋建筑制图统一标准》GB/T 50001—2010 的规定执行，并应按直接正投影法绘制。

5）工程设计中，应单独绘制本专业的图样。在同一个工程项目的设计图样中，使用的图例、术语、图线、字体、符号、绘图表示方式等应一致。

6）在同一个工程子项目的设计图样中，所用的图样幅面规格应一致。若有困难，其图样幅面规格不宜超过 2 种。

7）尺寸的数字和计量单位应符合下列规定：

① 图样中尺寸的数字、排列、布置及标注，应按现行国家标准《房屋建筑制图统一标准》GB/T 50001—2010 的规定执行。

② 单体项目平面图、剖面图、详图、放大图、管径等尺寸应用 mm 表示。

③ 标高、管长、距离、坐标等应以 m 计，精确度可取至 cm。

8）标高和管径的标注应符合以下规定：

① 单体建筑应标注相对标高，并应注明相对标高和绝对标高的换算关系。

② 总平面图应标注绝对标高，宜注明标高体系。

③ 压力流管道应标注管道中心。

④ 重力流管道应标注管道内底。

⑤ 横管的管径宜标注在管道上方，竖向管道的管径宜标注在管道左侧，斜向管道的标注应符合现行国家标准《房屋建筑制图统一标准》GB/T 50001—2010 的规定。

9）工程设计图样中的主要设备器材表的格式，如图 1-21 所示。

2. 图号和图样编排

1）设计图样宜按以下规定进行编号：

① 规划设计阶段宜以水规-1、水规-2……以此类推表示。

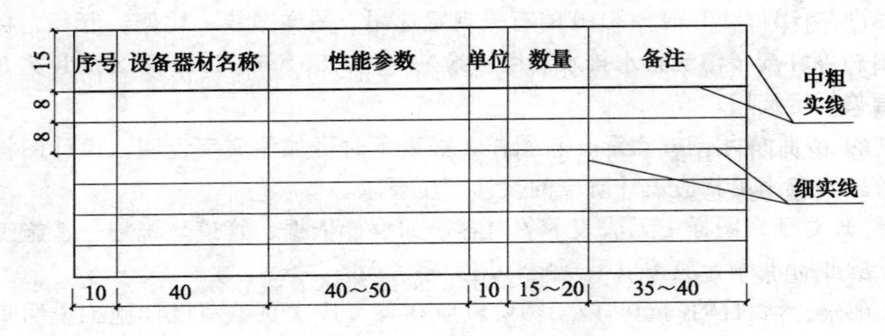

图 1-21 主要设备器材表

② 初步设计阶段宜以水初-1、水初-2……以此类推表示。

③ 施工图设计阶段宜以水施-1、水施-2……以此类推表示。

④ 单体项目只有一张图样时，宜用水初一全、水施一全表示，并在图样图框线内的右上角标“全部水施图样均在此页”字样（见图 1-22）。

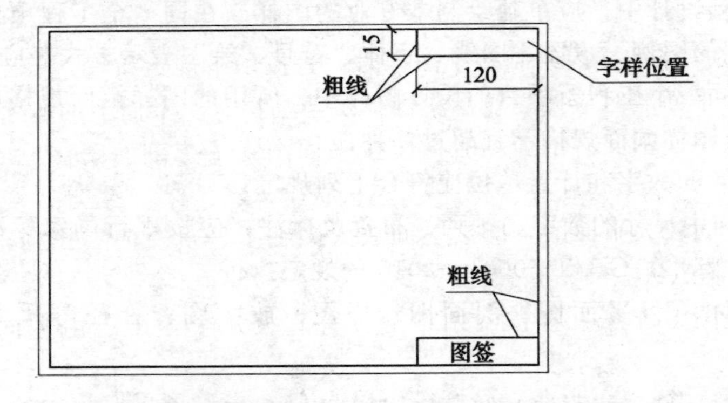

图 1-22 只有一张图样时的右上角字样位置

⑤ 施工图设计阶段，本工程各单体项目通用的统一详图宜以水通-1、水通-2……以此类推表示。

2）设计图样宜按以下规定编写目录：

① 初步设计阶段工程设计的图样目录宜以工程项目为单位进行编写。

② 施工图设计阶段工程设计的图样目录宜以工程项目的单体项目为单位进行编写。

③ 施工图设计阶段，本工程各单体项目共同使用的统一详图宜单独进行编写。

3）设计图样宜按以下规定进行排列：

① 图样目录、使用标准图目录、使用统一详图目录、主要设备器材表、图例和设计施工说明宜在前，设计图样宜在后。

② 图样目录、使用标准图目录、使用统一详图目录、主要设备器材表、图例和设计施工说明在一张图样内排列不完时，应按所述内容顺序单独成图和编号。

③ 设计图样宜按下列规定进行排列：

a. 管道系统图在前，平面图、放大图、剖面图、轴测图、详图依次在后编排。

b. 管道展开系统图应按生活给水、生活热水、直饮水、中水、污水、废水、雨水、消防给水等依次编排。

c. 平面图中应按地面下各层依次在前，地面上各层由低向高依次编排。

d. 水净化（处理）工艺流程断面图在前，水净化（处理）机房（构筑物）平面图、剖面图、放大图、详图依次在后编排。

e. 总平面图应按管道布置图在前，管道节点图、阀门井剖面示意图、管道纵断面图或管道高程表、详图依次在后编排。

3. 图样布置

1）在同一张图样内绘制多个图样时，宜按以下规定布置：

① 多个平面图时应按建筑层次由低层至高层、由下而上的顺序布置。

② 既有平面图又有剖面图时，应按平面图在下，剖面图在上或在右的顺序布置。

③ 卫生间放大平面图，应按平面放大图在上，从左向右排列，相应的管道轴测图在下，从左向右布置。

④ 安装图、详图，宜按索引编号，并宜按从上至下、由左向右的顺序布置。

⑤ 图样目录、使用标准图目录、设计施工说明、图例、主要设备器材表，按自上而下、从左向右的顺序布置。

2）每个图样均应在图样下方标注出图名，图名下应绘制一条与图名长度相等的中粗横线，图样比例应标注在图名右下侧横线上侧处。

3）图样中某些问题需要用文字说明时，应在图面的右下侧以“附注”的形式书写，并应对说明内容分条进行编号。

4. 总图

1）总平面图管道布置应符合以下规定：

① 建筑物和构筑物的名称、外形、编号、坐标、道路形状、比例及图样方向等，应与总图专业图样一致，但所用图线应按《建筑给水排水制图标准》GB/T 50106—2010 的规定选用。

② 给水、排水、热水、消防、雨水和中水等管道宜在一张图样内绘制。

③ 当管道种类较多，地形复杂，在同一张图样内不能将全部管道表示清

楚时，宜按压力流管道、重力流管道等分类适当分开绘制。

④ 各类管道、阀门井、消火栓（井）、水泵接合器、洒水栓井、检查井、跌水井、雨水口、化粪池、隔油池、降温池、水表井等，应按现行国家标准《建筑给水排水制图标准》GB/T 50106—2010 的规定执行。

⑤ 坐标标注方法应符合以下规定：

a. 以绝对坐标定位时，应对管道起点处、转弯处和终点处的阀门井、检查井等的中心标注定位坐标。

b. 以相对坐标定位时，应以建筑物外墙或轴线作为定位起始基准线，标注管道和该基准线的距离。

c. 圆形构筑物应以圆心为基点标注坐标或距建筑物外墙（或道路中心）的距离。

d. 矩形构筑物应以两对角线为基点，标注坐标或距建筑物外墙的距离。

e. 坐标线、距离标注线均采用细实线绘制。

⑥ 标高标注方法应符合以下规定：

a. 总图中标注的标高应为绝对标高。

b. 建筑物标注室内±0.000 处的绝对标高时，标注方法见图 1-23。

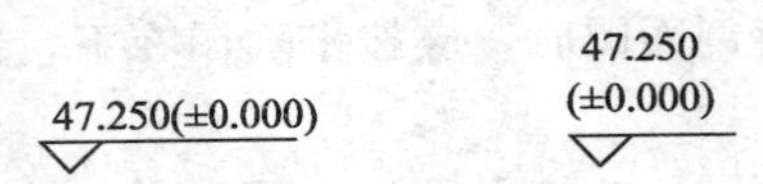

图 1-23　室内±0.000 处的绝对标高标注

c. 管道标高应按 3）标注。

⑦ 管径标注方法应符合以下规定：

a. 管径代号应符合《建筑给水排水制图标准》GB/T 50106—2010 的规定。

b. 管径的标注方法应按《建筑给水排水制图标准》GB/T 50106—2010 的规定执行。

⑧ 指北针或风玫瑰图应绘制在总图管道布图图样的右上角。

2）给水管道节点图宜按以下规定绘制：

① 管道节点图可以不按比例绘制，但节点位置、编号、接出管方向要与给水排水管道总图一致。

② 管道应注明管径、管长及泄水方向。

③ 节点阀门井的绘制应包括下列内容：

a. 节点平面形状及大小。

b. 阀门和管件的布置、管径及连接方式。

c. 节点阀门井中心与井内管道的定位尺寸。

④ 必要时，节点阀门井应绘制剖面示意图。

⑤ 给水管道节点图图样见图 1-24。

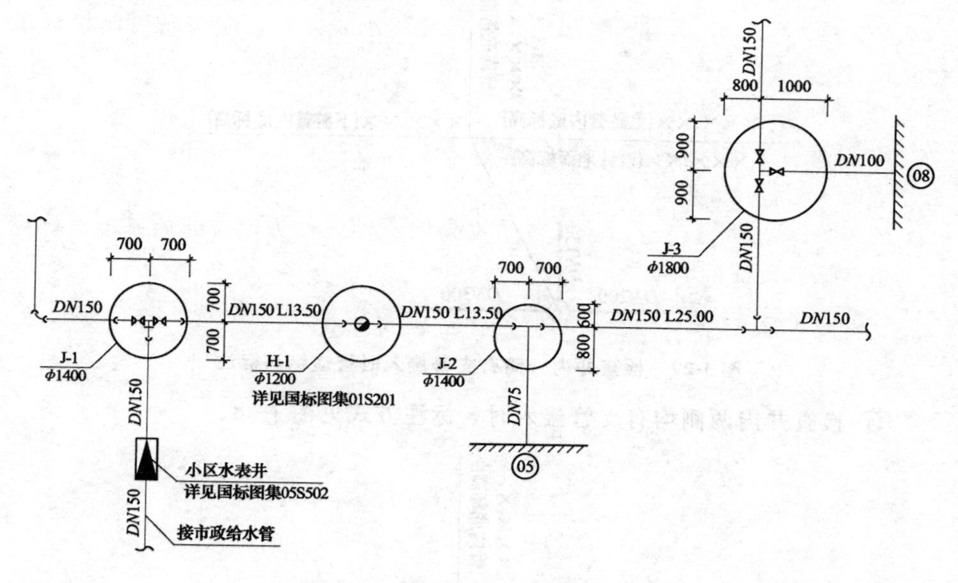

图 1-24 给水管道节点图图样

3）总图管道布置图上标注管道标高宜符合以下规定：

① 检查井上、下游管道管径无变径，且无跌水时，标注方式见图 1-25。

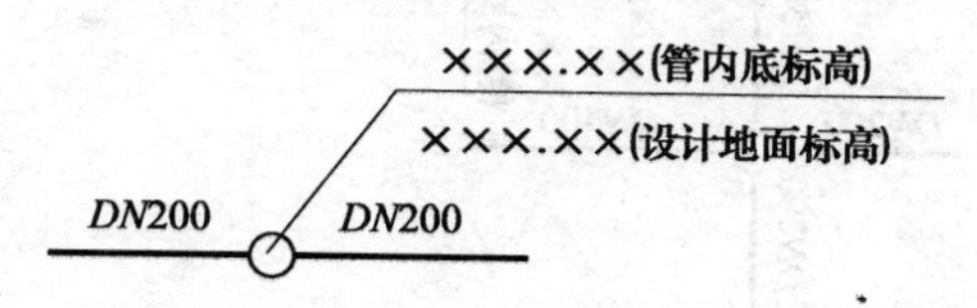

图 1-25 检查井上、下游管道管径无变径且无跌水时管道标高标注

② 检查井内上、下游管道的管径有变化或有跌水时，标注方式见图 1-26。

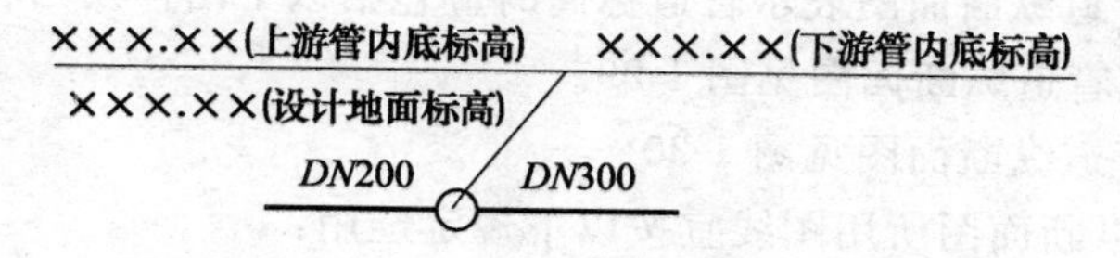

图 1-26 检查井上、下游管道的管径有变化或有跌水时管道标高标注

③ 检查井内一侧有支管接入时，标注方式见图 1-27。

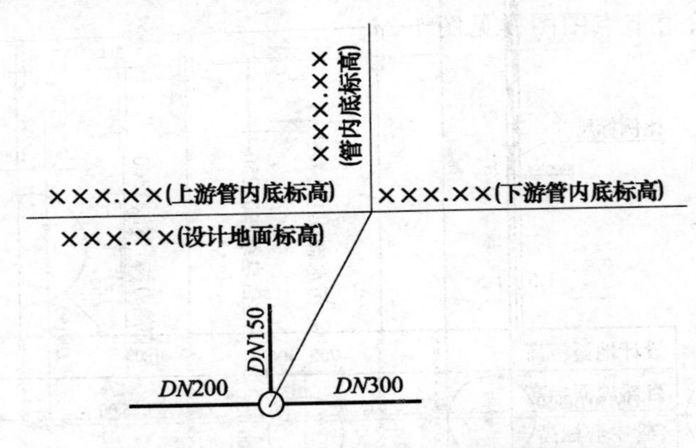

图 1-27　检查井内一侧有支管接入时管道标高标注

④ 检查井内两侧均有支管接入时，标注方式见图 1-28。

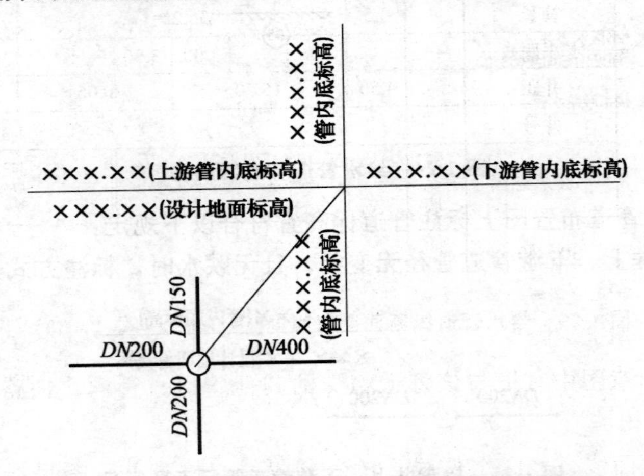

图 1-28　检查井内两侧均有支管接入时管道标高标注

4）管道标高采用管道纵断面图的方式表示时，管道纵断面图宜按下列规定绘制：

① 采用管道纵断面图表示管道标高时应包括以下图样及内容：

a. 压力流管道纵断面图见图 1-29。

b. 重力管道纵断面图见图 1-30。

② 管道纵断面图所用图线宜按以下规定选用：

a. 压力流管道管径小于或等于 400mm 时，管道宜用中粗实线单线表示。

b. 重力流管道除建筑物排出管外，不分管径大小均用中粗实线双线表示。

c. 图样中平面示意图栏中的管道宜用中粗单线表示。

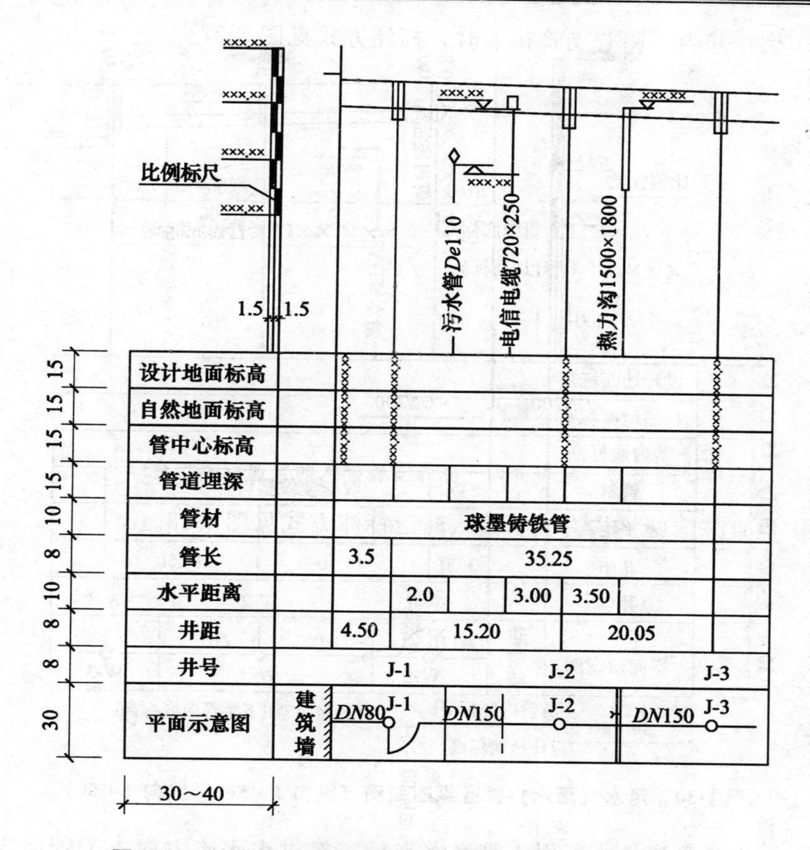

图 1-29 给水管道纵断面图（纵向 1∶500，竖向 1∶50）

d. 平面示意图中宜把与该管道相交的其他管道、管沟、铁路及排水沟等按交叉位置给出。

e. 设计地面线、竖向定位线、栏目分隔线、检查井、标尺线等宜采用细实线，自然地面线宜采用细虚线。

③ 图样比例宜按以下规定选用：

a. 同一图样中可采用两种不同的比例。

b. 纵向比例应与管道平面图一致。

c. 竖向比例宜为纵向比例的 1/10，并应在图样左端绘制比例标尺。

④ 绘制与管道相交叉管道的标高宜按以下规定标注：

a. 交叉管道位于该管道上面时，宜标注交叉管的管底标高。

b. 交叉管道位于该管道下面时，宜标注交叉管的管顶或管底标高。

⑤ 图样“水平距离”栏中应标出交叉管距检查井或阀门井的距离，或相互间的距离。

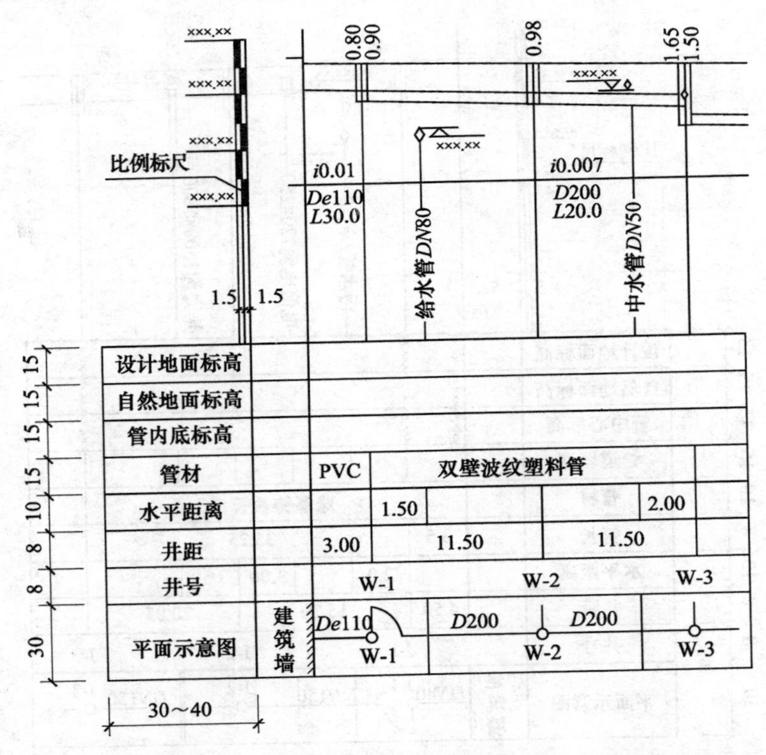

图 1-30 污水（雨水）管道纵断面图（纵向 1∶500，竖向 1∶50）

⑥ 压力流管道从小区引入管经水表后应按供水水流方向先干管后支管的顺序绘制。

⑦ 排水管道以小区内最起端排水检查井为起点，并应按排水水流方向先干管后支管的顺序绘制。

5）管道标高采用管道高程表的方法表示时，宜符合下列规定：

① 重力流管道也可采用管道高程表的方式表示管道敷设标高；

② 管道高程表的格式见表 1-22。

表 1-22 管道高程表

序号	管段编号		管长/m	管径/mm	坡度（%）	管底坡降/m	管底跌落/m	设计地面标高/m		管内底标高/m		埋深/m		备注
	起点	终点						起点	终点	起点	终点	起点	终点	
1														
2														
3														

续表

序号	管段编号		管长/m	管径/mm	坡度(%)	管底坡降/m	管底跌落/m	设计地面标高/m		管内底标高/m		埋深/m		备注
	起点	终点						起点	终点	起点	终点	起点	终点	
4														
5														
6														
7														
8														

5. 建筑给水排水平面图

1）建筑给水排水平面图应按下列规定绘制：

① 建筑物轮廓线、轴线号、房间名称、楼层标高、门、窗、梁柱、平台及绘图比例等，均应与建筑专业一致，但图线采用细实线绘制。

② 各类管道、用水器具和设备、消火栓、喷洒水头、雨水斗、立管、管道、上弯或下弯以及主要阀门、附件等的图例，可参照《建筑给水排水制图标准》GB/T 50106—2010 的规定。

管道种类较多，在一张平面图内不能表示清楚时，可将给水排水、消防或直饮水管分开绘制相应的平面图。

③ 各类管道应标注管径和管道中心距建筑墙、柱或轴线的定位尺寸，必要时还应标注管道标高。

④ 管道立管应按不同管道代号在图面上自左至右分别进行编号，且不同楼层同一立管编号应一致。

⑤ 敷设在该层的各种管道和为该层服务的压力流管道均应绘制在该层的平面图中；敷设在下一层而为本层器具和设备排水服务的污水管、废水管和雨水管应绘制在本层平面图中。若有地下层，各种排出管、引入管可绘制在地下层平面图中。

⑥ 另绘制设备机房、卫生间等放大图时，应在这些房间内按《房屋建筑制图统一标准》GB/T 50001—2010 的规定绘制引出线，并应在引出线上注明“详见水施××”字样。

⑦ 平面图、剖面图的局部部位需另绘制详图时，应在平面图、剖面图和详图上依《房屋建筑制图统一标准》GB/T 50001—2010 的规定绘制被索引详图图样和编号。

⑧ 引入管、排出管应注明与建筑轴线的定位尺寸、穿建筑外墙的标高和防水套管形式，并以管道类别自左至右按顺序进行编号。

⑨ 管道布置不相同的楼层应分别绘制其平面图；管道布置相同的楼层可

绘制一个楼层的平面图，并按《房屋建筑制图统一标准》GB/T 50001—2010的规定标注楼层地面标高。

⑩ 地面层（±0.000）平面图应在图幅的右上方按《房屋建筑制图统一标准》GB/T 50001—2010 的规定绘制指北针。

⑪ 建筑专业的建筑平面图采用分区绘制时，本专业的平面图也应分区绘制，分区部位和编号要与建筑专业一致，并应绘制分区组合示意图，各区管道相连但在该区中断时，第一区应用“至水施—××”，第二区左侧应用“自水施—××”，右侧应用“至水施—××”方式表示，以此类推。

⑫ 建筑各楼层地面标高应以相对标高标注，并应与建筑专业一致。

2）屋面给水排水平面图应按以下规定绘制：

① 屋面形状、伸缩缝或沉降位置、图的比例、轴线号等应与建筑专业一致，但图线用细实线绘制。

② 同一建筑的楼层面如有不同标高时，应分别注明不同高度屋面的标高和分界线。

③ 屋面应绘制出雨水汇水天沟、雨水斗、分水线位置、屋面坡向、每个雨水斗的汇水范围，以及雨水横管和主管等。

④ 雨水斗应进行编号，每只雨水斗宜标明汇水面积。

⑤ 雨水管应标注管径、坡度。若雨水管仅绘制系统原理图，则应在平面图上标注雨水管起始点及终止点的管道标高。

⑥ 屋面平面图中还应绘制污水管、废水管、污水潜水泵坑等通气立管的位置，并注明立管编号。当某标高层屋面设有冷却塔时，应按实际设计数量表示。

6. 管道系统图

1）管道系统图应表示出管道内的介质流经的设备、管道、附件、管件等连接和配置情况。

2）管道展开系统图应按以下规定绘制：

① 管道展开系统图不受比例和投影法则限制，可按展开图绘制方法根据不同管道种类分别用中粗实线进行绘制，并应按系统编号。

② 管道展开系统图应与平面图中的引入管、排出管、横干管、立管、给水设备、附件、仪器仪表及用水和排水器具等要素相对应。

③ 应绘出楼层（含夹层、跃层、同层升高或下降等）地面线。层高相同时楼层地面线应等距离绘制，并应在楼层地面线左端标注楼层层次和相对应楼层地面标高。

④ 立管排列应以建筑平面图左端立管为起点，按顺时针方向自左向右根据立管位置及编号依次顺序排列。

⑤ 横管应与楼层线平行绘制，并应与相应立管连接，而环状管道两端应

封闭，封闭线处宜绘制轴线号。

⑥ 立管上的引出管和接入管应按所在楼层用水平线绘出，可不标注标高(但应在平面图中标注)，其方向、数量应与平面图一致；为污水管、废水管和雨水管时，应按平面图接管顺序对应排列。

⑦ 管道上的阀门、附件、给水设备、给水排水设施和给水构筑物等，均应按图例示意绘出。

⑧ 立管偏置（不包括乙字管和两个45°弯头偏置）时，应在所在楼层用短横管表示。

⑨ 立管、横管及末端装置等应标注管径。

⑩ 不同类别管道的引入管或排出管，应绘出所穿建筑外墙的轴线号，并应标注出引入管或排出管的编号。

3）管道轴测系统图应按以下规定绘制：

① 轴测系统图应以45°正面斜轴测的投影规则绘制。

② 轴测系统图应采用与对应的平面图一样的比例绘制。

当局部管道密集或重叠处不易表达清楚时，可采用断开绘制画法或细虚线连接绘制画法。

③ 轴测系统图应绘出楼层地面线，并应标注出楼层地面标高。

④ 轴测系统图应绘出横管水平转弯方向、标高变化、接入管或接出管以及末端装置等。

⑤ 轴测系统图应将平面图中对应的管道上的各类阀门、附件等给水排水要素按数量、位置、比例一一绘出。

⑥ 轴测系统图应标注管径、控制点标高或距楼层面垂直尺寸、立管及系统编号，且应与平面图一致。

⑦ 引入管和排出管均需标出所穿建筑外墙的轴线号、引入管和排出管编号、建筑室内地面线与室外地面线，并应标出相应标高。

⑧ 卫生间放大图应绘制管道轴测图。多层建筑宜绘制管道轴测系统图。

4）卫生间采用管道展开系统图时，应按以下规定绘制：

① 给水管、热水管应以立管或入户管为基点，按平面图的分支、用水器具的顺序依次绘制。

② 排水管道应按用水器具和排水支管接入排水横管的先后顺序依次绘制。

③ 卫生器具、用水器具的给水和排水接管，应以其外形或文字形式予以标注，其数量、顺序应与平面图相同。

④ 展开系统图可不按比例绘制。

7. 局部平面放大图、剖面图

1）局部平面放大图应按以下规定绘制：

① 本专业设备机房、局部给水排水设施和卫生间等应符合《建筑给水排水制图标准》GB/T 50106—2010 第 4.3.1 条的规定，平面图不能表达清楚时，应绘制局部平面放大图。

② 局部平面放大图应将设计选用的设备和配套设施，按比例全部采用细实线绘制出其外形或基础外框、检修通道、机房排水沟等平面布置图和平面定位尺寸，对设备、设施及构筑物等应按自左向右、自上而下的顺序进行编号。

③ 按图例绘出各种管道与设备、设施及器具等相互接管关系及在平面图中的平面定位尺寸；管道用双线绘制时应用中粗实线按比例绘出，管道中心线应用单点长画细线表示。

④ 各类管道上的阀门、附件应按图例、比例及实际位置绘出，并应标注出管径。

⑤ 局部平面放大图应按建筑轴线编号和地面标高定位，并应与建筑平面图一致。

⑥ 绘制设备机房平面放大图时，应在图签上部绘制“设备编号与名称对照表”，如图 1-31 所示。

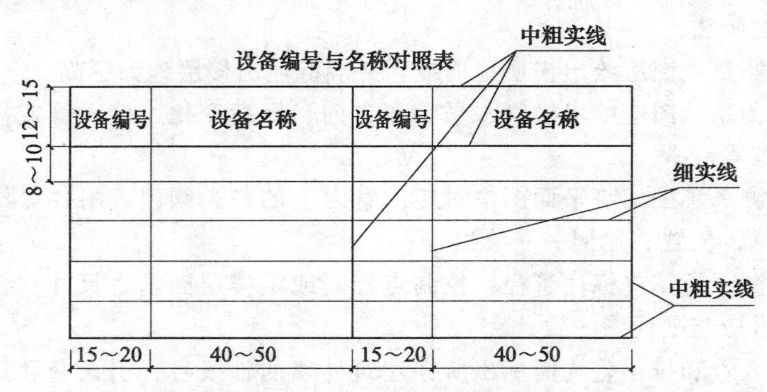

图 1-31 设备编号与名称对照表

⑦ 卫生间如果绘制管道展开系统图，应标出管道的标高。

2）剖面图应按以下规定绘制：

① 设备、设施数量多，各类管道重叠、交叉多，且用轴测图难以表达清楚时，应绘制剖面图。

② 剖面图的建筑结构外形应与建筑结构专业一致，采用细实线绘制。

③ 剖面图的剖切位置应选在能反映设备、设施及管道全貌的部位。剖切线、投射方向、剖切符号编号、剖切线转折等，应按《房屋建筑制图统一标准》GB/T 50001—2010 的规定执行。

④ 剖面图应按直接正投影法绘制出沿投影方向观察到的设备设施的形状、基础形式、构筑物内部的设备设施和不同水位线标高、设备设施和构筑物各

种管道连接关系、仪器仪表的位置等。

⑤ 剖面图还应表示出设备、设施和管道上的阀门、附件和仪器仪表等位置及支架（或吊架）形式。剖面图局部需要另绘详图时，应标注索引符号，索引符号应符合《房屋建筑制图统一标准》GB/T 50001—2010 的规定。

⑥ 应标注出设备、设施、构筑物、各类管道的定位尺寸、标高、管径，以及建筑结构的空间尺寸。

⑦ 仅表示某楼层管道密集处的剖面图，宜在该层平面图内绘制。

⑧ 剖切线应用中粗线，剖切面编号用阿拉伯数字从左至右顺序编号，且应标注在剖切线一侧，剖切编号所在侧应为该剖切面的剖示方向。

3）安装图和详图应按以下规定绘制：

①无定型产品可供设计选用的设备、附件、管件等应绘制制造详图。无标准图可供选用的用水器具安装图、构筑物节点图等，也应绘制施工安装图。

② 设备、附件、管件等制造详图，应按实际形状绘制总装图，并应对各零部件进行编号，再对零部件绘制制造图。该零部件下面或左侧应绘制包括编号、名称、规格、材质、数量、重量等内容的材料明细表；其图线、符号、绘制方法等应符合《机械制图 图样画法 图线》GB/T 4457.4—2002、《机械制图剖面符号》GB/T 4457.5—1984、《机械制图 装配图中零、部件序号及其编排方法》GB/T 4458.2—2003 的有关规定。

③ 设备及用水器具安装图应以实际外形绘制，安装图各部件应进行编号，标注安装尺寸代号，并应在安装图右侧或下面绘制包括相应尺寸代号的安装尺寸表和安装所需的主要材料表。

④ 构筑物节点详图应与平面图或剖面图中的索引号一致，其中使用材质、构造做法、实际尺寸等应按《房屋建筑制图统一标准》GB/T 50001—2010 的规定绘制多层共用引出线，并在各层引出线上方用文字进行说明。

8. 水净化处理流程图

1）初步设计宜采用方框图绘制水净化处理工艺流程图，如图 1-32 所示。

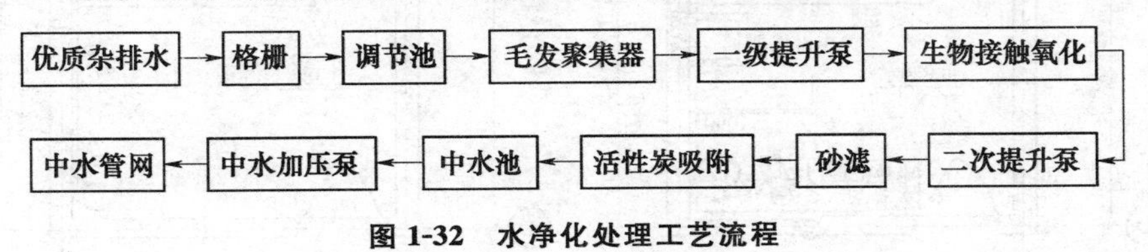

图 1-32 水净化处理工艺流程

2）施工图设计应按以下规定绘制水净化处理工艺流程断面图：

① 水净化处理工艺流程断面图应按水流方向，将水净化处理各单元的设备、设施、管道连接方式按设计数量一一对应绘出，但可不按比例。

② 水净化处理工艺流程断面图应采用细实线将全部设备及相关设施按设

备形状、实际数量绘出。

③ 水净化处理设备和相关设施之间的连接管道应用中粗实线绘制，设备和管道上的阀门、附件、仪器仪表应用细实线绘制，并应对设备、附件、仪器仪表进行编号。

④ 水净化处理工艺流程断面图（见图 1-33）应标注管道标高。

⑤ 水净化处理工艺流程断面图应绘制设备、附件等编号与名称对照表。

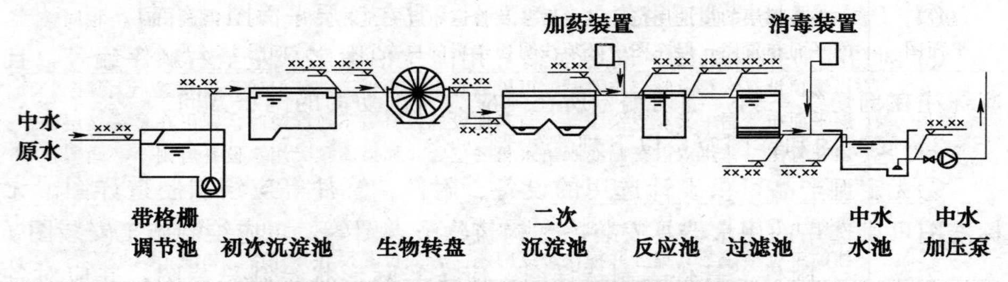

图 1-33 水净化处理工艺流程断面图画法示例

1.4.2 给水排水工程施工图识读实例

1. 室内给水施工平面布置图

平面布置图主要用来说明用水设备的类型、定位，各给水管道（干管、支管、立管、横管）及配件的布置情况，如图 1-34 所示。

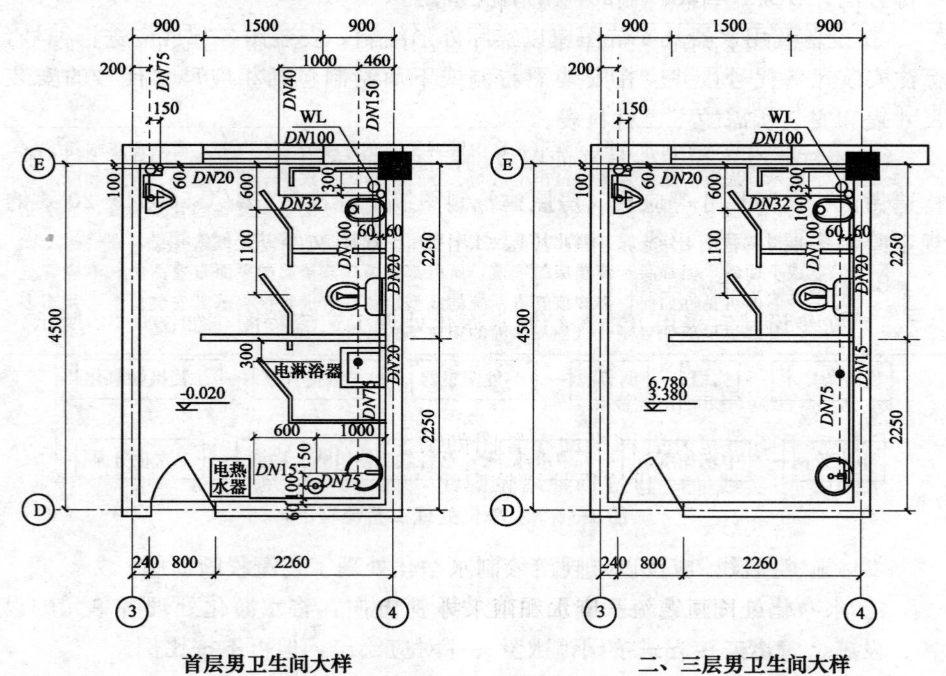

图 1-34 室内给水排水平面图

1）平面布置图的内容见表1-23。

表1-23　平面布置图的内容

项目	内容
底层平面图	给水从室外到室内，需要从首层或地下室引入，所以通常应画出用水房间的底层给水管网平面图，如图1-34所示，由图可见给水是从室外管网经Ⓔ轴北侧穿过Ⓔ轴墙体之后进入室内，并经过立管JL-1～JL-2及支管向各层输水
楼层平面图	如果各楼层的盥洗用房和卫生设备及管道布置完全相同时，则只需画出一个相同楼层的平面布置图，但在图中必须注明各楼层的层次和标高，如图1-34所示
屋顶平面图	当屋顶设有水箱及管道布置时，可单独画出屋顶平面图，但如管道布置不太复杂，顶层平面布置图中又有空余图面，与其他设施及管道不致混淆时，则可在最高楼层的平面布置图中，用双点长画线画出水箱的位置；如果屋顶无用水设备时则不必画屋顶平面图
标注	为使土建施工与管道设备的安装能互为核实，在各层的平面布置图上，均需标明墙、柱的定位轴线及其编号并标注轴线间距。管线位置尺寸不标注，如图1-34所示

2）平面布置图的画法见表1-24。

表1-24　平面布置图的画法

项目	内容
步骤一	通常采用1∶50或1∶25的比例和局部放大的方法，画出用水房间的平面图，其中墙身、门窗的轮廓线均用0.25*b*的细实线表示
步骤二	画出卫生设备的平面布置图。各种卫生器具和配水设备均用0.5*b*的中实线，按比例画出其平面图形的轮廓，但不必表达其细部构造及外形尺寸。如有施工和安装上的需要，可标注其定位尺寸
步骤三	画出管道的平面布置图。管道是室内管网平面布置图的主要内容，通常用单根粗实线表示。底层平面布置图应画出引入管、下行上给式的水平干管、立管、支管和配水龙头，每层卫生设备平面布置图中的管路，是以连接该层卫生设备的管路为准，而不是以楼地面作为分界线，因此凡是连接某楼层卫生设备的管路，虽然有安装在楼板上面或下面的，但都属于该楼层的管道，所以都要画在该楼层的平面布置图中，不论管道投影的可见性如何，都按该管道系统的线型绘制，管道线仅表示其安装位置，并不表示其具体平面位置尺寸（如与墙面的距离等）

2. 室外管网平面布置图

（1）施工图　室外管网平面布置图如图1-35所示。

图中：中实线——建筑物外墙轮廓线

粗实线——给水管道

粗虚线——污水排放管道

单点长画线——废水和雨水排放管道

直径2～3mm的小圆圈——检查井

（2）识图方法　为了说明新建房屋室内给水排水与室外管网的连接情况，

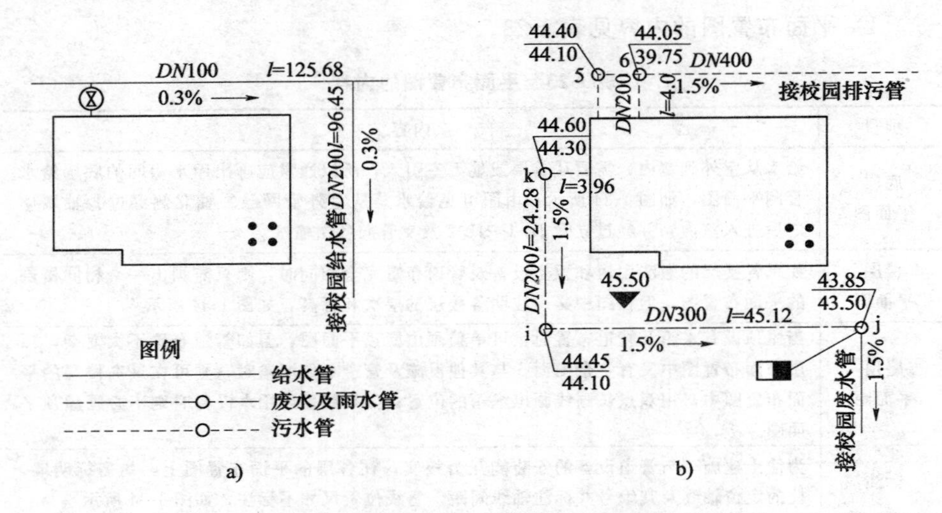

图 1-35　室外给水排水管网平面布置图

a）给水管网　b）排水管网

一般用小比例（1∶500 或 1∶1000）画出室外管网的平面布置图。该图只画局部室外管网的干管，以能说明与给水引入管与排水排出管的连接情况即可。

3. 钢板水箱液压水位控制阀安装图

（1）施工图　钢板水箱液压水位控制阀安装图如图 1-36 所示。

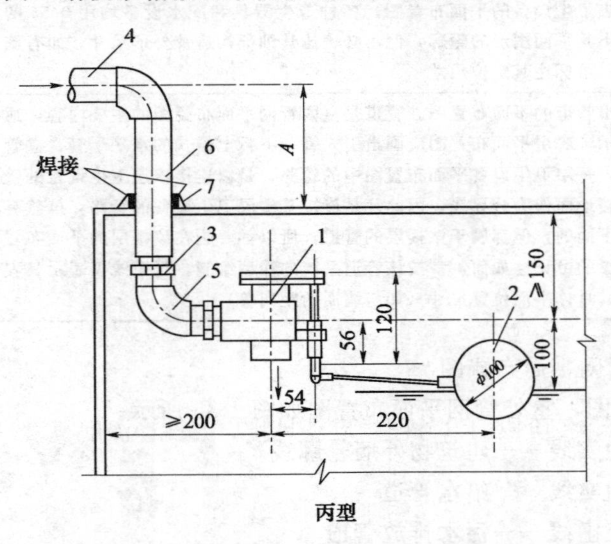

图 1-36（一）　钢板水箱液压水位控制阀安装图

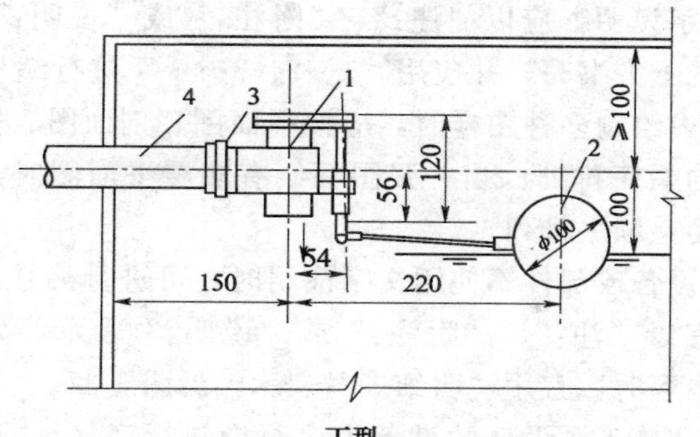

丁型

图 1-36（二） 钢板水箱液压水位控制阀安装图

丙、丁型部件

编号	名称	型号或规格	备注
1	液位阀	SKF50-3	
2	浮球	ϕ100	
3	活接头	*DN*50	
4	进水管	*DN*50	
5	弯头	*DN*50	
6	短管	*DN*50	
7	支架		

（2）施工图说明

1）适用于水温不大于 60℃的清水，公称压力为 0.6 MPa。

2）该图仅绘制出 *DN*50 阀的规格及安装尺寸，*DN*80、*DN*100、*DN*150 型阀为法兰连接。

3）安装液位阀前须先将整个给水管道中的杂物清理干净。

4）图中尺寸 *A* 由设计者决定。

1.5 采暖工程施工图识读

1.5.1 采暖工程施工图的绘制要求

1. 一般规定

1）各工程、各阶段的设计图样应满足相应的设计深度要求。

2）本专业设计图样编号应独立。

3）在同一套工程设计图样中，图样线宽组、图例、符号等应一致。

4）在工程设计中，应依次表示图样目录、选用图集目录、设计施工说明、图例、设备及主要材料表、总图、工艺图、系统图、平面图、剖面图、详图等，若单独成图，其图样编号应按所述顺序排列。

5）图样的文字说明，应以“注:”、“附注:”或“说明:”的形式在图样右下方、标题栏的上方书写，并应用“1、2、3……”进行编号。

6）一张图幅内绘制多种图样时，应按平面图、剖面图、安装详图，从上至下、从左至右的顺序排列；当一张图幅绘有多层平面图时，应按建筑层次由低至高，由下而上顺序排列。

7）图样中的设备或部件不使用文字注明时，可进行编号。图样中只标注编号时，其名称宜以“注:”、“附注:”或“说明:”表示。如需表明其型号（规格）、性能等内容时，宜用“明细表”表示，见图1-37。

8）初步设计和施工图设计的设备表应至少包括序号（或编号）、设备名称、技术要求、数量、备注栏；材料表应至少包括序号（或编号）、材料名称、规格或物理性能、数量、单位、备注栏。

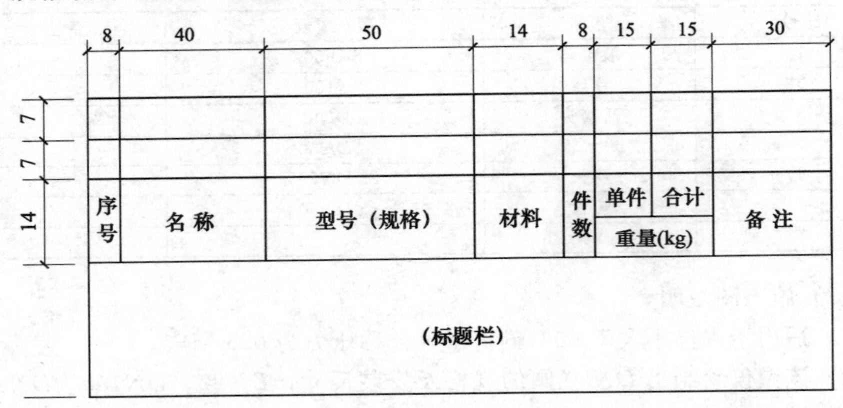

图1-37 明细栏示例

2. 管道和设备布置平面图、剖面图及详图

1）管道和设备布置平面图、剖面图应采用直接正投影法绘制。

2）用于暖通空调系统设计的建筑平面图、剖面图，应以细实线绘出建筑轮廓线和与暖通空调系统有关的门、窗、梁、柱、平台等建筑构配件，并注明相应定位轴线编号、房间名称、平面标高。

3）管道和设备布置平面图应按假想除去上层板后俯视规则绘制，其对应的垂直剖面图应在平面图中注明剖切符号，如图1-38所示。

4）剖视的剖切符号应由剖切位置线、投射方向线及编号组成，剖切位置线和投射方向线均用粗实线绘制。剖切位置线的长度宜为6～10mm；投射方向线长度应短于剖切位置线，宜为4～6mm；剖切位置线和投射方向线不能与其他图线相接触；宜用阿拉伯数字编号，并标在投射方向线的端部；转折的剖切位置线，宜在转角的外顶角处加注编号。

5）断面的剖切符号用剖切位置线和编号表示。剖切位置线宜为长度6～10mm的粗实线；编号可用阿拉伯数字、罗马数字或小写拉丁字母，标在剖切位置线的一侧，并标明投射方向。

6）平面图上应注明设备、管道定位（中心、外轮廓）线与建筑定位（轴线、墙边、柱边、柱中）线间的关系；剖面图上应标出设备、管道（中、底或顶）标高。必要时，还应标出距该层楼（地）板面的距离。

7）剖面图应在平面图上选择反映系统全貌的位置垂直剖切后绘制。当剖切的投射方向为向下和向右，且不致被误解时，可省略剖切方向线。

8）建筑平面图采用分区绘制时，暖通空调专业平面图也可采用分区绘制。但分区部位应与建筑平面图一致，并需绘制分区组合示意图。

9）除方案设计、初步设计及精装修设计外，平面图、剖面图中的水、汽管道可用单线绘制，但风管不宜用单线绘制。

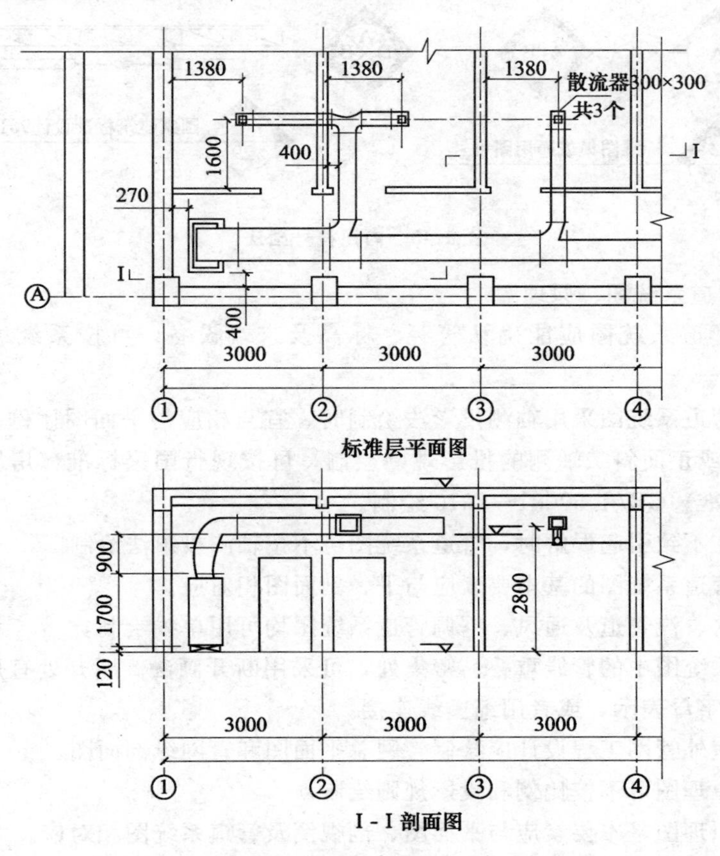

图1-38 平、剖面示例

10）平面图、剖面图中的局部需另绘详图时，应在平、剖面图上注出索引符号。索引符号的画法见图 1-39。

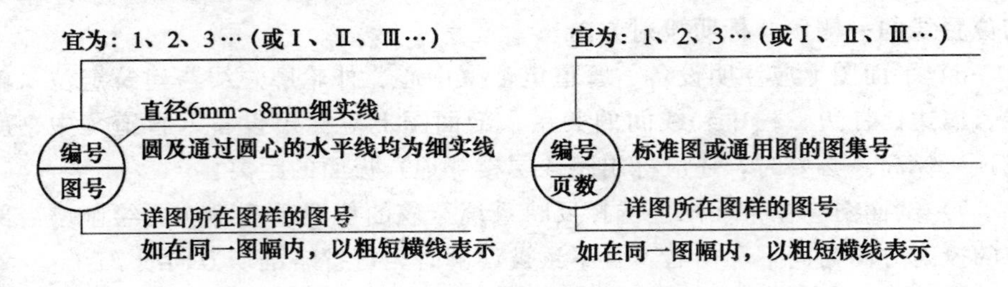

图 1-39　索引符号的画法

11）当表示局部位置的相互关系时，在平面图上应标出内视符号，见图 1-40。

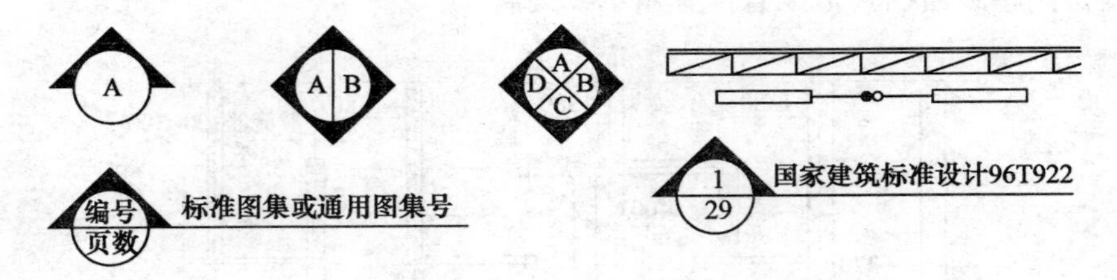

图 1-40　内视符号画法

3. 管道系统图、原理图

1）管道系统图应能确认管径、标高及末端设备，可按系统编号分别绘制。

2）管道系统图采用轴测投影法绘制时，宜与相应的平面图比例一致，按正等轴测或正面斜二轴测的投影规则绘制，可按现行国家标准《房屋建筑制图统一标准》GB/T 50001—2010 绘制。

3）在不致引起误解时，管道系统图可不按轴测投影法绘制。

4）管道系统图的基本要素应与平、剖面图相对应。

5）水、汽管道及通风、空调管道系统图均可用单线绘制。

6）系统图中的管线重叠、密集处，可采用断开画法。断开处宜用相同的小写拉丁字母表示，或者用细虚线连接。

7）室外管网工程设计应绘制管网总平面图和管网纵剖面图。

8）原理图可不按比例和投影规则绘制。

9）原理图基本要素应与平面图、剖视图及管道系统图相对应。

4. 系统编号

1）一个工程设计中同时有供暖、通风、空调等两个及两个以上系统时，应进行系统编号。

2）暖通空调系统编号、入口编号，由系统代号和顺序号组成。

3）系统代号用大写拉丁字母表示，见表1-25，顺序号用阿拉伯数字表示，见图1-41。当一个系统出现分支时，可采用图1-41右图的画法。

表1-25 系统代号

序号	字母代号	系统名称
1	N	（室内）供暖系统
2	L	制冷系统
3	R	热力系统
4	K	空调系统
5	J	净化系统
6	C	除尘系统
7	S	送风系统
8	X	新风系统
9	H	回风系统
10	P	排风系统
11	XP	新风换气系统
12	JY	加压送风系统
13	PY	排烟系统
14	P（PY）	排风兼排烟系统
15	RS	人防送风系统
16	RP	人防排风系统

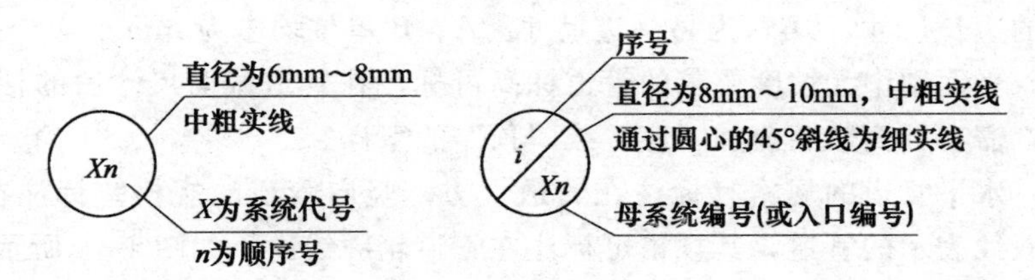

图1-41 系统代号、编号的画法

4）系统编号宜标注在系统总管处。

5）竖向布置的垂直管道系统，应注明立管号，见图1-42。在不致引起误解时，可只标注序号，但需与建筑轴线编号有明显区别。

5. 管道标高、管径（压力）、尺寸标注

1）在无法标注垂直尺寸的图样中，应标注标高。标高单位以m计，并应

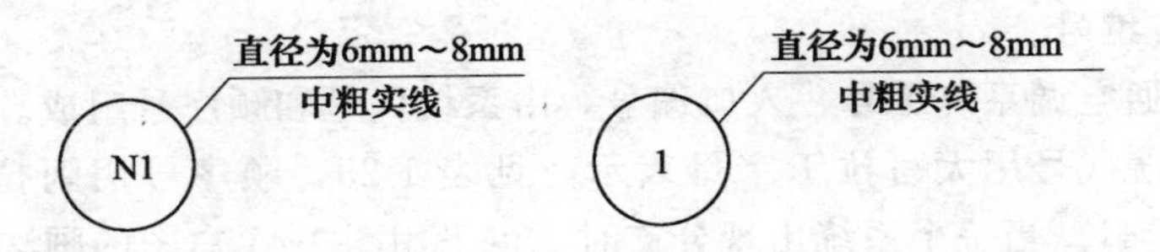

图 1-42　立管号的画法

精确到 cm 或 mm。

2）标高符号用直角等腰三角形表示。当标准层较多时，可只标注与本层楼（地）板面的相对标高，如图 1-43 所示。

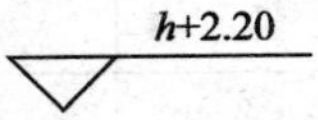

h+2.20

图 1-43　相对标高的画法

3）水、汽管道所注标高未予说明时，应表示为管中心标高。

4）水、汽管道标注管外底或顶标高时，应在数字前加“底”或“顶”字样。

5）矩形风管所注标高应表示管底标高；圆形风管所注标高应表示管中心标高。当不采用此方法标注时，应予以说明。

6）低压流体输送用焊接管道规格应注明公称通径或压力。公称通径的标记由字母“*DN*”后跟一个以毫米表示的数值组成；公称压力的代号为“PN”。

7）输送流体用无缝钢管、螺旋缝或直缝焊接钢管、铜管、不锈钢管，当需要标注外径和壁厚时，应用“*D*（或 *ϕ*）外径×壁厚”表示。在不致引起误解时，也可采用公称通径表示。

8）塑料管外径应用“*de*”表示。

9）圆形风管的截面定型尺寸应用直径“*ϕ*”表示，单位为 mm。

10）矩形风管（风道）的截面定型尺寸应用“*A*×*B*”表示。“*A*”为视图投影面的边长尺寸，“*B*”为另一边尺寸。*A*、*B* 单位均应为 mm。

11）平面图中无坡度要求的管道标高可标注在管道截面尺寸后的括号里。必要时，需在标高数字前加“底”或“顶”的字样。

12）水平管道的规格宜标注在管道上方；竖向管道的规格宜标注在管道左侧。双线表示的管道，其规格可标注在管道轮廓线内，如图 1-44 所示。

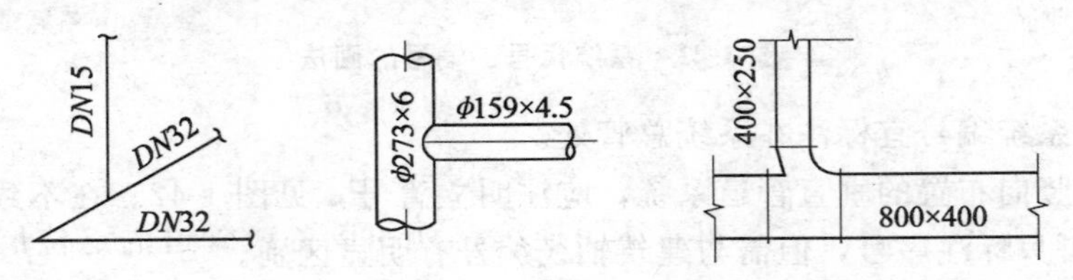

图 1-44　管道截面尺寸的画法

13）若斜管道不在图 1-45 所示 30°范围内，其管径（压力）、尺寸应平行标在管道的斜上方。不用该图的方法标注时，可用引出线标注。

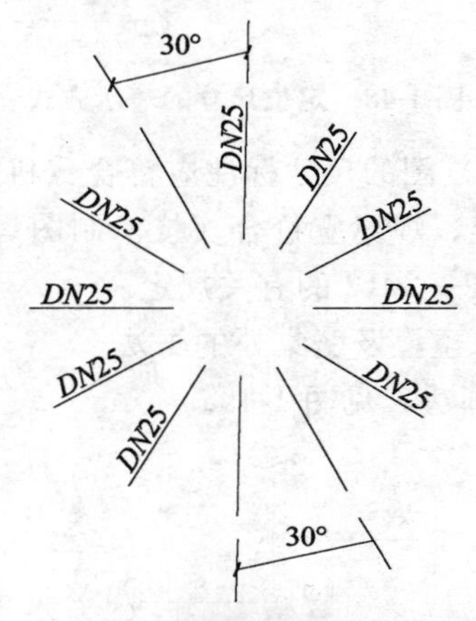

图 1-45 管径（压力）的标注位置示例

14）多条管线的规格标注方法，如图 1-46 所示。

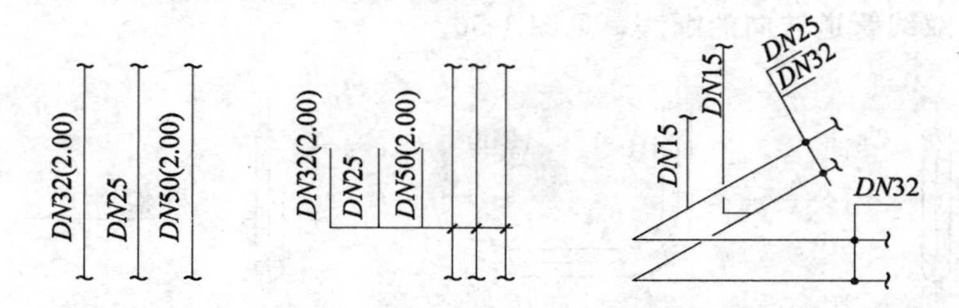

图 1-46 多条管线规格的画法

15）风口表示方法，如图 1-47 所示。

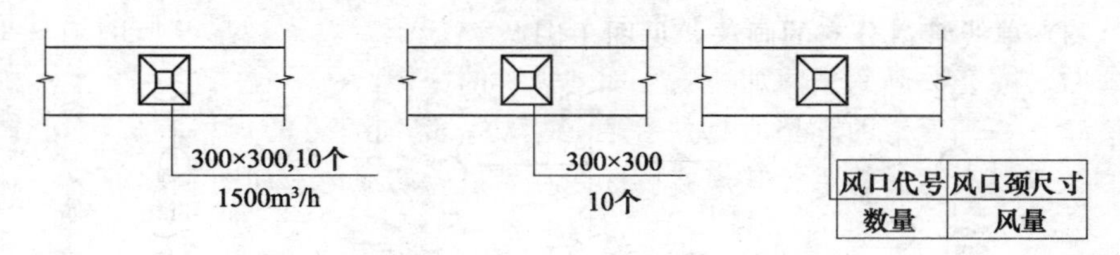

图 1-47 风口、散流器的表示方法

16）图样中尺寸标注应符合现行国家标准的有关规定。

17）平面图、剖面图上如需注明连续排列的设备或管道的定位尺寸和标高时，应至少有一个误差自由段，如图 1-48 所示。

18）挂墙安装的散热器应说明其安装高度。

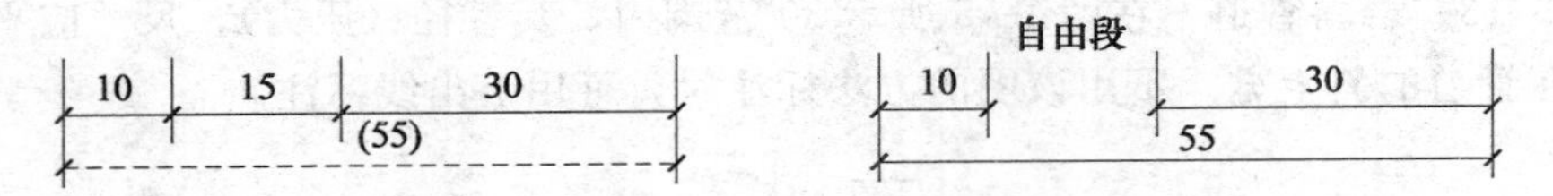

图 1-48　定位尺寸的表示方式

19）设备加工（制造）图的尺寸标注应符合《机械制图尺寸注法》GB/T 4458.4—2003 的有关规定。焊缝应符合《技术制图焊缝符号的尺寸、比例及简化表示法》GB/T 12212—2012 的有关规定。

6. 管道转向、分支、重叠及密集处的画法

1）单线管道转向的画法，见图 1-49。

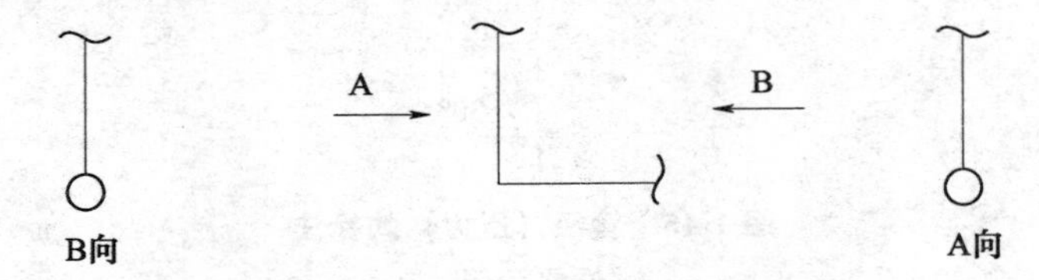

图 1-49　单线管道转向的画法

2）双线管道转向的画法，见图 1-50。

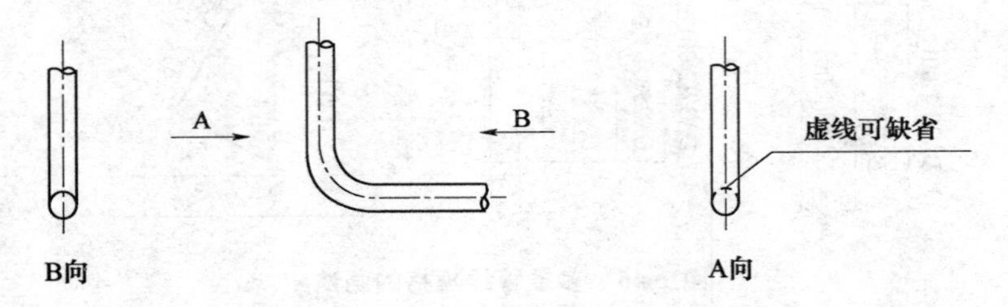

图 1-50　双线管道转向的画法

3）单线管道分支的画法，见图 1-51。

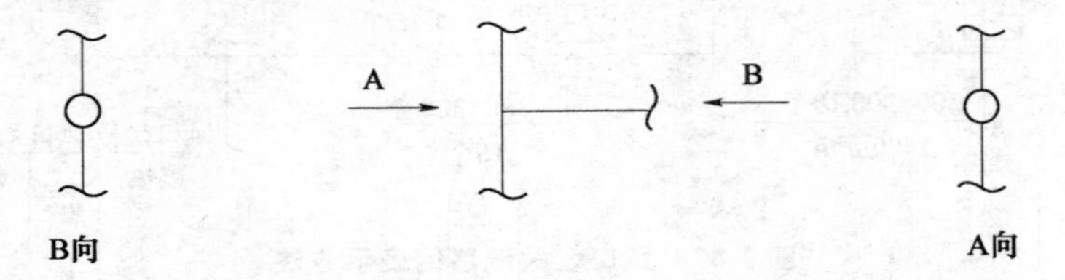

图 1-51　单线管道分支的画法

4）双线管道分支的画法，见图 1-52。

5）送风管转向的画法，见图 1-53。

6）回风管转向的画法，见图 1-54。

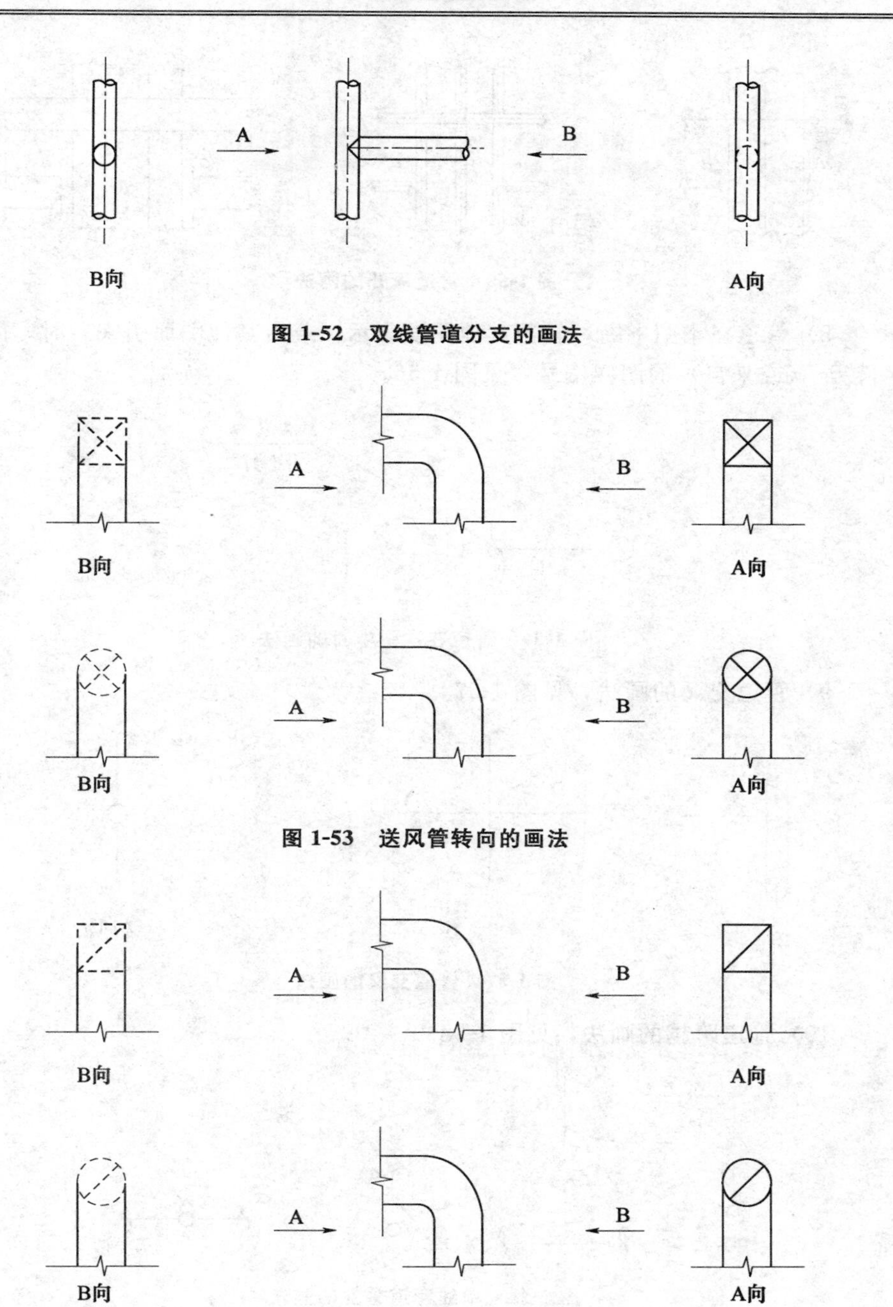

图 1-52 双线管道分支的画法

图 1-53 送风管转向的画法

图 1-54 回风管转向的画法

7）平面图、剖视图中管道因重叠、密集需断开时，应采用断开画法，见图 1-55。

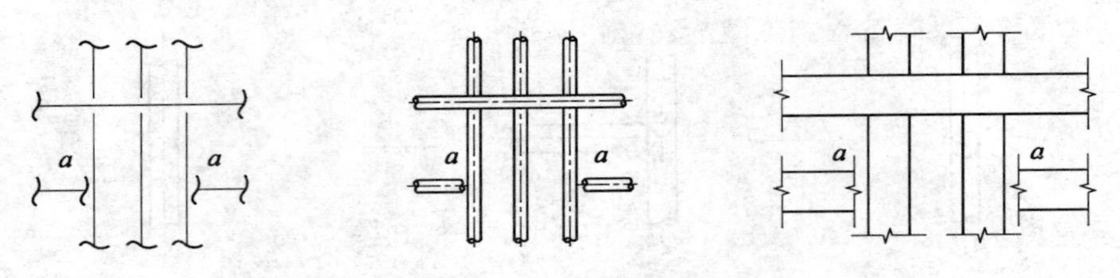

图 1-55　管道断开的画法

8）管道在本图中断，转至其他图面表示（或由其他图面引来）时，需注明转至（或来自）的图样编号，见图 1-56。

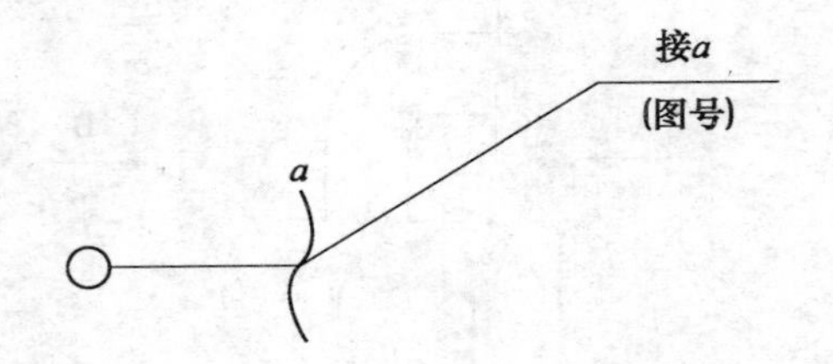

图 1-56　管道在本图中断的画法

9）管道交叉的画法，见图 1-57。

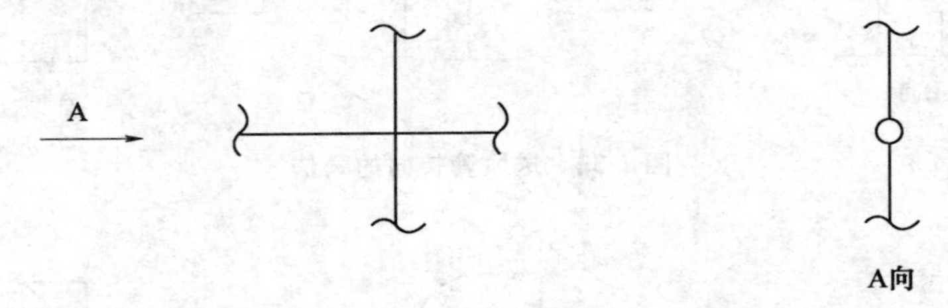

图 1-57　管道交叉的画法

10）管道跨越的画法，见图 1-58。

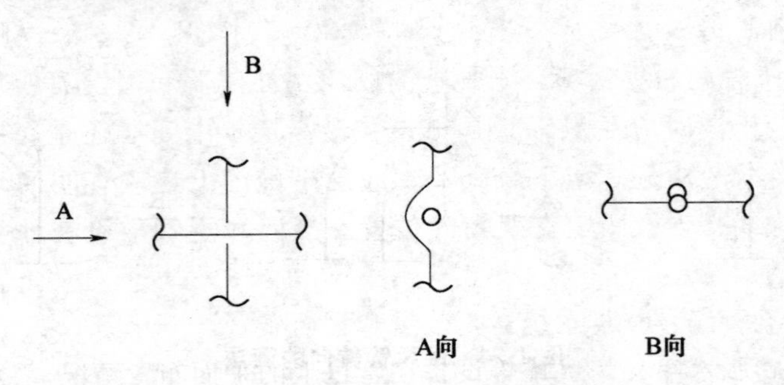

图 1-58　管道跨越的画法

1.5.2　采暖工程施工图的识读实例

图 1-59～图 1-61 为一学校办公楼的底层、标准层和顶层采暖平面图，识读步骤如下：

1）了解采暖的整体概况。明确采暖管道布置形式、热媒入口、立管数目以及管道布置的大致范围。工程是热水采暖系统，其管道布置形式为单管跨越式。从底层平面图上可知该系统的热媒入口在房屋的东南角。图中标注了立管编号，该系统共有 12 根立管。

2）分楼层了解各房间内供热干管、散热器的平面布置情况及散热器的片数等具体采暖状况。由底层采暖平面图可知，回水干管安装在底层地沟内，室内地沟用细实线表示。回水干管则用粗虚线表示。从图中还可得知标注的暖气沟入孔分别设立在外墙拐角处，共有 5 个。暖气沟入孔是为检查维修的方便而设置的。另外，从图中可以看到总共设有 7 个固定支架。在每个房间均有散热器，散热器通常是沿内墙安装在窗台下，立管位于墙角。散热器的片数可以从图中的数字看出，如一层休息室的散热器的片数为 16 片。

在标准层采暖平面图中，既无供热干管也无回水干管，只反映了立管通过支管与散热器的连接情况。此例中，由于顶层的北外墙向外拉齐，所以立管在三层至四层处拐弯，图中有表明此转弯的位置。并且说明此管线敷设在三层顶板下。

在顶层采暖平面图中，用粗实线注明了供热干管的布置情况以及干管与立管的连接情况。从图中可发现顶层的散热器的片数比底层和标准层的散热器的片数要多一些。

3）阅读采暖平面图时，要明确下列内容：

① 建筑物内散热器的平面位置、种类、片数以及安装方式，也就是散热器是明装、暗装或半暗装的。通常散热器是安装在靠外墙的窗台下，它的规格和数量应标注在本组散热器所靠外墙的外侧，若散热器远离房屋的外墙，可就近标注。

② 水平干管的布置情况，干管上的阀门、补偿器和固定支架等的平面位置以及型号。识读时应注意干管是敷设在最高层、中间层还是底层，以此判断系统是上分式、中分式或下分式，在底层平面图上还应查明回水干管或凝结水干管（虚线）以及固定支架等的位置。当回水干管敷设在地沟内时，则应查明地沟的尺寸。

③ 利用立管编号查清系统立管数量和平面布置。

④ 查明膨胀水箱、集气罐等设备在管道上的平面布置情况。

⑤ 若是蒸汽采暖系统，需查明疏水器等疏水装置的平面位置和规格尺寸。

⑥ 查明热媒入口。

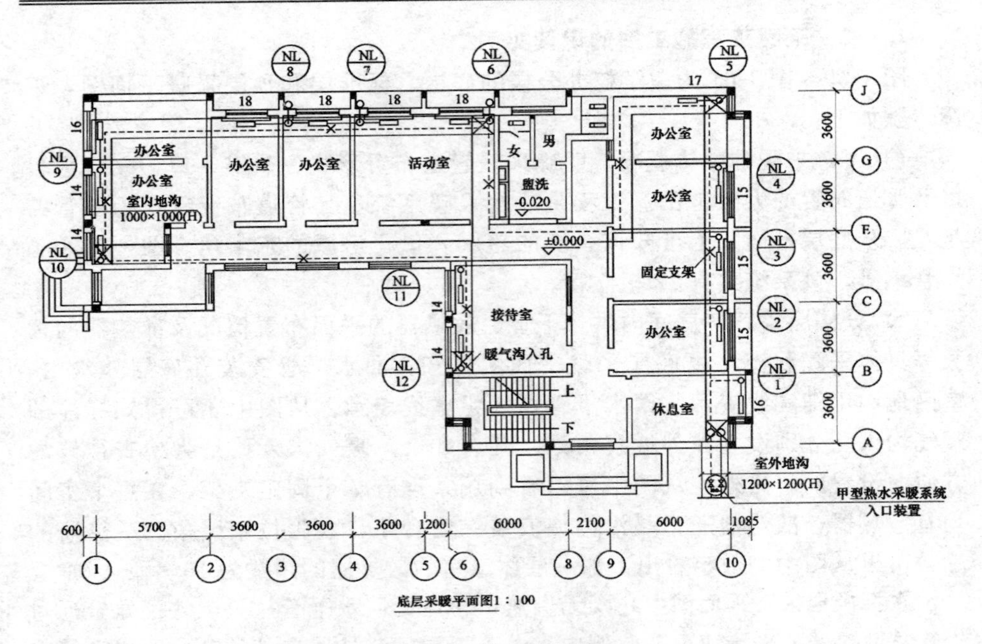

图 1-59　底层采暖图

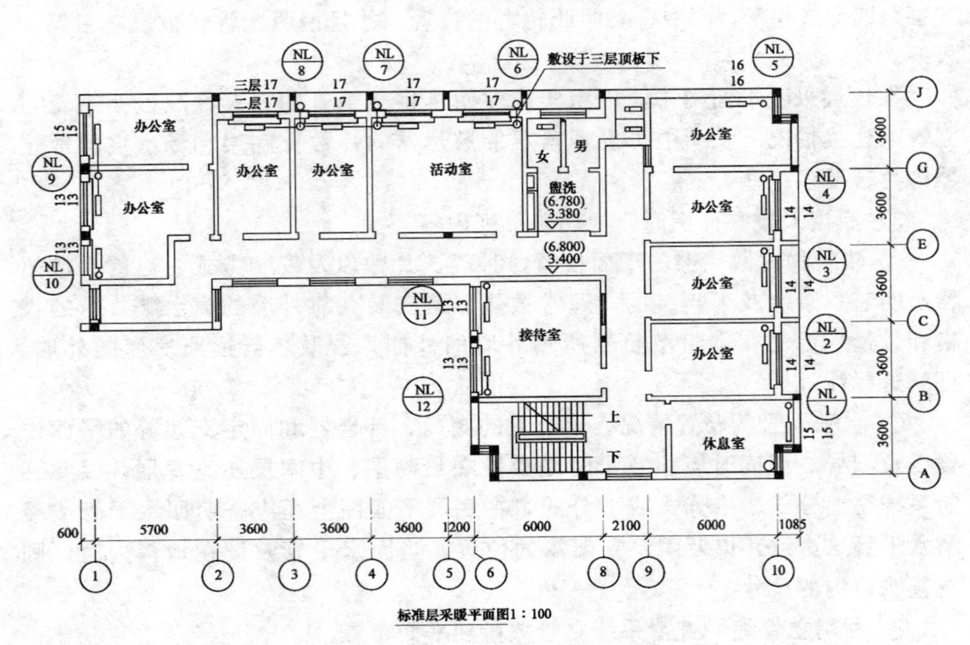

图 1-60　标准层采暖平面图

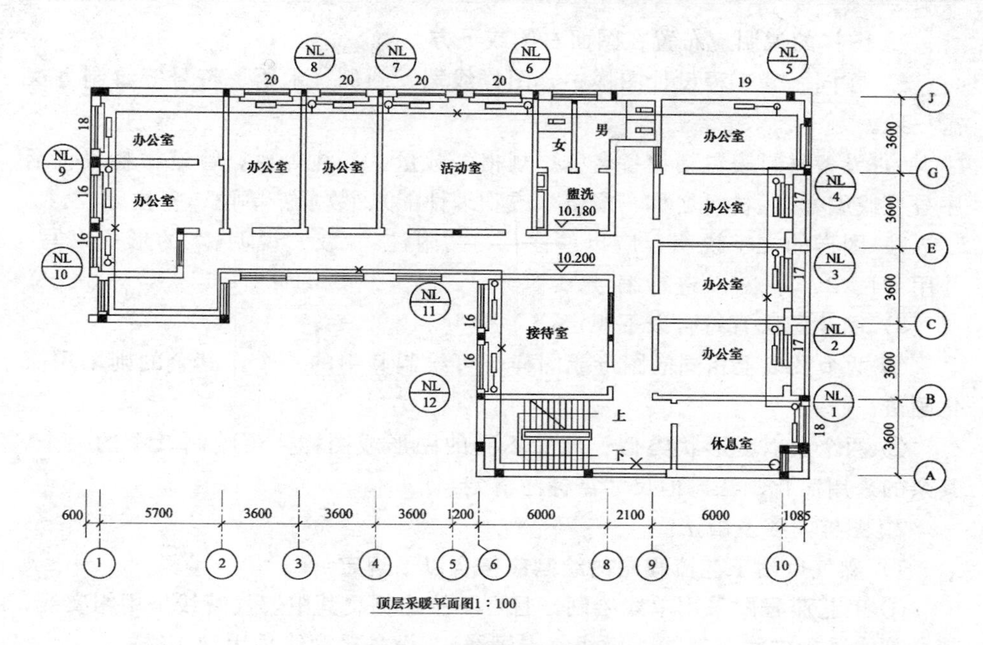

图 1-61 顶层采暖平面图

1.6 燃气工程施工图识读

1.6.1 燃气工程施工图的绘制要求

1. 一般规定

1）燃气工程各设计阶段的设计图样应满足相应的设计深度要求。

2）图面应突出重点、布置匀称，且比例选用合理，用图样和图形符号能表达清楚的内容不宜采用文字说明。关于全项目的问题应在首页说明，局部问题应在对应图样内说明。

3）图名的标注方式宜符合以下规定：

① 当一张图中只有一个图样时，可在标题栏中标注图名。

② 当一张图中有两个及以上图样时，需分别标注各自的图名，且图名位置在图样的下方正中。

4）图面布置宜符合以下规定：

① 当在一张图内布置两个及两个以上图样时，应按平面图在下，正剖面图在上，侧剖面图、流程图、管路系统图或详图在右的原则绘制。

② 当在一张图内布置两个及两个以上平面图时，应按工艺流程顺序或下层平面图在下、上层平面图在上的原则绘制。

③ 图样的说明应布置在图面右侧或下方。

5）在同一套工程设计图样中，图样线宽、图例、术语、符号等绘制方法需一致。

6）设备材料表包括设备名称、规格、数量、备注等栏；管道材料表包括序号（或编号）、材料名称、规格（或物理性能）、数量、单位、备注等栏。

7）图样的文字说明，应以“注:”、“附注:”或“说明:”的形式书写，并用“1、2、3……”进行编号。

8）简化画法宜符合以下规定：

① 两个及以上相同的图形或图样，可绘制其中的一个，其余的则采用简化画法。

② 两个及以上形状类似、尺寸不同的图形或图样，可绘制其中的一个，其余的采用简化画法，但尺寸需标注清楚。

2. 图样内容及画法

1）燃气厂站工艺流程图的绘制应符合以下规定：

① 工艺流程图采用单线绘制，且可不按比例。其中燃气管线采用粗实线，其余管线采用中线（实线、虚线、点画线），设备轮廓线采用细实线。

② 工艺流程图应绘出燃气厂站内的工艺装置、设备与管道间的相对关系，以及工艺过程进行的先后顺序。当绘制带控制点的工艺流程图时，还要符合自控专业制图的规定。

③ 工艺流程图应绘出全部工艺设备，并注明设备编号或名称。工艺设备应按设备形状用细实线绘制或用图形符号表示。

④ 工艺流程图应绘出全部工艺管线和必要的公用管线，根据各设计阶段的不同深度要求，工艺管线应注明管道编号、规格及介质流向，公用管线应注明介质名称、流向及必要的参数等。

⑤ 应绘出管线上的阀门等管道附件，但不含管道的连接件。

⑥ 管道与设备的接口方位与实际情况相符。

⑦ 管线应采用水平和垂直绘制。管线应避开设备图形，并应减少管线交叉；若有交叉，主要管路应连通，次要管路可断开。

⑧ 当有两套及以上相同系统时，可只绘出其中一套系统的工艺流程图，其余系统的相同设备和相应阀件等可省略，但应表示出相连支管，并标明设备编号。

2）燃气厂站总平面布置图的绘制应符合以下规定：

① 应绘出厂站围墙内的建（构）筑物轮廓、装置区范围、处于室外及装置区外的设备轮廓；工程设计阶段的总平面布置图的绘制应以现状实测地形图为基础，对于邻近燃气厂站的建（构）筑物及地形、地貌应表示清楚。应

绘出指北针或风玫瑰图。

② 图中的建（构）筑物应注写编号或设计子项分号。对应编号或设计子项分号应给出建（构）筑物一览表；表中应注明各建（构）筑物的层数、占地面积、建筑面积、结构形式等。

③ 图中应标出有爆炸危险的建（构）筑物与厂站内外其他建（构）筑物的水平净距。

④ 图中需标出厂站围墙、建（构）筑物、装置区范围、征地红线范围等的四角坐标；对处于室外及装置区外的设备，需标出其中心坐标。

⑤ 图中原有的建（构）筑物用细实线表示，新建的建（构）筑物用粗实线表示，预留建设的建（构）筑物用粗虚线表示。

⑥ 图中应给出厂站的占地面积、建筑物的占地面积、建筑面积、建筑系数、绿化系数、围墙长度、道路及回车场地面积等主要技术指标。

3）燃气厂站设备和管道安装图的绘制应符合以下规定：

① 设备和管道的安装图应按设计子项分号分别进行设计。安装图包括平面图、剖面图及剖视图。

② 设备和管道安装的平面图应以设计子项的建筑平面图、结构平面图或总平面布置图为基础进行绘制。图中应绘出设计子项内的燃气工艺设备的外轮廓线和管道，并给出设备和管道安装的定位尺寸。按建筑图标注建（构）筑物的轴线号及主要尺寸，并应绘出墙、门、窗、楼梯和操作平台等。应绘出指北针或风玫瑰图。

③ 在平面图上表示不清楚的位置，应绘制设备和管道安装的剖面图或剖视图。这两种图应绘出剖切面投影方向可见的建（构）筑物、设备的外轮廓线和管道，并应标出设备和管道安装的定位尺寸和标高。

④ 安装图中的管道编号应与流程图中的管道编号一致，并标注在管道的上方或左侧；或者用细实线引至空白处，标出管道编号、规格、材质、输送介质等。

⑤ 安装图中的设备轮廓线用细实线绘制。设备编号应与设备明细表一致；当设备有操作平台时，还应标出操作平台的标高。

⑥ 安装图中应给出设备明细表，表中应标明设备的编号、名称、规格、工艺参数、材料、数量、加工图或通用图图号、选型所执行的国家现行相关标准等内容。

⑦ 安装图中直径小于 300mm 的管道宜用单条粗实线绘制，而直径不小于 300mm 的管道宜用两条粗实线绘制，法兰宜用两条细实线绘制。埋地管道应用粗虚线绘制，管沟内的管道应用单粗实线绘制，并用细实线绘制出管沟的边缘。

⑧ 安装图中的工艺管道应给出管道标高，并注明坡度、坡向和介质流向。

⑨ 安装图中应绘出管道的支、吊架，注明定位尺寸，并编号。总图和罐区支架应列支架一览表，给出支架中心坐标、管道标高、支架顶标高、地面标高、支架长度等。

⑩ 平面图中应注写设计子项建（构）筑物的定位坐标和设备基础的定位尺寸。当有储罐区时，应标注防液堤的四角坐标。

⑪ 剖面图、剖视图中应标出设备的安装高度、设备基础高度及设备进出管道的标高。图中应表现出管道转弯、交叉等的方向和标高变化。

⑫ 对于非标设备，应绘制管口方位图，并列出管口表，标明管口的压力等级、连接方式和用途等。

⑬ 与其他设计子项相接的管道应注明续接的子项分号和图号。当管道超出本图图幅时应注明续接图样的图号。

4）小区和庭院燃气管道施工图的绘制应符合以下规定：

① 小区和庭院燃气管道施工图应绘制燃气管道平面布置图，而管道纵断面图可不绘制。若小区较大，应绘制区位示意图对燃气管道的区域进行标识。

② 燃气管道平面图应以小区和庭院的平面施工图、竣工图或实际测绘地形图为基础绘制。图中的地形、地貌、道路及所有建（构）筑物等均应采用细线绘制。应注写建（构）筑物和道路的名称，多层建筑应注明层数，并应绘出指北针。

③ 平面图中应绘出中、低压燃气管道和调压站、调压箱、阀门、凝水缸、放水管等，燃气管道应采用粗实线绘制。

④ 平面图中应给出燃气管道的定位尺寸。

⑤ 平面图中应注明燃气管道的规格、长度、坡度、标高等。

⑥ 燃气管道平面图中应注明调压站、调压箱、阀门、凝水缸、放水管及管道附件的规格及编号，并给出定位尺寸。

⑦ 平面图中表示不清楚的地方，应绘制局部大样图。局部大样图可不按比例绘制。

⑧ 平面图中应绘出与燃气管道相邻或交叉的其他管道，并注明燃气管道与其他管道的相对位置。

5）室内燃气管道施工图的绘制应符合以下规定：

① 室内燃气管道施工图应绘制平面图和系统图。当管道、设备布置比较复杂，系统图不能表示清楚时，宜辅以剖面图。

② 室内燃气管道平面图应以建筑物的平面施工图、竣工图或实际测绘平面图为基础绘制。平面图应按直接正投影法绘制。明敷的燃气管道应采用粗实线绘制；墙内暗埋或埋地的燃气管道应采用粗虚线绘制；图中的建筑物应

采用细线绘制。

③ 平面图中应绘出燃气管道、燃气表、调压器、阀门、燃具等。

④ 平面图中燃气管道的相对位置和管径应标注清楚。

⑤ 系统图应按45°正面斜轴测法绘制。系统图的布图方向应与平面图一致，并应按比例绘制；若局部管道按比例不能表示清楚，则可不按比例。

⑥ 系统图中应绘出燃气管道、燃气表、调压器、阀门、管件等，并注明规格。

⑦ 系统图中应标出室内燃气管道的标高、坡度等。

⑧ 室内燃气设备、入户管道等处的连接做法，宜绘制大样图。

6）高压输配管道走向图、中低压输配管网布置图的绘制应符合以下规定：

① 高压输配管道、中低压输配管网布置图应以现有地形图、道路图、规划图为基础绘制。图中的地形、地貌、道路及所有建（构）筑物等均应采用细线绘制，并应绘出指北针。

② 图中应表示出各厂站的位置和管道的走向，并标出管径。按照设计阶段的不同深度要求，表示出管道上阀门的位置。

③ 燃气管道应采用粗线（实线、虚线、点画线）绘制，绘制彩图时，可采用同一种线型的不同颜色来区分不同压力级制或不同建设分期的燃气管道。

④ 图中应标注主要道路、河流、街区、村镇等的名称。

7）高压、中低压燃气输配管道平面施工图的绘制应符合以下规定：

① 高压、中低压燃气输配管道平面施工图应以沿燃气管道路由实际测绘的带状地形图或道路平面施工图、竣工图为基础绘制。图中的地形、地貌、道路及所有建（构）筑物等均应采用细线绘制，并应绘出指北针。

② 宜采用幅面代号为A2或A2加长尺寸的图幅。

③ 图中应绘出燃气管道及与其相邻、相交的其他管线。燃气管道用粗实线单线绘制，其他管线用细实线、细虚线或细点画线绘制。

④ 图中应标注燃气管道的定位尺寸，在管道起点、止点、转点等重要控制点应标注坐标；管道平面弹性敷设时，应给出弹性敷设曲线的相关参数。

⑤ 图中应注明燃气管道的规格，其他管线宜标注名称和规格。

⑥ 图中应绘出凝水缸、放水管、阀门和管道附件等，同时注明规格、编号及防腐等级、做法。

⑦ 当图中三通、弯头等处表示不清楚时，应绘制局部大样图。

⑧ 图中应绘出管道里程桩，注明里程数。里程桩宜采用长度为3mm垂直于燃气管道的细实线表示。

⑨ 图中管道平面转点处，应标注转角度数。

⑩ 应绘出管道配重稳管、管道锚固、管道水工保护等的位置、范围，并注明做法。

⑪ 对于采用定向钻方式的管道穿越工程，应绘出管道入土、出土处的工作场地范围；对于架空敷设的管道，应绘出管道支架，并应注明支架、支座的形式、编号。

⑫ 当平面图的内容较少时，可作为管道平面示意图并入到燃气输配管道纵断面图中。

⑬ 当两条燃气管道同沟并行敷设时，应分别进行设计。设计的燃气管道用粗实线表示，并行燃气管道用中虚线表示。

8）高压、中低压燃气输配管道纵断面施工图的绘制应符合以下规定：

① 高压、中低压燃气输配管道纵断面施工图应以沿燃气管道路由实际测绘的地形纵断面图或道路纵断面施工图、竣工图为基础绘制。

② 宜采用幅面代号为 A2 或 A2 加长尺寸的图幅。

③ 对应标高标尺，应绘出管道路由处的现状地面线、设计地面线、燃气管道及与其交叉的其他管线。穿越有水的河流、沟渠、水塘等处应绘出水位线。燃气管道应采用中粗实线双线绘制。现状地面线、其他管线应采用细实线绘制；设计地面线应采用细虚线绘制。

④ 应绘出燃气管道的平面示意图。

⑤ 对应平面图中的里程桩，应分别注明管道里程数、原地面高程、设计地面高程、设计管底高程、管沟挖深、管道坡度等。

⑥ 管道纵向弹性敷设时，图面应标注出弹性敷设曲线的相关参数。

⑦ 图中应绘出凝水缸、放水管、阀门、三通等，并标注规格和编号。

⑧ 应绘出管道配重稳管、管道锚固、管道水工保护、套管保护等的位置、范围，并给出做法说明及相关的大样图。

⑨ 对于采用定向钻方式的管道穿越工程，应在管道纵断图中绘出穿越段的土壤地质状况。对于架空敷设的管道，应绘出管道支架，并给出支架、支座的形式、编号、做法。

⑩ 应注明管道的材质、规格及防腐等级、做法。

⑪ 宜注明管道沿线的土壤电阻率状况和管道施工的土石方量。

⑫ 图中管道竖向或空间转角处，应标注转角度数和弯头规格。

⑬ 对于顶管穿越或加设套管敷设的管道，应注明套管的管底标高。

⑭ 应标出与燃气管道交叉的其他管线及障碍物的位置及相关参数。

1.6.2 燃气工程施工图的识读内容

燃气施工图包括室内燃气管道施工图和室外燃气管道施工图。应按燃气流向识读燃气管道施工图。

1. 室内燃气管道平面图

识读时，应注意了解下列内容：

1） 燃气引入管的位置、方法及管径。

2） 楼前燃气管道与建筑物的间距。

3） 底层和标准层中立管、下垂管的位置。

4） 燃气具安装位置。燃气具安装时需考虑具体的安全距离要求。

2. 室外（庭院）燃气管道平面图

识读时，应注意了解下列内容：

1） 整个燃气工程的燃气接入点及参数。

2） 燃气调压设施的位置。

3） 庭院管道埋设深度。

4） 燃气管道的坡度及凝水缸的位置。

5） 庭院管的管径、长度以及与建构筑物的间距。

3. 室内燃气管道系统图

燃气系统图采用正面斜等轴侧方法绘制，表明各层立管、燃气表、下垂管的位置及竖向标高。识读系统图时，应将其与平面图结合对照进行，以弄清空间布置关系。

识读时，应注意了解下列内容：

1） 室内、室外地坪标高基准。

2） 建筑物的层高。

3） 明确室外燃气管道的埋设深度、坡度。

4） 引入管与庭院管道连接结构。

5） 引入管的安装方式，即是地上引入还是地下引入。

6） 立管管径、立管阀位置。

7） 燃气表的连接形式，如左进右出或右进左出。

8） 灶前阀安装高度。

2 水暖工程造价概述

2.1 工程造价术语解释

1. 工程量清单

载明建设工程分部分项工程项目、措施项目、其他项目的名称和相应数量以及规费、税金项目等内容的明细清单。

2. 招标工程量清单

招标人依据国家标准、招标文件、设计文件以及施工现场实际情况编制的，随招标文件发布供投标报价的工程量清单，包括其说明和表格。

3. 已标价工程量清单

构成合同文件组成部分的投标文件中已标明价格，经算术性错误修正（如有）且承包人已确认的工程量清单，包括其说明和表格。

4. 分部分项工程

分部工程是单项或单位工程的组成部分，是按结构部位、路段长度及施工特点或施工任务将单项或单位工程划分为若干分部的工程；分项工程是分部工程的组成部分，是按不同施工方法、材料、工序及路段长度等将分部工程划分为若干个分项或项目的工程。

5. 措施项目

为完成工程项目施工，发生于该工程施工准备和施工过程中的技术、生活、安全、环境保护等方面的项目。

6. 项目编码

分部分项工程和措施项目清单名称的阿拉伯数字标识。

7. 项目特征

构成分部分项工程项目、措施项目自身价值的本质特征。

8. 综合单价

完成一个规定清单项目所需的人工费、材料和工程设备费、施工机械使用费和企业管理费、利润以及一定范围内的风险费用。

9. 风险费用

隐含于已标价工程量清单综合单价中，用于化解发承包双方在工程合同中约定内容和范围内的市场价格波动风险的费用。

10. 工程成本

承包人为实施合同工程并达到质量标准，在确保安全施工的前提下，必须消耗或使用的人工、材料、工程设备、施工机械台班及其管理等方面发生的费用和按规定缴纳的规费和税金。

11. 单价合同

发承包双方约定以工程量清单及其综合单价进行合同价款计算、调整和确认的建设工程施工合同。

12. 总价合同

发承包双方约定以施工图及其预算和有关条件进行合同价款计算、调整和确认的建设工程施工合同。

13. 成本加酬金合同

发承包双方约定以施工工程成本再加合同约定酬金进行合同价款计算、调整和确认的建设工程施工合同。

14. 工程造价信息

工程造价管理机构根据调查和测算发布的建设工程人工、材料、工程设备、施工机械台班的价格信息，以及各类工程的造价指数、指标。

15. 工程造价指数

反映一定时期的工程造价相对于某一固定时期的工程造价变化程度的比值或比率。包括按单位或单项工程划分的造价指数，按工程造价构成要素划分的人工、材料、机械等价格指数。

16. 工程变更

合同工程实施过程中由发包人提出或由承包人提出经发包人批准的合同工程任何一项工作的增、减、取消或施工工艺、顺序、时间的改变；设计图样的修改；施工条件的改变；招标工程量清单的错、漏从而引起合同条件的改变或工程量的增减变化。

17. 工程量偏差

承包人按照合同工程的图样（含经发包人批准由承包人提供的图样）实施，按照现行国家计量规范规定的工程量计算规则计算得到的完成合同工程项目应予计量的工程量与相应的招标工程量清单项目列出的工程量之间出现的量差。

18. 暂列金额

招标人在工程量清单中暂定并包括在合同价款中的一笔款项。用于工程合同签订时尚未确定或者不可预见的所需材料、工程设备、服务的采购，施工中可能发生的工程变更、合同约定调整因素出现时的合同价款调整以及发生的索赔、现场签证确认等的费用。

19. 暂估价

招标人在工程量清单中提供的用于支付必然发生但暂时不能确定价格的材料、工程设备的单价以及专业工程的金额。

20. 计日工

在施工过程中，承包人完成发包人提出的工程合同范围以外的零星项目或工作，按合同中约定的单价计价的一种方式。

21. 总承包服务费

总承包人为配合协调发包人进行的专业工程发包，对发包人自行采购的材料、工程设备等进行保管以及施工现场管理、竣工资料汇总整理等服务所需的费用。

22. 安全文明施工费

在合同履行过程中，承包人按照国家法律、法规、标准等规定，为保证安全施工、文明施工，保护现场内外环境和搭拆临时设施等所采用的措施而发生的费用。

23. 索赔

在工程合同履行过程中，合同当事人一方因非己方的原因遭受损失，按合同约定或法律法规规定应由对方承担责任，从而向对方提出补偿的要求。

24. 现场签证

发包人现场代表（或其授权的监理人、工程造价咨询人）与承包人现场代表就施工过程中涉及的责任事件所作的签认证明。

25. 提前竣工（赶工）费

承包人应发包人的要求而采取加快工程进度措施，使合同工程工期缩短，由此产生的应由发包人支付的费用。

26. 误期赔偿费

承包人未按照合同工程的计划进度施工，导致实际工期超过合同工期（包括经发包人批准的延长工期），承包人应向发包人赔偿损失的费用。

27. 不可抗力

发承包双方在工程合同签订时不能预见的，对其发生的后果不能避免，并且不能克服的自然灾害和社会性突发事件。

28. 工程设备

指构成或计划构成永久工程一部分的机电设备、金属结构设备、仪器装置及其他类似的设备和装置。

29. 缺陷责任期

指承包人对已交付使用的合同工程承担合同约定的缺陷修复责任的期限。

30. 质量保证金

发承包双方在工程合同中约定，从应付合同价款中预留，用以保证承包人在缺陷责任期内履行缺陷修复义务的金额。

31. 费用

承包人为履行合同所发生或将要发生的所有合理开支，包括管理费和应分摊的其他费用，但不包括利润。

32. 利润

承包人完成合同工程获得的盈利。

33. 企业定额

施工企业根据本企业的施工技术、机械装备和管理水平而编制的人工、材料和施工机械台班等的消耗标准。

34. 规费

根据国家法律、法规规定，由省级政府或省级有关权力部门规定施工企业必须缴纳的，应计入建筑安装工程造价的费用。

35. 税金

国家税法规定的应计入建筑安装工程造价内的营业税、城市维护建设税、教育费附加和地方教育附加。

36. 发包人

具有工程发包主体资格和支付工程价款能力的当事人以及取得该当事人资格的合法继承人，《建设工程工程量清单计价规范》GB 50500—2013 有时又称招标人。

37. 承包人

被发包人接受的具有工程施工承包主体资格的当事人以及取得该当事人资格的合法继承人，《建设工程工程量清单计价规范》GB 50500—2013 有时又称投标人。

38. 工程造价咨询人

取得工程造价咨询资质等级证书，接受委托从事建设工程造价咨询活动的当事人以及取得该当事人资格的合法继承人。

39. 造价工程师

取得造价工程师注册证书，在一个单位注册、从事建设工程造价活动的专业人员。

40. 造价员

取得全国建设工程造价员资格证书，在一个单位注册、从事建设工程造价活动的专业人员。

41. 单价项目

工程量清单中以单价计价的项目，即根据合同工程图样（含设计变更）和相关工程现行国家计量规范规定的工程量计算规则进行计量，与已标价工程量清单相应综合单价进行价款计算的项目。

42. 总价项目

工程量清单中以总价计价的项目，即此类项目在相关工程现行国家计量规范中无工程量计算规则，以总价（或计算基础乘费率）计算的项目。

43. 工程计量

发承包双方根据合同约定，对承包人完成合同工程的数量进行的计算和确认。

44. 工程结算

发承包双方根据合同约定，对合同工程在实施中、终止时、已完工后进行的合同价款计算、调整和确认。包括期中结算、终止结算、竣工结算。

45. 招标控制价

招标人根据国家或省级、行业建设主管部门颁发的有关计价依据和办法，以及拟定的招标文件和招标工程量清单，结合工程具体情况编制的招标工程的最高投标限价。

46. 投标价

投标人投标时响应招标文件要求所报出的对已标价工程量清单汇总后标明的总价。

47. 签约合同价（合同价款）

发承包双方在工程合同中约定的工程造价，即包括了分部分项工程费、措施项目费、其他项目费、规费和税金的合同总金额。

48. 预付款

在开工前，发包人按照合同约定，预先支付给承包人用于购买合同工程施工所需的材料、工程设备，以及组织施工机械和人员进场等的款项。

49. 进度款

在合同工程施工过程中，发包人按照合同约定对付款周期内承包人完成的合同价款给予支付的款项，也是合同价款期中结算支付。

50. 合同价款调整

在合同价款调整因素出现后，发承包双方根据合同约定，对合同价款进行变动的提出、计算和确认。

51. 竣工结算价

发承包双方依据国家有关法律、法规和标准规定，按照合同约定确定的，包括在履行合同过程中按合同约定进行的合同价款调整，是承包人按合同约定完成了全部承包工作后，发包人应付给承包人的合同总金额。

52. 工程造价鉴定

工程造价咨询人接受人民法院、仲裁机关委托，对施工合同纠纷案件中的工程造价争议，运用专门知识进行鉴别、判断和评定，并提供鉴定意见的活动。也称为工程造价司法鉴定。

2.2 工程造价的分类

2.2.1 按用途分类

水暖工程造价按用途分类包括标底价格、投标价格、中标价格、直接发包价格、合同价格和竣工结算价格。

1. 标底价格

它是招标人的期望价格，不是交易价格。招标人将它作为衡量投标价格的一个尺度，也是招标人控制投资的一种手段。

编制标底价可由招标人自己操作，也可委托招标代理机构操作，由招标人作出决策。

2. 投标价格

投标人为了取得工程施工承包的资格，根据招标人在招标文件中的要求进行估价，然后依据投标策略确定投标价格，以争取中标并且通过工程实施获得经济效益。因此投标报价是卖方的要价，如果中标，这个价格就是合同谈判和签订合同确定工程价格的基础。

若设有标底，投标报价时要研究招标文件中评标时如何使用标底。

1）以靠近标底者得分最高，这时报价就无需追求最低标价；

2）标底价只作为招标人的期望，但是仍要求低价中标，此时，投标人就要采取措施，既使标价最具竞争力，又使报价不低于成本，就可获得理想的利润。由于“既能中标，又能获利”是投标报价的原则，所以投标人的报价必须以雄厚的技术和管理实力做支持，编制出既有竞争力、又能盈利的投标报价。

3. 中标价格

《招标投标法》第四十条规定：“评标委员会应当按照招标文件确定的评标标准和方法，对投标文件进行评审和比较；设有标底的，应当参考标底。”所以评标的依据一是招标文件，二是标底（若有标底）。

《招标投标法》第四十一条规定，中标人的投标应符合下列两个条件之一。一是“能最大限度地满足招标文件中规定的各项综合评价标准”；二是“能够满足招标文件的实质性要求，并且经评审的投标价格最低，但是投标价低于成本的除外”。第二项主要说的是投标报价。

4. 直接发包价格

它是由发包人与指定的承包人直接接触，通过谈判达成协议签订施工合同，而不需要像招标承包定价方式那样，通过竞争定价。这种计价方式只适用于不宜进行招标的工程，例如军事工程、保密技术工程、专利技术工程及发包人认为不宜招标而又不违反《招标投标法》第三条（招标范围）规定的其他工程。

直接发包方式计价首先提出协商价格意见的可能是发包人或其委托的中介机构，也可能是承包人提出价格意见交发包人或其委托的中介组织进行审核。无论由哪方提出，都要通过谈判协商，签订承包合同，确定为合同价。

直接发包价格是以审定的施工图预算为基础，由发包人与承包人商定增减价的方式定价。

5. 合同价格

《建设工程施工发包与承包计价管理办法》第十二条规定：“合同价可采用以下方式：（一）固定价。合同总价或者单价在合同约定的风险范围内不可调整。（二）可调价。合同总价或者单价在合同实施期内，根据合同约定的办法调整。（三）成本加酬金。”

（1）固定合同价　固定合同价包括固定合同总价和固定合同单价两种。

1）固定合同总价。它是指承包整个工程的合同价款总额已经确定，在工程实施中不再因物价上涨而变化，因此，固定合同总价应考虑价格风险因素，必须在合同中明确规定合同总价包括的范围。这类合同价可以使发包人对工程总开支心中有数，能更有效地控制资金的使用。但对于承包人则要承担较大的风险，如物价波动、气候条件恶劣及其他意外困难等，所以合同价款一般会高些。

2）固定合同单价。它是指合同中确定的各项单价在工程实施期间不因价格变化而调整，而在每月（或每阶段）工程结算时，按照实际完成的工程量结算，在工程全部完成时以竣工图的工程量最终结算工程总价款。

（2）可调合同价

1）可调总价。合同中确定的工程合同总价在实施期间可随价格变化而调整。发包人和承包人在商订合同时，以招标文件的要求及当时的物价计算出合同总价。如果在执行合同期间，通货膨胀引起成本增加并达到某一限度时，合同总价则作相应调整。可调合同价使发包人承担了通货膨胀的风险，承包人则承担其他风险。一般适合于工期较长的项目。

2）可调单价。合同单价可调，一般在工程招标文件中规定。在合同中签订的单价，按照合同约定的条款，若在工程实施过程中物价发生变化，可作调整。有的工程在招标或签约时，因某些不确定因素而在合同中暂定某些分部分项工程的单价，工程结算时，再根据实际情况和合同约定对合同单价进行调整，确定实际结算单价。

关于可调价格的调整方法，常用的有以下几种。

① 按主材计算价差。发包人在招标文件中列出需要调整价差的主要材料表及其基期价格（一般采用当时当地工程造价管理机构公布的信息价或结算价），工程竣工结算时按竣工当时当地工程造价管理机构公布的材料信息价或结算价，与招标文件中列出的基期价比较计算材料差价。

② 主料按抽料法计算价差，其他材料按系数计算价差。主要材料按施工图预算计算的用量和竣工当月当地工程造价管理机构公布的材料结算价或信息价与基价对比计算差价。其他材料按当地工程造价管理机构公布的竣工调价系数计算方法计算差价。

③ 按工程造价管理机构公布的竣工调价系数及调价计算方法计算差价。

另外，还有调值公式法和实际价格结算法。

调值公式一般包括固定部分、材料部分和人工部分三项。工程规模和复杂性越大，公式也越复杂。调值计算公式如下：

$$P=P_0\left(a_0+a_1\frac{A}{A_0}+a_2\frac{B}{B_0}+a_3\frac{C}{C_0}+\cdots\right) \tag{2-1}$$

式中 P——调值后的工程价格；

P_0——合同价款中工程预算进度款；

a_0——固定要素的费用在合同总价中所占比重，这部分费用在合同支付中不能调整；

a_1、a_2、a_3…——代表有关各项变动要素的费用（例如人工费、钢材费用、水泥费用、运输费用等）在合同总价中所占比重，$a_0+a_1+a_2+a_3+\cdots=1$；

A_0、B_0、C_0…——签订合同时与a_1、a_2、a_3…对应的各种费用的基期价格指数或价格；

A、B、C…——在工程结算月份与a_1、a_2、a_3…对应的各种费用的现行价格指数或价格。

各部分费用在合同总价中的比重一般要求承包人在投标时提出，并在价格分析中予以论证。也有的由发包人在招标文件中规定一个允许范围，由投标人在此范围内选定。

实际价格结算法。有些地区规定对钢材、木材、水泥等三大材的价格按实际价格结算的方法，工程承包人可凭发票按实报销。这种方法操作方便，但也使承包人忽视降低成本。因此，地方建设主管部门要定期公布最高结算限价，同时合同文件中应规定发包人有权要求承包人选择更廉价的供应来源。

采用何种方法，应按工程价格管理机构的规定，经双方协商后在合同的专用条款中约定。

（3）成本加酬金确定的合同价　合同中确定的工程合同价，其工程成本部分按现行计价依据计算，酬金部分则按工程成本乘以通过竞争确定的费率计算，将两者相加，确定出合同价。一般包括以下几种形式：

1）成本加固定百分比酬金确定的合同价。它是发包人对承包人支付的人工、材料和施工机械使用费、措施费、施工管理费等按实际直接成本全部据实补偿，并按照实际直接成本的固定百分比付给承包人一笔酬金，作为承包方的利润。计算方法如下：

$$C=C_a\ (1+P) \tag{2-2}$$

式中　C——总造价；

C_a——实际发生的工程成本；

P——固定的百分数。

从算式中可知，总造价 C 将随工程成本 C_a 而增加，不能促使承包商缩短工期和降低成本，对建设单位是不利的。这种方式现在已很少被采用。

2）成本加固定酬金确定的合同价。工程成本实报实销，但是酬金是事先商定的一个固定数目。计算公式如下：

$$C=C_a+F \tag{2-3}$$

式中 F 代表酬金，一般按估算的工程成本的一定百分比确定，数额是固定不变的。这种承包方式虽然不能使承包商关心降低成本，但是为了尽快取得酬金，承包商将会关心缩短工期。为了鼓励承包单位更好地工作，也有另加奖金的。奖金所占比例的上限可大于固定酬金，以充分发挥奖励的积极作用。

3）成本加浮动酬金确定的合同价。这种承包方式需事先商定工程成本和酬金的预期水平。若实际成本恰好等于预期水平，工程造价就是成本加固定酬金；若实际成本低于预期水平，则增加酬金；若实际成本高于预期水平，则减少酬金。这三种情况计算式如下：

$$C_a=C_0\text{，则 } C=C_a+F$$

$$C_a<C_0\text{，则 } C=C_a+F+\Delta F$$

$$C_a>C_0\text{，则 } C=C_a+F-\Delta F \tag{2-4}$$

式中　C_0——预期成本；

ΔF——酬金增减部分，可以是一个百分数，也可以是一个固定的绝对数。

采用这种承包方式，当实际成本超支而减少酬金时，以原定的固定酬金数额为减少的最高限度。即在最坏的情况下，承包人将得不到任何酬金，但是不必承担赔偿超支的责任。

从理论上讲，这种承包方式对承发包双方都没有太多风险，又能鼓励承包商关心降低成本和缩短工期；但是在实践中准确地估算预期成本很难，所以要求当事双方具有丰富的经验并掌握充分的信息。

4）目标成本加奖罚确定的合同价。在只有初步设计和工程说明书即迫切要求开工的情况下，可按粗略估算的工程量和适当的单价表编制概算，作为目标成本；随着详细设计逐步具体化，工程量和目标成本可作出调整，另外规定一个百分数作为酬金；最后结算时，若实际成本高于目标成本并超过事先商定的界限，则减少酬金，若实际成本低于目标成本（也有一个幅度界限），则加给酬金。计算式如下：

$$C=C_a+P_1C_0+P_2\ (C_0-C_a) \tag{2-5}$$

式中 C_0——目标成本；

P_1——基本酬金百分数；

P_2——奖罚百分数。

此外，可另加工期奖罚。

这种承包方式能鼓励承包商关心降低成本和缩短工期，而且目标成本是随设计的进展而加以调整才确定下来的，故建设单位和承包商双方都不会承担太多风险。当然其也要求承包商和建设单位的代表均须具有比较丰富的经验和充分的信息。

在工程实践中，采用哪一种合同计价方式，应根据建设工程的特点，业主对筹建工作的设想，对工程费用、工期和质量的要求等，综合考虑后进行确定。

2.2.2 按计价方法分类

水暖工程造价按计价方法分类包括估算造价、概算造价和施工图预算造价等。

1. 估算造价

它是对水暖工程的全部造价进行估算，以满足项目建议书、可行性研究和方案设计的需要。

2. 概算造价

水暖工程概算造价也叫初步设计概算造价。

初步设计概算文件包括概算编制说明、总概算书、单项工程综合概算书、单位工程概算书、其他工程和费用概算书和钢材、木材、水泥等主要材料表。

3. 施工图预算造价

施工图设计阶段应编制施工图预算，其造价应控制在批准的初步设计概算造价范围内，若超过，则应分析原因并采取措施加以调整或上报审批。施工图预算是目前进行工程招标的主要基础，其工程量清单是招标文件的组成部分，其造价是标底的主要依据，是工程直接发包价格的计价依据。

施工图预算一般由设计单位编制，工程标底一般由咨询公司编制，而投标报价则由承包人编制。

2.3 水暖工程造价的构成

2.3.1 我国现行工程造价的构成

我国现行工程造价的构成主要包括设备及工器具购置费用、建筑安装工程费用、工程建设其他费用、预备费、建设期贷款利息和固定资产投资方向调节税等几项。具体内容如图 2-1 所示。

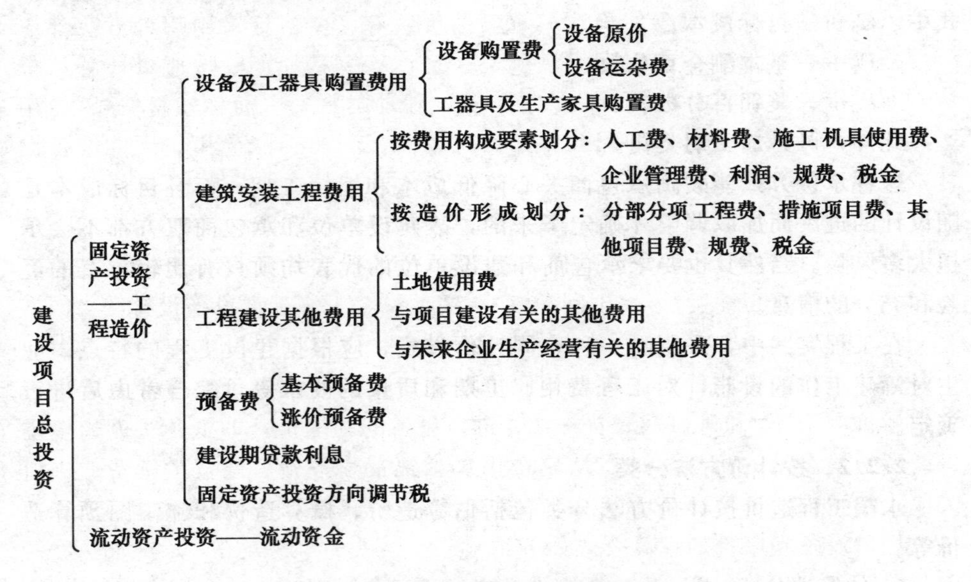

图 2-1　我国现行工程造价的构成

2.3.2 设备及工器具购置费用

1. 设备购置费

它是达到固定资产标准，为建设工程项目购置或自制的各种国产或进口设备及工、器具的费用。包括设备原价和设备运杂费。设备原价是指国产设备或进口设备的原价；设备运杂费是指除设备原价之外的关于设备采购、运输、途中包装及仓库保管等方向支出费用的总和。

（1）国产设备原价　国产设备原价是设备制造厂的交货价或订货合同价。

它一般根据生产厂或供应商的询价、报价、合同价确定，也可用一定的方法计算确定。

国产设备原价分为以下两方面。

1）国产标准设备原价。所谓国产标准设备是按照主管部门颁布的标准图样和技术要求，由设备生产厂批量生产的，符合国家质量检验标准的设备。其原价是设备制造厂的交货价，也就是出厂价。若设备是由设备成套公司供应，则以订货合同价为设备原价。有的设备有两种出厂价，即带有备件的出厂价和不带有备件的出厂价。在计算设备原价时，一般按带有备件的出厂价计算。

2）国产非标准设备原价。所谓国产非标准设备是国家尚无定型标准，各设备生产厂不可能在工艺过程中批量生产，只能按一次订货，并且根据具体的设计图制造的设备。其原价有很多计算方法，如成本计算估价法、系列设备插入估价法、分部组合估价法、定额估价法等。但不管采用哪种方法都应该使非标准设备计价接近实际出厂价，并且计算方法简便。按成本计算估价法，非标准设备的原价由材料费、加工费、辅助材料费（简称辅材费）、专用工具费、废品损失费、外购配套件费、包装费、利润、税金和非标准设备设计费组成。计算公式为：

单台非标准设备原价＝{[(材料费＋加工费＋辅助材料费)×(1＋专用工具费率)×(1＋废品损失费率)＋外购配套件费]×(1＋包装费率)－外购配套件费}×(1＋利润率)＋销项税金＋非标准设备设计费＋外购配套件费　　(2-6)

(2) 进口设备原价　进口设备原价是进口设备的抵岸价，通常由进口设备到岸价（CIF）和进口从属费构成。进口设备的到岸价，即抵达买方边境港口或者边境车站的价格。进口从属费用包括银行财务费、外贸手续费、进口关税、消费税、进口环节增值税等，进口车辆还需缴纳车辆购置税。

进口设备到岸价的计算公式如下：

进口设备到岸价（CIF）＝离岸价格（FOB）＋国际运费＋运输保险费＝运费在内价（CFR）＋运输保险费　　(2-7)

1）货价。通常指装运港船上交货价（FOB）。设备货价分为原币货价和人民币货价，原币货价一律折算成美元，人民币货价按原币货价乘以外汇市场美元兑换人民币中间价确定。进口设备货价按有关生产厂商询价、报价、订货合同价计算。

2）国际运费。指从装运港（站）到达我国抵达港（站）的运费。我国进口设备大部分采用海洋运输，小部分采用铁路运输，个别采用航空运输。进口设备国际运费计算公式如下：

$$国际运费（海、陆、空）=原币货价（FOB）\times运费率 \quad (2\text{-}8)$$

$$国际运费（海、陆、空）=运量\times单位运价 \quad (2\text{-}9)$$

其中，运费率或单位运价参照有关部门或进出口公司的规定执行。

3）运输保险费。对外贸易货物运输保险是由保险人（保险公司）与被保险人（出口人或进口人）签订保险契约，在被保险人交付保险费后，保险人根据保险契约的规定对货物在运输过程中发生的在承保责任范围内的损失给予经济上的补偿。计算公式如下：

$$运输保险费=\frac{货币原价（FOB）+国外运输费}{1-保险费率}\times保险费率 \quad (2\text{-}10)$$

其中，保险费率按保险公司规定的进口货物保险费率计算。

4）银行财务费。一般指中国银行手续费，计算式如下：

$$银行财务费=人民币货价（FOB）\times银行财务费率 \quad (2\text{-}11)$$

5）外贸手续费。指按对外经济贸易部规定的外贸手续费率计取的费用，其费率一般取1.5%。按下式计算：

$$外贸手续费=[装运港船上交货价（FOB）+国际运费+运输保险费]\times外贸手续费率 \quad (2\text{-}12)$$

6）关税。由海关对进出国境或关境的货物和物品征收的一种税。计算公式如下：

$$关税=到岸价格（CIF）\times进口关税税率 \quad (2\text{-}13)$$

其中，到岸价格（CIF）包括离岸价格（FOB）、国际运费、运输保险费等费用，它是关税完税价格。进口关税税率包括优惠和普通两种。

7）增值税。对从事进口贸易的单位和个人，在商品报关进口后征收的税种。按下式计算：

$$进口产品增值税额=组成计税价格\times增值税税率 \quad (2\text{-}14)$$

8）消费税。对部分进口设备（如轿车、摩托车等）征收，计算式如下：

$$应纳消费税额=\frac{到岸价+关税}{1-消费税税率}\times消费税税率 \quad (2\text{-}15)$$

9）海关监管手续费。指海关对进口减税、免税、保税货物实施监督、管理、提供服务的手续费。对于全额征收进口关税的货物不计本项费用。计算公式如下：

$$海关监管手续费=到岸价\times海关监管手续费率 \quad (2\text{-}16)$$

10）车辆购置附加费。进口车辆需缴进口车辆购置附加费。按下式计算：

$$进口车辆购置附加费=（到岸价+关税+消费税+增值税）\times进口车辆购置附加费率 \quad (2\text{-}17)$$

（3）设备运杂费　设备运杂费按设备原价乘以设备运杂费率计算。其中，设备运杂费率按各部门及省、市等的规定计取。设备运杂费一般由以下各项构成：

1）国产标准设备由设备制造厂交货地点起至工地仓库（或施工组织指定的堆放地点）止所发生的运费及装卸费。

进口设备则由我国到岸港口、边境车站起至工地仓库（或施工组织指定的堆放地点）止所发生的运费及装卸费。

2）在设备出厂价格中没有包含的设备包装和包装材料器具费；在设备出厂价或进口设备价格中若已含此项费用，则不应重复计算。

3）供销部门的手续费，按有关部门规定的统一费率计算。

4）建设单位（或工程承包公司）的采购和仓库保管费，是采购、验收、保管和收发设备所发生的各项费用，包括设备采购、保管和管理人员工资、工资附加费、办公费、差旅交通费、设备供应部门办公和仓库所占固定资产使用费、工具用具使用费、劳动保护费、检验试验费等。这些费用依主管部门规定的采购保管费率计算。

2. 工器具及生产家具购置费

工器具及生产家具购置费即新建或扩建项目初步设计规定的，保证初期正常生产必须购置的没有达到固定资产标准的设备、仪器、工卡模具、器具、生产家具和备品备件等的购置费用。通常以设备购置费为计算基数，按照部门或行业规定的工器具及生产家具费率计算。

2.3.3　建筑安装工程费用

1. 建筑安装工程费用项目组成

现行建筑安装工程费用项目组成，根据住房和城乡建设部、财政部共同颁发的建标［2013］44号文件规定如下。

（1）建筑安装工程费用项目组成（按费用构成要素划分）建筑安装工程费按照费用构成要素划分：由人工费、材料（包含工程设备，下同）费、施工机具使用费、企业管理费、利润、规费和税金组成。其中人工费、材料费、施工机具使用费、企业管理费和利润包含在分部分项工程费、措施项目费、其他项目费中，见图2-2。

1）人工费：即按工资总额构成规定，支付给从事建筑安装工程施工的生产工人和附属生产单位工人的各项费用。包括：

① 计时工资或计件工资：是指按计时工资标准和工作时间或对已做工作按计件单价支付给个人的劳动报酬。

② 奖金：是指对超额劳动和增收节支支付给个人的劳动报酬。如节约奖、劳动竞赛奖等。

③ 津贴补贴：是指为了补偿职工特殊或额外的劳动消耗和因其他特殊原

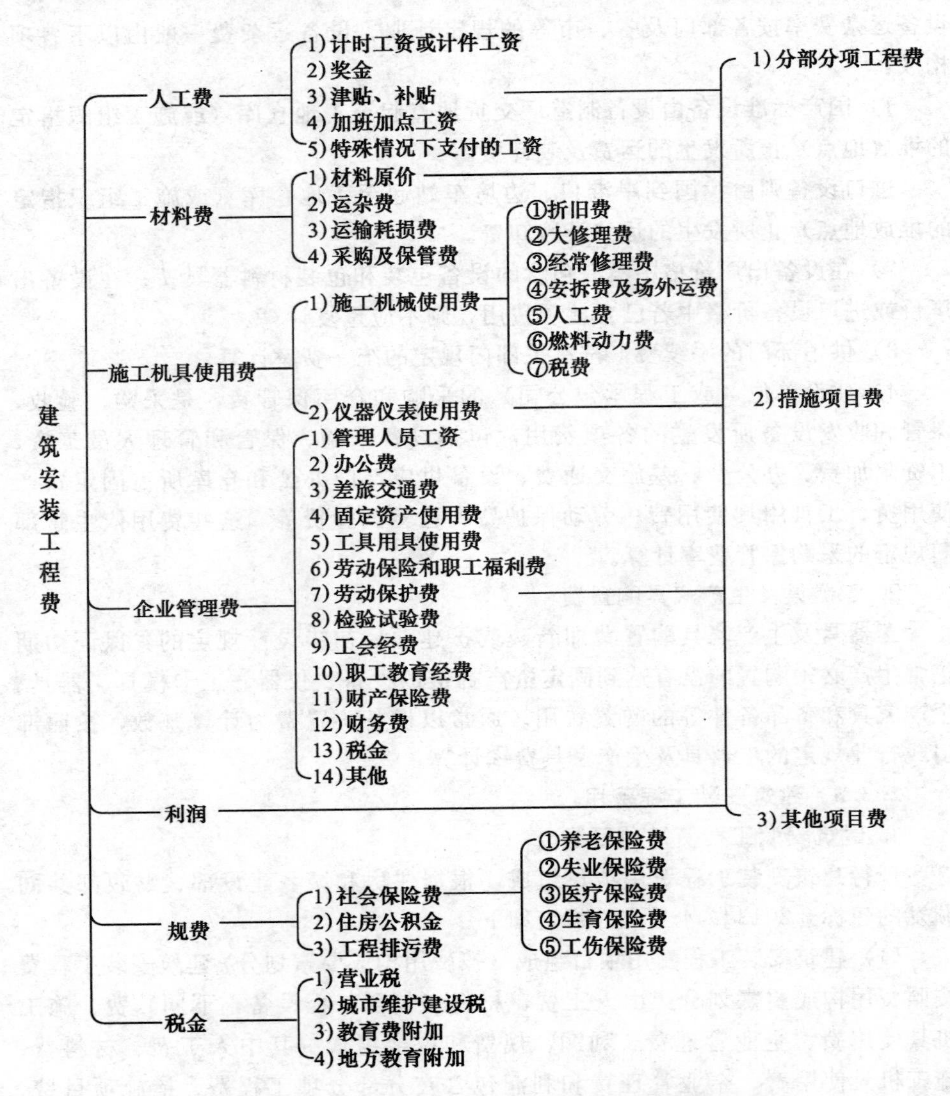

图 2-2　建筑安装工程费用项目组成（按费用构成要素划分）

因支付给个人的津贴，以及为了保证职工工资水平不受物价影响支付给个人的物价补贴。如流动施工津贴、特殊地区施工津贴、高温（寒）作业临时津贴、高空津贴等。

④ 加班加点工资：是指按规定支付的在法定节假日工作的加班工资和在法定日工作时间外延时工作的加点工资。

⑤ 特殊情况下支付的工资：是指根据国家法律、法规和政策规定，因病、工伤、产假、计划生育假、婚丧假、事假、探亲假、定期休假、停工学习、

执行国家或社会义务等原因按计时工资标准或计时工资标准的一定比例支付的工资。

2）材料费：即施工过程中耗费的原材料、辅助材料、构配件、零件、半成品或成品、工程设备的费用。包括：

① 材料原价：是指材料、工程设备的出厂价格或商家供应价格。

② 运杂费：是指材料、工程设备自来源地运至工地仓库或指定堆放地点所发生的全部费用。

③ 运输损耗费：是指材料在运输装卸过程中不可避免的损耗。

④ 采购及保管费：是指为组织采购、供应和保管材料、工程设备的过程中所需要的各项费用。包括采购费、仓储费、工地保管费、仓储损耗。

工程设备是指构成或计划构成永久工程一部分的机电设备、金属结构设备、仪器装置及其他类似的设备和装置。

3）施工机具使用费：即施工作业所发生的施工机械、仪器仪表使用费或其租赁费。

① 施工机械使用费：用施工机械台班耗用量乘以施工机械台班单价表示，施工机械台班单价应由以下七项费用构成：

a. 折旧费：指施工机械在规定的使用年限内，陆续收回其原值的费用。

b. 大修理费：指施工机械按规定的大修理间隔台班进行必要的大修理，以恢复其正常功能所需的费用。

c. 经常修理费：指施工机械除大修理以外的各级保养和临时故障排除所需的费用。包括为保障机械正常运转所需替换设备与随机配备工具附具的摊销和维护费用，机械运转中日常保养所需润滑与擦拭的材料费用及机械停滞期间的维护和保养费用等。

d. 安拆费及场外运费：安拆费指施工机械（大型机械除外）在现场进行安装与拆卸所需的人工、材料、机械和试运转费用以及机械辅助设施的折旧、搭设、拆除等费用；场外运费指施工机械整体或分体自停放地点运至施工现场或由一施工地点运至另一施工地点的运输、装卸、辅助材料及架线等费用。

e. 人工费：指机上驾驶员（司炉）和其他操作人员的人工费。

f. 燃料动力费：指施工机械在运转作业中所消耗的各种燃料及水、电等。

g. 税费：指施工机械按照国家规定应缴纳的车船使用税、保险费及年检费等。

② 仪器仪表使用费：是指工程施工所需使用的仪器仪表的摊销及维修费用。

4）企业管理费：指建筑安装企业组织施工生产和经营管理所需的费用。包括：

① 管理人员工资：是指按规定支付给管理人员的计时工资、奖金、津贴补贴、加班加点工资及特殊情况下支付的工资等。

② 办公费：是指企业管理办公用的文具、纸张、账表、印刷、邮电、书报、办公软件、现场监控、会议、水电、烧水和集体取暖降温（包括现场临时宿舍取暖降温）等费用。

③ 差旅交通费：是指职工因公出差、调动工作的差旅费、住勤补助费，市内交通费和误餐补助费，职工探亲路费，劳动力招募费，职工退休、退职一次性路费，工伤人员就医路费，工地转移费以及管理部门使用的交通工具的油料、燃料等费用。

④ 固定资产使用费：是指管理和试验部门及附属生产单位使用的属于固定资产的房屋、设备、仪器等的折旧、大修、维修或租赁费。

⑤ 工具用具使用费：是指企业施工生产和管理使用的不属于固定资产的工具、器具、家具、交通工具和检验、试验、测绘、消防用具等的购置、维修和摊销费。

⑥ 劳动保险和职工福利费：是指由企业支付的职工退职金、按规定支付给离休干部的经费，集体福利费、夏季防暑降温、冬季取暖补贴、上下班交通补贴等。

⑦ 劳动保护费：是企业按规定发放的劳动保护用品的支出。如工作服、手套、防暑降温饮料以及在有碍身体健康的环境中施工的保健费用等。

⑧ 检验试验费：是指施工企业按照有关标准规定，对建筑以及材料、构件和建筑安装物进行一般鉴定、检查所发生的费用，包括自设试验室进行试验所耗用的材料等费用。不包括新结构、新材料的试验费，对构件做破坏性试验及其他特殊要求检验试验的费用和建设单位委托检测机构进行检测的费用，对此类检测发生的费用，由建设单位在工程建设其他费用中列支。但对施工企业提供的具有合格证明的材料进行检测不合格的，该检测费用由施工企业支付。

⑨ 工会经费：是指企业按《工会法》规定的全部职工工资总额比例计提的工会经费。

⑩ 职工教育经费：是指按职工工资总额的规定比例计提，企业为职工进行专业技术和职业技能培训，专业技术人员继续教育、职工职业技能鉴定、职业资格认定以及根据需要对职工进行各类文化教育所产生的费用。

⑪ 财产保险费：是指施工管理用财产、车辆等的保险费用。

⑫ 财务费：是指企业为施工生产筹集资金或提供预付款担保、履约担保、职工工资支付担保等所产生的各种费用。

⑬ 税金：是指企业按规定缴纳的房产税、车船使用税、土地使用税、印

花税等。

⑭ 其他：包括技术转让费、技术开发费、投标费、业务招待费、绿化费、广告费、公证费、法律顾问费、审计费、咨询费、保险费等。

5）利润：是指施工企业完成所承包工程获得的盈利。

6）规费：是指按国家法律、法规规定，由省级政府和省级有关权力部门规定必须缴纳或计取的费用。包括：

① 社会保险费

a. 养老保险费：是指企业按照规定标准为职工缴纳的基本养老保险费。

b. 失业保险费：是指企业按照规定标准为职工缴纳的失业保险费。

c. 医疗保险费：是指企业按照规定标准为职工缴纳的基本医疗保险费。

d. 生育保险费：是指企业按照规定标准为职工缴纳的生育保险费。

e. 工伤保险费：是指企业按照规定标准为职工缴纳的工伤保险费。

② 住房公积金：是指企业按规定标准为职工缴纳的住房公积金。

③ 工程排污费：是指按规定缴纳的施工现场工程排污费。

其他应列而未列入的规费，按实际发生计取。

7）税金：是指国家税法规定的应计入建筑安装工程造价内的营业税、城市维护建设税、教育费附加以及地方教育附加。

(2) 建筑安装工程费用项目组成（按造价形成划分）建筑安装工程费按照工程造价形成由分部分项工程费、措施项目费、其他项目费、规费、税金组成，分部分项工程费、措施项目费、其他项目费包含人工费、材料费、施工机具使用费、企业管理费和利润，见图 2-3。

1）分部分项工程费：是指各专业工程的分部分项工程应予列支的各项费用。

① 专业工程：是指按现行国家计量规范划分的房屋建筑与装饰工程、仿古建筑工程、通用安装工程、市政工程、园林绿化工程、矿山工程、构筑物工程、城市轨道交通工程、爆破工程等各类工程。

② 分部分项工程：指按现行国家计量规范对各专业工程划分的项目。如房屋建筑与装饰工程划分的土石方工程、地基处理与桩基工程、砌筑工程、钢筋及钢筋混凝土工程等。

各类专业工程的分部分项工程划分见现行国家或行业计量规范。

2）措施项目费：是指为完成建设工程施工，发生于该工程施工前和施工过程中的技术、生活、安全、环境保护等方面的费用。包括：

① 安全文明施工费

a. 环境保护费：是指施工现场为达到环保部门要求所需要的各项费用。

b. 文明施工费：是指施工现场文明施工所需要的各项费用。

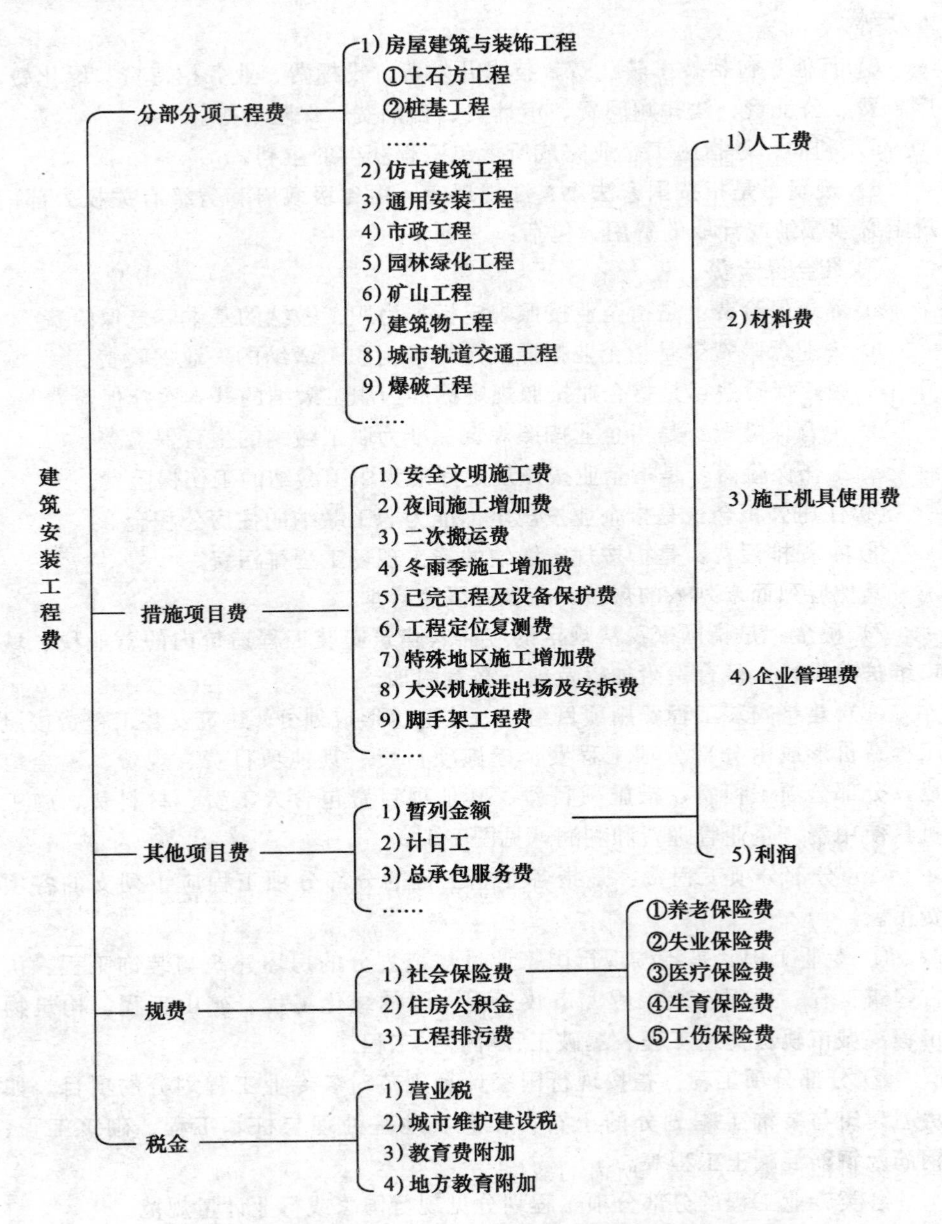

图 2-3 建筑安装工程费用项目组成（按造价形成划分）

c. 安全施工费：是指施工现场安全施工所需要的各项费用。

d. 临时设施费：是指施工企业为进行建设工程施工所必须搭设的生活和生产用的临时建筑物、构筑物和其他临时设施费用。包括临时设施的搭设、维修、拆除、清理费或摊销费等。

② 夜间施工增加费：是指因夜间施工所发生的夜班补助费、夜间施工降效、夜间施工照明设备摊销及照明用电等费用。

③ 二次搬运费：是指因施工场地条件限制而产生的材料、构配件、半成品等一次运输不能到达堆放地点，必须进行二次或多次搬运的费用。

④ 冬雨季施工增加费：是指在冬季或雨季施工需增加的临时设施、防滑、排除雨雪，人工及施工机械效率降低等费用。

⑤ 已完工程及设备保护费：是指竣工验收前，对已完工程及设备采取的必要保护措施所发生的费用。

⑥ 工程定位复测费：是指工程施工过程中进行全部施工测量放线和复测工作的费用。

⑦ 特殊地区施工增加费：是指工程在沙漠或其边缘地区、高海拔、高寒、原始森林等特殊地区施工增加的费用。

⑧ 大型机械设备进出场及安拆费：是指机械整体或分体自停放场地运至施工现场或由一个施工地点运至另一个施工地点，所发生的机械进出场运输及转移费用及机械在施工现场进行安装、拆卸所需的人工费、材料费、机械费、试运转费和安装所需的辅助设施的费用。

⑨ 脚手架工程费：是指施工需要的各种脚手架搭、拆、运输费用以及脚手架购置费的摊销（或租赁）费用。

措施项目及其包含的内容详见各类专业工程的现行国家或行业计量规范。

3）其他项目费

① 暂列金额：是指建设单位在工程量清单中暂定并包括在工程合同价款中的一笔款项。用于施工合同签订时尚未确定或者不可预见的所需材料、工程设备、服务的采购，施工中可能发生的工程变更、合同约定调整因素出现时的工程价款调整以及发生的索赔、现场签证确认等的费用。

② 计日工：是指在施工过程中，施工企业完成建设单位提出的施工图样以外的零星项目或工作所需的费用。

③ 总承包服务费：是指总承包人为配合、协调建设单位进行的专业工程发包，对建设单位自行采购的材料、工程设备等进行保管以及施工现场管理、竣工资料汇总整理等服务所需的费用。

4）规费：定义同（1）中的规费。

5）税金：定义同（1）中的税金。

2. 建筑安装工程费用参考计算方法

1）各费用构成要素可参考以下计算方法：

① 人工费

$$人工费=\sum(工日消耗量\times 日工资单价) \tag{2-18}$$

$$日工资单价=\frac{生产工人平均月工资（计时/计件）+平均月（资金+津贴补贴+特殊情况下支付的工资）}{年平均每月法定工作日}$$

(2-19)

注：以上公式（2-18）、公式（2-19）主要适用于施工企业投标报价时自主确定人工费，也是工程造价管理机构编制计价定额确定定额人工单价或发布人工成本信息的参考依据。

人工费=∑（工程工日消耗量×日工资单价） (2-20)

其中，日工资单价指施工企业平均技术熟练程度的生产工人在每工作日（国家法定工作时间内）按规定从事施工作业应得的日工资总额。

工程造价管理机构确定日工资单价需通过市场调查、根据工程项目的技术要求，参考实物工程量人工单价综合分析确定，最低日工资单价不得低于工程所在地人力资源和社会保障部门所发布的最低工资标准的：普工为1.3倍、一般技工为2倍、高级技工为3倍。

工程计价定额不能只列一个综合工日单价，应根据工程项目技术要求及工种差别适当划分多种日人工单价，确保各分部工程人工费的合理构成。

注：公式（2-20）适用于工程造价管理机构编制计价定额时确定定额人工费，是施工企业投标报价的参考依据。

② 材料费

a. 材料费

材料费=∑（材料消耗量×材料单价） (2-21)

材料单价=［（材料原价+运杂费）×〔1+运输损耗率（%）〕］×［1+采购保管费率（%）］ (2-22)

b. 工程设备费

工程设备费=∑（工程设备量×工程设备单价） (2-23)

工程设备单价=（设备原价+运杂费）×［1+采购保管费率（%）］ (2-24)

③ 施工机具使用费

a. 施工机械使用费

施工机械使用费=∑（施工机械台班消耗量×机械台班单价） (2-25)

机械台班单价=台班折旧费+台班大修费+台班经常修理费+台班安拆费及场外运费+台班人工费+台班燃料动力费+台班车 (2-26)

注：工程造价管理机构在确定计价定额中的施工机械使用费时，应根据《建筑施工机械台班费用计算规则》并结合市场调查编制施工机械台班单价。施工企业可以参考工程造价管理机构发布的台班单价，自主确定施工机械使用费的报价，例如租赁施工机械，计算

式为：施工机械使用费＝∑（施工机械台班消耗量×机械台班租赁单价）。

b. 仪器仪表使用费

$$仪器仪表使用费＝工程使用的仪器仪表摊销费＋维修费 \tag{2-27}$$

④ 企业管理费费率

a. 以分部分项工程费为计算基础

$$企业管理费费率（\%）＝\frac{生产工人年平均管理费}{年有效施工天数×人工单价}×人工费占分部分项工程费比例（\%） \tag{2-28}$$

b. 以人工费和机械费合计为计算基础

$$企业管理费费率（\%）＝\frac{生产工人年均管理费}{年有效施工天数×（人工单价＋每一工日机械使用费）}×100 \tag{2-29}$$

c. 以人工费为计算基础

$$企业管理费费率（\%）＝\frac{生产工人年平均管理费}{年有效施工天数×人工单价}×100 \tag{2-30}$$

注：以上公式适用于施工企业投标报价时自主确定管理费，是工程造价管理机构编制计价定额确定企业管理费的参考依据。

工程造价管理机构在确定计价定额中企业管理费时，应以定额人工费或（定额人工费＋定额机械费）为计算基数，其费率依照历年工程造价积累的资料，辅以调查数据确定，列入分部分项工程和措施项目中。

⑤ 利润

a. 施工企业根据企业自身需求并结合建筑市场实际自主确定，列入报价中。

b. 工程造价管理机构在确定计价定额中利润时，应以定额人工费或（定额人工费＋定额机械费）为计算基数，其费率依照历年工程造价积累的资料，并结合建筑市场实际确定，以单位（单项）工程测算，利润在税前建筑安装工程费的比重可按不低于5%且不高于7%的费率计算。利润应列入分部分项工程和措施项目中。

⑥ 规费

a. 社会保险费和住房公积金

社会保险费和住房公积金应以定额人工费为计算基础，依工程所在地省、自治区、直辖市或行业建设主管部门规定费率计算。

$$社会保险费和住房公积金＝∑（工程定额人工费×社会保险费和住房公积金费率） \tag{2-31}$$

式中：社会保险费和住房公积金费率可以每万元发承包价的生产工人人工费和管理人员工资含量与工程所在地规定的缴纳标准综合分析取定。

b. 工程排污费

工程排污费等其他应列却未列入的规费应按工程所在地环境保护等部门规定的标准缴纳，按实计取列入。

⑦ 税金

税金计算公式：

$$税金=税前造价\times综合税率（\%）\tag{2-32}$$

综合税率：

a. 纳税地点在市区的企业

$$综合税率（\%）=\left[\frac{1}{1-3\%-（3\%\times7\%）-（3\%\times3\%）-（3\%\times2\%）}-1\right]\times100\tag{2-33}$$

b. 纳税地点在县城、镇的企业

$$综合税率（\%）=\left[\frac{1}{1-3\%-（3\%\times5\%）-（3\%\times3\%）-（3\%\times2\%）}-1\right]\times100\tag{2-34}$$

c. 纳税地点不在市区、县城、镇的企业

$$综合税率（\%）=\left[\frac{1}{1-3\%-（3\%\times1\%）-（3\%\times3\%）-（3\%\times2\%）}-1\right]\times100\tag{2-35}$$

d. 实行营业税改增值税的，按纳税地点现行税率计算。

2）建筑安装工程计价可参考以下计算公式：

① 分部分项工程费

$$分部分项工程费=\sum（分部分项工程量\times综合单价）\tag{2-36}$$

式中　综合单价由人工费、材料费、施工机具使用费、企业管理费和利润以及一定范围的风险费用组成（下同）。

② 措施项目费

a. 国家计量规范规定应予计量的措施项目，其计算公式为：

$$措施项目费=\sum（措施项目工程量\times综合单价）\tag{2-37}$$

b. 国家计量规范规定不宜计量的措施项目，计算方法如下：

（a）安全文明施工费

安全文明施工费＝计算基数×安全文明施工费费率（%）　　(2-38)

计算基数应为定额基价（定额分部分项工程费＋定额中可以计量的措施项目费）、定额人工费或（定额人工费＋定额机械费），而由工程造价管理机构根据各专业工程的特点综合确定其费率。

(b) 夜间施工增加费

夜间施工增加费＝计算基数×夜间施工增加费费率（%）　　(2-39)

(c) 二次搬运费

二次搬运费＝计算基数×二次搬运费费率（%）　　(2-40)

(d) 冬雨季施工增加费

冬雨季施工增加费＝计算基数×冬雨季施工增加费费率（%）　　(2-41)

(e) 已完工程及设备保护费

已完工程及设备保护费＝
计算基数×已完工程及设备保护费费率（%）　　(2-42)

以上（b）～（e）项措施项目的计费基数应为定额人工费或（定额人工费＋定额机械费），而由工程造价管理机构根据各专业工程特点和调查资料综合分析后确定其费率。

③ 其他项目费

a. 暂列金额由建设单位依照工程特点，根据有关计价规定估算，施工过程中由建设单位掌握使用、扣除合同价款调整后若有余额，归建设单位。

b. 计日工由建设单位和施工企业按施工过程中的签证计价。

c. 总承包服务费由建设单位在招标控制价中依照总包服务范围和有关计价规定编制，施工企业投标时自主报价，施工过程中按签约合同价执行。

④ 规费和税金

建设单位及施工企业均应按照省、自治区、直辖市或行业建设主管部门发布标准计算规费和税金，不得作为竞争性费用。

3）相关问题的说明

① 各专业工程计价定额的编制及其计价程序，均按相关规定实施。

② 各专业工程计价定额的使用周期原则上为5年。

③ 工程造价管理机构在定额使用周期内，应及时发布人工、材料、机械台班价格信息，实行工程造价动态管理，若遇国家法律、法规、规章或相关政策变化以及建筑市场物价波动较大时，应适时调整定额人工费、定额机械费以及定额基价或规费费率，使建筑安装工程费能反映建筑市场实际。

④ 建设单位在编制招标控制价时，应按照各专业工程的计量规范和计价定额以及工程造价信息编制。

⑤ 施工企业在使用计价定额时除不可竞争费用外，其余只作参考，由施工企业投标时自主报价。

3. 建筑安装工程计价程序

建筑安装工程计价程序见表 2-1～表 2-3。

表 2-1 建设单位工程招标控制价计价程序

工程名称： 标段： 第 页 共 页

序号	内容	计算方法	金额/元
1	分部分项工程费	按计价规定计算	
1.1			
1.2			
1.3			
1.4			
1.5			
2	措施项目费	按计价规定计算	
2.1	其中：安全文明施工费	按规定标准计算	
3	其他项目费		
3.1	其中：暂列金额	按计价规定估算	
3.2	其中：专业工程暂估价	按计价规定估算	
3.3	其中：计日工	按计价规定估算	
3.4	其中：总承包服务费	按计价规定估算	
4	规费	按规定标准计算	
5	税金（扣除不列入计税范围的工程设备金额）	（1＋2＋3＋4）×规定税率	
招标控制价合计＝1＋2＋3＋4＋5			

表 2-2 施工企业工程投标报价计价程序

工程名称： 标段： 第 页 共 页

序号	内容	计算方法	金额/元
1	分部分项工程费	自主报价	
1.1			
1.2			
1.3			
1.4			
1.5			

续表

序号	内 容	计算方法	金 额/元
2	措施项目费	自主报价	
2.1	其中：安全文明施工费	按规定标准计算	
3	其他项目费		
3.1	其中：暂列金额	按招标文件提供金额计列	
3.2	其中：专业工程暂估价	按招标文件提供金额计列	
3.3	其中：计日工	自主报价	
3.4	其中：总承包服务费	自主报价	
4	规费	按规定标准计算	
5	税金（扣除不列入计税范围的工程设备金额）	（1＋2＋3＋4）×规定税率	
投标报价合计＝1＋2＋3＋4＋5			

表 2-3 竣工结算计价程序

工程名称： 标段： 第 页 共 页

序号	汇总内容	计算方法	金额/元
1	分部分项工程费	按合同约定计算	
1.1			
1.2			
1.3			
1.4			
1.5			
2	措施项目	按合同约定计算	
2.1	其中：安全文明施工费	按规定标准计算	
3	其他项目		
3.1	其中：专业工程结算价	按合同约定计算	
3.2	其中：计日工	按计日工签证计算	
3.3	其中：总承包服务费	按合同约定计算	
3.4	索赔与现场签证	按发承包双方确认数额计算	

续表

序号	汇总内容	计算方法	金 额/元
4	规费	按规定标准计算	
5	税金（扣除不列入计税范围的工程设备金额）	（1＋2＋3＋4）×规定税率	
竣工结算总价合计＝1＋2＋3＋4＋5			

2.3.4 工程建设其他费用

工程建设其他费用即从工程筹建到工程竣工验收交付使用的整个建设期间，除建筑安装工程费用和设备、工器具购置费以外的，为保证工程建设顺利完成和交付使用后能够正常发挥效用而发生的一些费用。

工程建设其他费用，按其内容分包括以下三类：

1. 土地使用费

它是指任何一个建设项目都固定于一定地点与地面相连接，必须占用一定量的土地，也就必然要发生为获得建设用地而支付的费用。包括土地征用及迁移补偿费和国有土地使用费。

（1）土地征用及迁移补偿费　即建设项目通过划拨方式取得无限期的土地使用权，根据《中华人民共和国土地管理法》等规定所支付的费用。其总和一般不得超过被征土地年产值的20倍，土地年产值则按该地被征用前3年的平均产量和国家规定的价格计算。包括：

1）土地补偿费。征用耕地（包括菜地）的补偿标准，按政府规定，为该耕地年产值的若干倍。征用园地、鱼塘、藕塘、苇塘、宅基地、林地、牧场、草原等的补偿标准，由省、自治区、直辖市人民政府制定。征收无收益的土地，不予补偿。

2）青苗补偿费和被征用土地上的房屋、水井、树木等附着物补偿费。征用城市郊区的菜地时，还应根据有关规定向国家缴纳新菜地开发建设基金。

3）安置补助费。征用耕地、菜地的，每个农业人口的安置补助费为该地每亩年产值的2～3倍，每亩耕地的安置补助费最高不得超过其年产值的10倍。

4）缴纳的耕地占用税或城镇土地使用税、土地登记费及征地管理费等。县市土地管理机关从征地费中提取土地管理费的比率，要按征地工作量大小，视不同情况，在1%～4%幅度内提取。

5）征地动迁费。包括征用土地上的房屋及附属构筑物、城市公共设施等拆除、迁建补偿费、搬迁运输费，企业单位因搬迁造成的减产、停工损失补贴费，拆迁管理费等。

6）水利水电工程水库淹没处理补偿费。包括农村移民安置迁建费，城市迁建补偿费，库区工矿企业、交通、电力、通信、广播、管网、水利等的恢复、迁建补偿费，库底清理费，防护工程费，环境影响补偿费用等。

（2）取得国有土地使用费　它包括土地使用权出让金、城市建设配套费、拆迁补偿与临时安置补助费等。

1）土地使用权出让金。即建设工程通过土地使用权出让方式，取得有限期的土地使用权，根据《中华人民共和国城镇国有土地使用权出让和转让暂行条例》规定，支付的土地使用权出让金。

① 明确国家是城市土地的惟一所有者，并分层次、有偿、有限期地出让、转让城市土地。第一层次是城市政府将国有土地使用权出让给用地者。第二层次及以下层次的转让则发生在使用者之间。

② 城市土地的出让和转让可通过协议、招标、公开拍卖等方式进行。

a. 协议方式是由用地单位申请，经市政府批准同意后双方洽谈具体地块及地价。其适用于市政工程、公益事业用地以及需要减免地价的机关、部队用地和需要重点扶持、优先发展的产业用地。

b. 招标方式是在规定的期限内，由用地单位以书面形式投标，市政府根据投标报价、所提供的规划方案以及企业信誉综合考虑，择优而取。其适用于一般工程建设用地。

c. 公开拍卖是指在指定的地点和时间，由申请用地者叫价应价，价高者得。其完全由市场竞争决定，适用于盈利高的行业用地。

③ 在有偿出让和转让土地时，政府对地价不作统一规定，但是应坚持下面的原则：

a. 地价对目前的投资环境不产生大的影响。

b. 地价与当地的社会经济承受能力相适应。

c. 地价要考虑已投入的土地开发费用、土地市场供求关系、土地用途和使用年限。

④ 有关政府有偿出让土地使用权的年限，各地可根据时间、区位等各种条件作不同的规定，一般可在30～99年之间。从地面附属建筑物的折旧年限来看，以50年为宜。

⑤ 土地有偿出让和转让，土地使用者和所有者要签约，明确使用者对土地享有的权利及应承担的义务。

a. 有偿出让和转让使用权，要向土地受让者征收契税。

b. 转让土地若有增值，要向转让者征收土地增值税。

c. 在土地转让期间，国家应区别不同地段、不同用途向土地使用者收取土地占用费。

2）城市建设配套费。即因进行城市公共设施的建设而分摊的费用。

3）拆迁补偿与临时安置补助费。它包括拆迁补偿费和临时安置补助费或搬迁补助费。拆迁补偿费是指拆迁人对被拆迁人，按照有关规定予以补偿所需的费用。拆迁补偿的形式有产权调换和货币补偿两种。产权调换的面积根据所拆迁房屋的建筑面积计算；货币补偿的金额根据所拆迁房屋的区位、用途、建筑面积等因素，以房地产市场评估价格确定。拆迁人应当对被拆迁人或者房屋承租人支付搬迁补助费。在过渡期内，被拆迁人或者房屋承租人自行安排住处的，拆迁人应当支付临时安置补助费。

2. 与项目建设有关的其他费用

与项目建设有关的其他费用通常包括下列各项。工程估算及概算可依照实际情况进行计算。

（1）建设单位管理费　即建设项目从立项、筹建、建设、联合试运转、竣工验收、交付使用及后评估等全过程管理所需的费用。包括：

1）建设单位开办费。指新建项目所需办公设备、生活家具、用具、交通工具等购置费用。

2）建设单位经费。包括工作人员的基本工资、工资性补贴、职工福利费、劳动保护费、劳动保险费、办公费、差旅交通费、工会经费、职工教育经费、固定资产使用费、工具用具使用费、技术图书资料费、生产人员招募费、工程招标费、合同契约公证费、工程质量监督检测费、工程咨询费、法律顾问费、审计费、业务招待费、排污费、竣工交付使用清理及竣工验收费、后评估等费用。不包括应计入设备、材料预算价格的建设单位采购及保管设备材料所需的费用。

建设单位管理费根据单项工程费用之和（包括设备工器具购置费和建筑安装工程费用）乘以建设单位管理费率计算。

建设单位管理费率根据建设项目的不同性质、不同规模确定。有的建设项目根据建设工期和规定的金额计算建设单位管理费。

（2）勘察设计费　即为本建设项目提供项目建议书、可行性研究报告及设计文件等所需费用，包括：

1）编制项目建议书、可行性研究报告及投资估算、工程咨询、评价以及为编制上述文件所进行勘察、设计、研究试验等所需费用。

2）委托勘察、设计单位进行初步设计、施工图设计及概预算编制等所需费用。

3）在规定范围内由建设单位自行完成的勘察、设计工作所需费用。

勘察设计费中，项目建议书、可行性研究报告按国家颁布的收费标准计算，设计费依国家颁布的工程设计收费标准计算；勘察费一般民用建筑 6 层以下的按3～5元/m^2计算，高层建筑按8～10元/m^2计算，工业建筑按10～12元/m^2计算。

（3）研究试验费　即为建设项目提供和验证设计参数、数据、资料等所进行的必要的试验费用以及设计规定在施工中必须进行试验、验证所需费用。包括自行或委托其他部门研究试验所需人工费、材料费、试验设备及仪器使用费等。这项费用按设计单位根据本工程项目的需要提出的研究试验内容和要求计算。

（4）建设单位临时设施费　即建设期间建设单位所需临时设施的搭设、维修、摊销费用或租赁费用。

临时设施包括临时宿舍、文化福利及公用事业房屋与构筑物、仓库、办公室、加工厂以及规定范围内的道路、水、电、管线等临时设施和小型临时设施。

（5）工程监理费　即建设单位委托工程监理单位对工程实施监理工作所需费用。按照原国家物价局、建设部《关于发布工程建设监理费用有关规定的通知》（[1992]价费字479号）等文件规定，选择以下方法之一计算。

1）一般情况应按工程建设监理收费标准计算，即按所监理工程概算或预算的百分比计算。

2）对于单工种或临时性项目可根据参与监理的年度平均人数按（3.5～5）万元/人年计算。

（6）工程保险费　即建设项目在建设期间根据需要实施工程保险所需的费用。包括以各种建筑工程及其在施工过程中的物料、机器设备为保险标的的建筑工程一切险，以安装工程中的各种机器、机械设备为保险标的的安装工程一切险，以及机器损坏保险等。按照不同的工程类别，分别用其建筑、安装工程费乘以建筑、安装工程保险费率计算。民用建筑（住宅楼、综合性大楼、商场、旅馆、医院、学校）占建筑工程费的2‰～4‰；其他建筑（工业厂房、仓库、道路、码头、水坝、隧道、桥梁、管道等）占建筑工程费的3‰～6‰；安装工程（农业、工业、机械、电子、电器、纺织、矿山、石油、化学及钢铁工业、钢结构桥梁）占建筑工程费的3‰～6‰。

（7）引进技术和进口设备其他费用　包括出国人员费用、国外工程技术人员来华费用、技术引进费、分期或延期付款利息、担保费以及进口设备检验鉴定费。

1）出国人员费用。指为引进技术和进口设备派出人员在国外培训和进行设计联络，设备检验等的差旅费、制装费、生活费等。其根据设计规定的出国培训和工作的人数、时间及派往国家，按财政部、外交部规定的临时出国人员费用开支标准及中国民用航空公司现行国际航线票价等进行计算，其中使用外汇部分应计算银行财务费用。

2）国外工程技术人员来华费用。指为安装进口设备，引进国外技术等聘用外国工程技术人员进行技术指导工作所发生的费用。包括技术服务费、外国技术人员的在华工资、生活补贴、差旅费、医药费、住宿费、交通费、宴请费、参观游览等招待费用。该费用按每人每月费用指标计算。

3）技术引进费。指为引进国外先进技术而支付的费用。包括专利费、专有技术费（技术保密费）、国外设计及技术资料费、计算机软件费等。该费用根据合同或协议的价格计算。

4）分期或延期付款利息。指利用出口信贷引进技术或进口设备采取分期或延期付款的办法所支付的利息。

5）担保费。指国内金融机构为买方出具保函的担保费。该费用按有关金融机构规定的担保费率计算（一般可按承保金额的5‰计算）。

6）进口设备检验鉴定费用。指进口设备按规定付给商品检验部门的进口设备检验鉴定费。该费用按进口设备货价的3‰～5‰计算。

（8）工程承包费　指具有总承包条件的工程公司，对工程建设项目从开始建设至竣工投产全过程的总承包所需的管理费用。包括组织勘察设计、设备材料采购、非标设备设计制造与销售、施工招标、发包、工程预决算、项目管理、施工质量监督、隐蔽工程检查、验收和试车直至竣工投产的各种管理费用。该费用按国家主管部门或省、自治区、直辖市协调规定的工程总承包费取费标准计算。无规定时，一般工业建设项目为投资估算的6%～8%，民用建筑和市政项目为4%～6%。不实行工程承包的项目不计算本项费用。

3. 与未来企业生产经营有关的其他费用

（1）联合试运转费　指新建企业或改扩建企业在工程竣工验收前，按照设计的生产工艺流程和质量标准对整个企业进行联合试运转所发生的费用支出与联合试运转期间的收入部分的差额部分。该费用一般根据不同性质的项目按需进行试运转的工艺设备购置费的百分比计算。

（2）生产准备费　指新建企业或新增生产能力的企业，为保证竣工交付使用进行必要的生产准备所发生的费用。包括生产人员培训费和其他费用。该费用一般根据需要培训和提前进厂人员的人数及培训时间，按生产准备费指标进行估算。

（3）办公和生活家具购置费　指为保证新建、改建、扩建项目初期正常生产、使用和管理所必须购置的办公和生活家具、用具的费用。这项费用改建、扩建项目低于新建项目。该费用按照设计定员人数乘以综合指标计算，通常为600～800元/人。

2.3.5 预备费、建设期贷款利息、固定资产投资方向调节税和铺底流动资金

1. 预备费

根据我国现行规定，预备费包括基本预备费和涨价预备费两项。

(1) 基本预备费　指在初步设计及概算内难以预料的工程费用，包括：

1) 在批准的初步设计范围内，技术设计、施工图设计及施工过程中所增加的工程费用；设计变更、局部地基处理等增加的费用。

2) 一般自然灾害造成的损失和预防自然灾害所采取的措施费用。实行工程保险的工程项目费用应适当降低。

3) 竣工验收时为鉴定工程质量对隐蔽工程进行必要的挖掘和修复费用。

基本预备费以设备及工、器具购置费，建筑安装工程费用和工程建设其他费用三者之和为计取基础，乘以基本预备费率进行计算。基本预备费率的取值应符合国家及部门的有关规定。

(2) 涨价预备费　指建设项目在建设期间内由于价格等变化引起工程造价变化的预测预留费用。包括：人工、设备、材料、施工机械的价差费，建筑安装工程费及工程建设其他费用调整，利率、汇率调整等增加的费用。

涨价预备费的测算方法，一般按照国家规定的投资综合价格指数，以估算年份价格水平的投资额为基数，采用复利方法计算。公式如下：

$$PF = \sum_{t=1}^{n} I_t [(1+f)^t - 1] \tag{2-43}$$

式中　PF——涨价预备费；

n——建设期年份数；

I_t——建设期中第 t 年的投资计划额，包括设备及工器具购置费、建筑安装工程费、工程建设其他费用及基本预备费；

f——年均投资价格上涨率。

2. 固定资产投资方向调节税

为贯彻国家产业政策，控制投资规模，引导投资方向，调整投资结构，加强重点建设，促进国民经济持续稳定协调发展，国家将依照国民经济的运行趋势和全社会固定资产投资的状况，对进行固定资产投资的单位和个人开征或暂缓征收固定资产投资方的调节税（征收对象不包括中外合资经营企业、中外合作经营企业和外资企业）。

投资方向调节税按照国家产业政策及项目经济规模实行差别税率，税率分为 0、5%、10%、15%、30%五个档次，各固定资产投资项目按其单位工程分别确定适用的税率。计税依据是固定资产投资项目实际完成的投资额，其中更新改造项目是建筑工程实际完成的投资额。投资方向调节税按固定资

产投资项目的单位工程年度计划投资额预缴。年度终了后，按年度实际投资结算，多退少补。项目竣工后按全部实际投资进行清算，多退少补。

为贯彻国家宏观调控政策，扩大内需，鼓励投资，依据国务院的决定，对《中华人民共和国固定资产投资方向调节税暂行条例》规定的纳税义务人，其固定资产投资应税项目自2000年1月1日起新发生的投资额，暂停征收固定资产投资方向调节税。但该税种尚未取消。

3. 建设期贷款利息

建设期投资贷款利息即建设项目使用银行或其他金融机构的贷款，在建设期应归还的借款的利息。它在为了筹措建设项目资金所发生的各项费用中是最主要的。建设项目筹建期间借款的利息，按规定可以计入购建资产的价值或开办费。贷款机构在贷出款项时，一般均按复利考虑。对于投资者来说，在项目建设期间，投资项目一般没有还本付息的资金来源，就算按要求还款，其资金也可能是通过再申请借款来支付。当项目建设期长于一年时，为简化计算，可假定借款发生当年均在年中支用，按半年计息，年初欠款按全年计息，这样，建设期投资贷款的利息可按如下公式计算：

$$q_j=\left(P_{j-1}+\frac{1}{2}A_j\right)\cdot i \tag{2-44}$$

式中 q_j——建设期第 j 年应计利息；

P_{j-1}——建设期第（j-1）年末贷款累计金额与利息累计金额之和；

A_j——建设期第 j 年贷款金额；

i——年利率。

4. 铺底流动资金

指生产经营性项目投产后，为进行正常生产运营，用于购买原材料、燃料，支付工资及其他经营费用等所需的周转资金。流动资金估算一般是参考现有同类企业的状况采用分项详细估算法，个别情况或小型项目可采用扩大指标法。

（1）分项详细估算法　对计算流动资金需要掌握的流动资产和流动负债这两类因素应分别估算。在可行性研究中，为简化计算，只对存货、现金、应收账款这3项流动资产和应付账款这项流动负债进行估算。

（2）扩大指标估算法

1）按建设投资的一定比例估算。如国外化工企业的流动资金通常是按建设投资的15%～20%计算。

2）按经营成本的一定比例估算。

3）按年销售收入的一定比例估算。

4）按单位产量占用流动资金的比例估算。

流动资金一般在投产前进行筹措。从投产第一年开始按生产负荷进行安排，其借款部分以全年计算利息。流动资金利息计入财务费用。项目计算期终回收全部流动资金。

2.4 定额计价与工程量清单计价的区别

1. 编制工程量的单位不同

传统定额预算计价方法是建设工程的工程量由招标单位和投标单位分别按图示计算。而工程量清单计价是工程量由招标单位统一计算或委托有工程造价咨询资质单位统一计算。“工程量清单”是招标文件的重要组成部分，投标单位按照招标人提供的“工程量清单”，根据自身的技术装备、施工经验、企业成本、企业定额、管理水平自主填写报单价。

2. 编制工程量清单时间不同

传统定额预算计价法是在招标文件发出以后编制（招标与投标人同时编制或投标人编制在前，招标人编制在后）。工程量清单报价法则必须在发出招标文件前编制完成。

3. 表现形式不同

传统的定额预算计价法一般采用总价形式。工程量清单报价法采用综合单价形式，包括人工费、材料费、机械使用费、管理费、利润，并考虑风险因素。工程量清单报价比较直观、单价相对固定，工程量发生变化时，单价一般不作调整。

4. 编制依据不同

传统的定额预算计价法依据施工图样；人工、材料、机械台班消耗量依据建设行政主管部门颁发的预算定额；人工、材料、机械台班单价依据工程造价管理部门发布的价格信息进行计算。工程量清单报价法，依据建设部第107号令规定，标底的编制根据招标文件中的工程量清单和有关要求、施工现场情况、合理的施工方法以及按建设行政主管部门制定的有关工程造价计价办法编制。企业的投标报价则根据企业定额和市场价格信息，或参考建设行政主管部门发布的社会平均消耗量定额编制。

5. 费用组成不同

传统预算定额计价法的工程造价包括直接工程费、现场经费、间接费、利润、税金。工程量清单计价法工程造价包括分部分项工程费、措施项目费、其他项目费、规费、税金；完成每项工程包含的全部工程内容的费用；完成每项工程内容所需的费用（规费、税金除外）；工程量清单中没有体现的，施工中又必须发生的工程内容所需费用及风险因素而增加的费用。

6. 评标所用的方法不同

传统预算定额计价投标一般采用百分制评分法。工程量清单计价法投标，一般采用合理低报价中标法，既对总价进行评分，又对综合单价进行分析评分。

7. 项目编码不同

传统的预算定额项目编码，全国各省市采用不同的定额子目，工程量清单计价全国实行统一编码，用十二位阿拉伯数字表示。一到九位为统一编码，其中，一、二位为附录顺序码，三、四位为专业工程顺序码，五、六位为分部工程顺序码。七、八、九位为分项工程项目名称顺序码，十到十二位为清单项目名称顺序码。前九位码不能变动，后三位码则由清单编制人根据项目设置的清单项目编制。

8. 合同价调整方式不同

传统的定额预算计价合同价调整方式包括变更签证、定额解释、政策性调整。工程量清单计价法合同价调整方式主要是索赔。工程量清单的综合单价一般通过招标中报价的形式体现，一旦中标，报价就作为签订施工合同的依据相对固定下来，工程结算根据承包商实际完成工程量乘以清单中相应的单价计算，减少了调整活口。传统的预算定额经常有定额解释和定额规定，结算中又有政策性文件调整。工程量清单计价单价不可随意调整。

9. 工程量计算时间前置

工程量清单在招标前就由招标人开始编制。或者业主为了缩短建设周期，一般在初步设计完成后就开始施工招标，在不影响施工进度的前提下陆续发放施工图样，因此承包商据以报价的各项工作内容下的工程量一般为概算工程量。

10. 投标计算口径达到了统一

各投标单位根据统一的工程量清单报价，因而达到了投标计算口径统一。不像传统预算定额招标，各投标单位各自计算工程量且工程量均不一致。

11. 索赔事件增加

由于承包商对工程量清单单价包含的工作内容一目了然，只要建设方不按清单内容施工的，任意要求修改清单的，都会增加施工索赔事件的发生。

3 水暖工程定额与定额计价

3.1 施工定额

3.1.1 施工定额的基本概念

施工定额即在正常施工组织条件下，建筑安装企业班组或个人完成单位合格产品所消耗人工、材料和机械台班的数量标准。建筑安装企业编制施工作业计划，编制人工、材料和机械需要计划，进行工料分析和施工队向生产班组签发工程任务单，进行经济核算，均需以施工定额为依据。另外，它也是制定预算定额的基础。

3.1.2 施工定额的组成

施工定额一般包括劳动定额、材料消耗定额、机械台班使用定额三个相对独立的部分。

1. 劳动定额

劳动定额也叫人工定额，指在正常施工条件下，完成单位合格产品所需的劳动消耗量标准，是规定安装工人在正常施工组织条件下劳动生产率的平均合理指标。它依据企业内部进行组织施工，编制作业计划、签发生产任务单和考核工效、计算工资和奖金、进行经济核算。同时，它也是核定安装工程产品人工成本及编制安装工程预算的重要基础。它包括时间定额和产量定额两种基本表现形式。

（1）时间定额　即某种专业的工人班组或个人，在正常施工组织与合理使用材料的条件下，完成单位合格产品所需消耗的工作时间。包括工人准备和结束必须消耗的时间、基本生产时间、辅助生产时间、不可避免的中断时间以及必要的休息时间。

时间定额一般以工日或工时为计量单位，每个工日按 8h 计算。单位产品时间定额计算式如下：

$$单位产品时间定额=\frac{1}{每工日产量} \tag{3-1}$$

或

$$单位产品时间定额=\frac{班组成员工日数总和}{班组产量} \tag{3-2}$$

（2）产量定额　即某种专业的工人班组或个人，在正常施工与合理使用材料的条件下，单位工日中完成合格产品数量的标准。

产量定额以单位时间的产品数量为计量单位，计算公式如下：

$$每工日产量=\frac{1}{单位产品时间定额} \tag{3-3}$$

或

$$班组产量=\frac{班组成员工日数的总和}{单位产品时间定额} \tag{3-4}$$

时间定额与产量定额互为倒数关系，即：时间定额×产量定额=1。

（3）劳动定额的计算　时间定额和产量定额均可以用于劳动定额的计算。实际工作中，时间定额以工日为单位，便于统计总工日数、核算工人工资、编制进度计划。常用它计算综合工日或各工种的工日。产量定额以产品数量为单位，便于施工小组分配任务，签发施工任务单，考核工人的劳动生产率，只是不如时间定额计算方便。因为其不能直接相加减或用插入法计算综合产品定额。

2. 材料消耗定额

材料消耗定额即在节约与合理使用材料的条件下，生产单位合格产品所必须消耗一定规格的材料、半成品或管件的数量，包括材料的净用量和必要的施工损耗量。计算公式如下：

$$\begin{aligned}材料消耗定额&=材料净用量+材料耗损量=\\&材料净用量\times（1+材料损耗率）\end{aligned} \tag{3-5}$$

$$材料损耗率=\frac{材料损耗量}{材料净用量}\times100\% \tag{3-6}$$

不同材料的损耗率也不相同，即使同种材料也会因受施工方法的影响而不同，其值由国家有关部门综合取定。

3. 机械台班使用定额

机械台班使用定额也叫机械使用定额，指在合理的劳动组织和合理使用施工机械以及正常施工条件下，完成一定计量单位质量合格产品所必须消耗的机械台班数量标准。有机械时间定额和机械产量定额两种基本表现形式。

（1）机械时间定额　即在正常施工组织条件下，班组职工操纵施工机械完成单位合格产品所必须消耗的机械台班数量标准。所谓1个台班，就是工人使用一台机械工作8h，它既包括机械的运行，也包括工人的劳动。计算公式如下：

$$机械时间定额=\frac{1}{机械台班产量定额} \tag{3-7}$$

（2）机械产量定额　即在正常施工组织条件下，在单位时间内，班组工人操作施工机械完成合格产品的数量，以单位时间的产品计量单位表示。计算公式如下：

$$\text{机械产量定额}=\frac{1}{\text{机械时间定额}} \tag{3-8}$$

机械时间定额与机械产量定额互为倒数关系，即：机械时间定额×机械产量定额＝1。

3.2 预算定额

3.2.1 预算定额的概念与作用

预算定额即在正常的施工组织条件下，完成单位合格产品的分项工程或部、配件所需人工、材料和机械台班消耗数量的标准。作用如下：

1）编制施工图预算及确定工程造价的依据。

2）编制单位估价汇总表的依据。

3）在招标投标制度中，是编制招标标底及投标报价的依据。

4）拨付工程价款和进行工程竣工结算的依据。

5）编制施工组织设计、确定劳动力、建筑材料、成品、半成品施工机械台班需用量的依据。

3.2.2 预算定额的编制

1. 预算定额的编制依据

1）现行的设计规范，施工及验收规范、质量评定标准及安全操作规程等建筑技术法规。

2）通用标准图集和定型设计图样及有代表性的设计图样和图集。

3）历年及现行的预算定额、施工定额及全国各省、市、自治区的预算定额和施工定额。

4）新技术、新结构、新材料和先进施工经验等资料。

5）有关科学实验、技术测定和统计资料。

6）现行的人工工资标准、材料预算价格和施工机械台班预算价格等。

2. 预算定额的编制程序

（1）制订预算定额的编制方案

预算定额的编制方案主要内容有：

1）建立相应的机构。

2）确定编制定额的指导思想、编制原则和编制进度。

3）明确定额的作用、编制的范围和内容。

4）确定人工、材料、机械消耗定额的计算基础和收集的基础资料，并对收集到的资料进行分析整理，使其资料系统化。

（2）预算定额项目及其工作内容　划分定额项目以施工定额为基础，合理确定预算定额的步距，进一步考虑其综合性。尽量做到项目齐全、粗细适度、简明适用。同时，应将各工程项目的工程内容、范围予以确定。

（3）确定分项工程的定额消耗指标　确定分项工程的定额消耗指标，应以选择计量单位、确定施工办法、计算工程量及含量测算为基础进行。

1）选择计量单位

预算定额的计量单位既要使用方便，还要与工程项目内容相适应，可反映分项工程最终产品形态和实物量。

计量单位一般应按结构构件或分项工程的特征及变化规律来确定。通常，当物体的三个度量（长、宽、高）都可能发生变化时，选用 m^3（立方米）为计量单位；当物体的三个度量（长、宽、高）中有两个度量经常发生变化时，选用 m^2（平方米）为计量单位；与物体的截面形状基本固定，长度变化不定时，选用 m（米）、km（千米）为计量单位。当分项工程无一定规格，而构造又比较复杂时，可按个、块、套、座、t（吨）等为计量单位。一般计量单位应按公制执行。

2）确定施工方法

施工方法直接影响预算定额中的人工、材料和施工机械台班的消耗指标。因此在编制定额时，必须以本地区的施工（生产）技术组织条件、施工验收规范、安全技术操作规程以及已经推广和成熟的新工艺、新结构、新材料和新的操作方法等为依据，合理地确定施工方法，以正确反映当前社会生产力的水平。

3）计算工程量及含量的测算

工程量计算需选择有代表性的图样、资料和已经确定的定额项目、计量单位，根据工程量的计算规则进行计算。

计算中要特别注意的是预算定额项目的工作内容、范围及其所包括内容在该项目中所占的比例，也就是含量的测算。通过会计师的测算，才能保证定额项目综合的合理性，使定额内的人工、材料、机械台班的消耗做到相对准确。

4）确定人工、材料、机械台班消耗量指标。

5）编制定额项目表

定额表中的人工消耗部分，需列出综合工日和其他人工费。

定额表中的机械台班消耗部分，需列出主要机械名称，主要机械台班消耗定额（以台班为计量单位）或其他机械费。

定额表中的材料消耗部分，需列出不同规格的主要材料名称、计量单位、主要材料的数量；对次要材料综合列入其他材料费，以元为计量单位。

在预算定额的基价部分，需列出人工费、材料费、机械费，同时还需列出基价（预算价值）。

6）修改定稿，颁发执行。

初稿编出后，与以往相应的定额进行对照，对新定额进行水平测算。依据测算结果，分析出新定额水平提高或降低的因素，并对初稿进行合理的修订。

在测算和修改的基础上，组织有关部门进行讨论并征求意见，定稿后连同编制说明书呈报上级主管部门审批。经批准后，在正式颁发执行前，应向各有关部门进行政策性和技术性的交底，以便定额的正确贯彻执行。

3.2.3　预算定额的适用条件

定额是以正常施工条件为基础编制的，所以只适用于正常施工条件。正常施工条件包括：

1）设备、材料、成品、半成品及构件完整无损，符合质量标准和设计要求，附有合格证书和试验记录。

2）安装工程和土建工程之间的交叉作业正常。

3）正常的气候、地理条件和施工环境。

4）安装地点、建筑物、设备基础、预留孔洞等均符合要求。

5）水电供应均满足安装施工正常使用。

若在非正常施工条件下施工，如在高原、水下等特殊自然地理条件下施工，应根据相关规定增加其安装费用。

3.3　投资估算指标

3.3.1　投资估算指标的概念

投资估算指标（简称估算指标）是编制项目建议书和可行性研究报告投资估算的依据，也是编制固定资产长远规划投资额的参考。估算指标中的主要材料消耗也是一种扩大材料消耗定额，可作为计算建设项目主要材料消耗量的基础。估算指标对于保证投资估算的准确性和项目决策的科学化具有重要意义。

3.3.2　投资估算指标的内容

投资估算指标是确定和控制建设项目全过程各项投资支出的技术经济指标，涉及建设前期、建设实施期和竣工验收交付使用期等各个阶段的费用支出，通常分为建设项目综合指标、单项工程指标和单位工程指标三个层次。

1. 建设项目综合指标

建设项目综合指标是指应列入建设项目总投资的从立项筹建开始至竣工验收交付使用的全部投资额，包括单项工程投资、工程建设其他费用和预备费等。

建设项目综合指标一般以项目的综合生产能力单位投资表示，如元/kW。也可以使用功能表示，如医院床位：元/床。

2. 单项工程指标

单项工程指标是指应列入能独立发挥生产能力或使用效益的单项工程内的全部投资额，包括建筑工程费、安装工程费、设备、工器具及生产家具购置费和可能包含的其他费用。单项工程的一般划分原则为：

(1) 主要生产设施　即直接参加生产产品的工程项目，包括生产车间或生产装置。

(2) 辅助生产设施　即为主要生产车间服务的工程项目。包括集中控制室、中央实验室、机修、电修、仪器仪表修理及木工（模）等车间，原材料、半成品、成品及危险品等仓库。

(3) 公用工程　包括给水排水系统（给排水泵房、水塔、水池及全厂给排水管网）、供热系统（锅炉房及水处理设施、全厂热力管网）、供电及通信系统（变配电所、开关所及全厂输电、电信线路）以及热电站、热力站、煤气站、空压站、冷冻站、冷却塔和全厂管网等。

(4) 环境保护工程　包括废气、废渣、废水等处理和综合利用设施及全厂性绿化。

(5) 总图运输工程　包括厂区防洪、围墙大门、传达及收发室、汽车库、消防车库、厂区道路、桥涵、厂区码头及厂区大型土石方工程。

(6) 厂区服务设施　包括厂部办公室、厂区食堂、医务室、浴室、哺乳室、自行车棚等。

(7) 生活福利设施　包括职工医院、住宅、生活区食堂、俱乐部、托儿所、幼儿园、子弟学校、商业服务点以及与之配套的设施。

(8) 厂外工程　包括水源工程，厂外输电、输水、排水、通信、输油等管线以及公路、铁路专用线等。

单项工程指标通常以单项工程生产能力单位投资，如“元/t”或其他单位表示。例如：变配电站，“元/(kV·A)”；供水站，“元/m^3”；锅炉房，“元/蒸汽吨”；办公室、住宅等房屋则区别不同结构形式以“元/m^2”表示。

3. 单位工程指标

单位工程指标指应列入能独立设计、施工的工程项目的费用，即建筑安装工程费用。

单位工程指标通常用以下方式表示：房屋区别不同结构形式以“元/m^2”表示；道路区别不同结构层、面层以“元/m^2”表示；水塔区别不同结构层、容积以“元/座”表示；管道区别不同材质、管径以“元/m”表示。

3.3.3 投资估算指标的编制

1. 投资估算指标的编制原则

1）投资估算指标项目的确定，需考虑以后几年编制建设项目建议书和可行性研究报告投资估算的需要。

2）投资估算指标的分类、项目划分、项目内容、表现形式等要结合各专业的特点，并且要与项目建议书、可行性研究报告的编制深度相适应。

3）投资估算指标的编制内容，典型工程的选择，必须符合国家的有关建设方针政策，符合国家技术发展方向，贯彻国家高科技政策和发展方向原则，使指标的编制既能反映现实的高科技成果，反映正常建设条件下的造价水平，又能适应今后若干年的科技发展水平。坚持技术上先进、可行和经济上的合理，力争以较少的投入取得最大的投资效益。

4）投资估算指标的编制应反映不同行业、不同项目和不同工程的特点，投资估算指标要适应项目前期工作深度的需要，而且具有更大的综合性。投资估算指标要密切结合行业特点，项目建设的特定条件，在内容上既要贯彻指导性、准确性和可调性原则，又要有一定的深度和广度。

5）投资估算指标的编制要贯彻静态和动态相结合的原则。应充分考虑到在市场经济条件下建设条件、实施时间、建设期限等因素的不同，考虑到建设期的动态因素，即价格、建设期利息、固定资产投资方向调节税及涉外工程的汇率等因素的变动导致指标的量差、价差、利息差、费用差等“动态”因素对投资估算的影响，对以上动态因素予以必要的调整办法和调整参数，尽量减少这些动态因素对投资估算准确度的影响，使指标具有较强的实用性和可操作性。

2. 投资估算指标的编制方法

投资估算指标的编制工作，涉及建设项目的产品规模、产品方案、工艺流程、设备选型、工程设计和技术经济等各个方面，既要考虑到现阶段技术状况，又要展望近期技术发展趋势和设计动向，以便指导以后建设项目的实践。投资估算指标的编制应当成立专业齐全的编制小组，且编制人员要具备较高的专业素质。投资估算指标的编制应当制定一个从编制原则、编制内容、指标的层次相互衔接、项目划分、表现形式、计量单位、计算、复核、审查程序到相互应有的责任制等内容的编制方案或编制细则，以便编制工作有章可循。投资估算指标的编制通常分三个阶段进行。

（1）收集整理资料阶段　收集整理已建成或正在建设的、符合现行技术政策和技术发展方向、有可能重复采用的、有代表性的工程设计施工图、标准设计以及相应的竣工决算或施工图预算资料等，这些是编制工作的基础，资料收集越广泛，编制工作考虑越全面，就越有利于提高投资估算指标的实用性和覆盖面。而且，对调查收集到的资料要选择占投资比重大，相互关联多的项目进行认真地分析整理。由于已建成或正在建设的工程的设计意图、建设时间和地点、资料的基础等不同，相互之间有很大差异，需要加以整理，才能重复利用。将整理后的数据资料按项目划分栏目加以归类，按照编制年度的现行定额、费用标准和价格，调整成编制年度的造价水平及相互比例。

（2）平衡调整阶段　由于调查资料的来源不同，即使经过一定的分析整理，也难免会由于设计方案、建设条件和建设时间上的差异带来的某些影响，使数据失准或漏项等。因此，必须对有关资料进行综合平衡调整。

（3）测算审查阶段　测算是将新编的指标和选定工程的概预算在同一价格条件下进行比较，检验其“量差”的偏离程度是否在允许的范围之内，若偏差过大，则要查找原因，进行修正。测算同时也是对指标编制质量进行的一次系统检查，应由专人进行，以保持测算口径的统一，以此为基础组织有关专业人员全面审查定稿。

因为投资估算指标的编制计算工作量非常大，应尽量使用电子计算机进行投资估算指标的编制工作。

3.4 单位估价表

3.4.1 单位估价表和单位估价汇总表的概念

预算定额是规定建筑安装企业在正常条件下，完成一定计量单位合格分项或子项工程的人工、材料和机械台班消耗数量的标准。通过把预算定额中的三种“量”（人工、材料、机械）和三种“价”（工资单价、材料预算单价、机械台班单价）结合，计算出一个以货币形式表达完成一定计量单位合格分项或子项工程的价值指标（单价）的许多表格，并按一定的分类汇总在一起，则称为单位估价表。

地区单位估价表可看做是国家统一预算定额在这个地区的翻版（包括对国家统一预算定额不足的补充），它将国家统一预算定额中的三种价全部更换为本地区的三种价，故地区单位估价表除“基价”与原定额不同外，其余内容与国家统一预算定额是完全相同的（包括补充部分）。所以，地区单位估价表与原定额篇幅一样很大，为使用方便，仅将单位估价表中的“基价”按照一定的方法汇集起来就称为“单位估价汇总表”或“价目表”。

3.4.2 单位估价表与预算定额的关系

单位估价表是预算定额中三种量的货币形式的价值表现，预算定额是编制单位估价表的依据。目前，我国大多数地区的建筑工程预算定额，均已按照编制单位估价表的方法，编制成带有“基价”的预算定额。因此与单位估价表一样，它也可以直接作为编制工程预算的计价依据。但是，这种基价，一般都是以省会所在地的三种价计算的，而对省会所在地以外的其他地区（专署级）来说，是不相适应的，所以，省会所在地以外各地区，为编制结合本地区（专署级）特点的预算单价，还要以本省现行的预算定额为依据编制出本地区（专署级）的单位估价表，但是也有些地区规定，预算定额中的“基价”在全省通用，省会所在地以外各地（市、区）不另编制单位估价表，而是在编制预算时采用规定的系数进行“基价”调整。

3.4.3 单位估价表的编制方法

1. 编制依据

1）《全国统一建筑工程基础定额（土建工程）》GJD—101—95 或地区建筑工程预算定额。

2）建筑工人工资等级标准以及工资级差系数。

3）建筑安装材料预算价格。

4）施工机械台班预算价格。

5）有关编制单位估价表的规定等。

2. 编制步骤

1）准备编制依据资料。

2）制订编制表格。

3）填写表格并且运算。

4）编写说明、装订、报批。

3. 编制方法

编制单位估价表，即将预算定额中规定的三种量，通过一定的表格形式转变为三种价的过程。可以用下列公式表示其编制方法：

$$人工费=分项工程定额工日\times相应等级工资单价 \tag{3-9}$$

$$材料费=\Sigma（分项工程材料消耗量\times相应材料预算单价） \tag{3-10}$$

$$机械费=\Sigma（分项工程施工机械台班消耗量\times相应施工机械台班预算单价） \tag{3-11}$$

$$分项工程预算单价=人工费+材料费+机械费 \tag{3-12}$$

以上计算公式中三种量是通过预算定额获得的，关于三种价的计算说明如下：

（1）工人工资　也称劳动工资，指建筑安装工人为社会创造财富而按照

"各尽所能、按劳分配"的原则所获得的合理报酬，包括基本工资以及国家政策规定的各项工资性质的津贴等。

我国现行工人劳动报酬计取的基本形式有计件工资制和计时工资制两种。计件工资制指执行按照预算定额计取工资的制度。计件工资即完成合格分项或子项工程单位产品所支付的规定平均等级的定额工资额。计时工资制指按日计取工资的制度。它是指做完八小时的劳动时间按实际等级所支付的劳动报酬，八小时为一个工日，也叫日工资。

计时工资和计件工资均按工资等级来支付工资。但是在现行预算定额里不分工资等级一律以综合工日计算，只是给每个等级定一个合理的工资参考标准（见表 3-2)，即等级工资。我国建筑安装工人工资的构成内容见表 3-1。

表 3-1　建筑安装工人工资构成内容

工资类别	工资名称	工资类别	工资名称
基本工资	岗位工资 技能工资 年功工资	职工福利费	按规定标准支付的职工福利费，例如书报费、取暖费、洗理费等
工资性补贴	物价补贴，煤、燃气补贴，交通补贴、住房补贴，流动施工津贴	劳动保护费	劳动保护用品购置及修理费 徒工服装补贴 防暑降温费及保健费用
辅助工资	非作业日支付给工人应得工资和工资性补贴		

表 3-1 中建筑安装工程生产工人工资单价构成内容，各部门和各地区间并不完全相同，但最根本的一点都是执行岗位技能工资制度，以便更好地体现按劳取酬和适应中国特色社会主义市场经济的需要。基本工资中的岗位工资和技能工资，按照国家主管部门制定的"全民所有制大中型建筑安装企业岗位技能工资试行方案"规定，工人岗位工资标准设 8 个岗次，见表 3-2。技能工资分初级技术工、中级技术工、高级技术工、技师和高级技师五类工资标准 26 档，见表 3-3。

表 3-2　全民所有制大中型建筑安装企业工人岗位工资参考标准（六类地区）

	岗次	1	2	3	4	5	6	7	8
1	标准一	119	102	86	71	58	48	39	32
2	标准二	125	107	90	75	62	51	42	34
3	标准三	131	113	96	80	66	55	45	36
4	标准四	144	124	105	88	72	59	48	38
5	适用岗位								

表 3-3 全民所有制大中型建筑安装企业技能工资参考标准（六类地区）

<table>
<tr><th>档次</th><th>1</th><th>2</th><th>3</th><th>4</th><th>5</th><th>6</th><th>7</th><th>8</th><th>9</th><th>10</th><th>11</th><th>12</th><th>13</th><th>14</th><th>15</th><th>16</th><th>17</th><th>18</th><th>19</th><th>20</th><th>21</th><th>22</th><th>23</th><th>24</th><th>25</th><th>26</th></tr>
<tr><td>标准一</td><td>50</td><td>56</td><td>62</td><td>68</td><td>75</td><td>82</td><td>89</td><td>96</td><td>103</td><td>110</td><td>117</td><td>124</td><td>132</td><td>140</td><td>148</td><td>156</td><td>164</td><td>172</td><td>180</td><td>188</td><td>196</td><td>204</td><td>212</td><td>220</td><td>229</td><td>238</td></tr>
<tr><td>标准二</td><td>52</td><td>58</td><td>65</td><td>75</td><td>79</td><td>86</td><td>93</td><td>100</td><td>108</td><td>116</td><td>124</td><td>132</td><td>140</td><td>148</td><td>156</td><td>164</td><td>172</td><td>180</td><td>189</td><td>198</td><td>207</td><td>216</td><td>225</td><td>234</td><td>243</td><td>252</td></tr>
<tr><td>标准三</td><td>54</td><td>61</td><td>68</td><td>75</td><td>82</td><td>89</td><td>97</td><td>105</td><td>113</td><td>121</td><td>129</td><td>137</td><td>145</td><td>153</td><td>162</td><td>171</td><td>180</td><td>189</td><td>198</td><td>207</td><td>216</td><td>225</td><td>235</td><td>245</td><td>255</td><td>265</td></tr>
<tr><td>标准四</td><td>57</td><td>64</td><td>72</td><td>80</td><td>88</td><td>96</td><td>105</td><td>114</td><td>123</td><td>132</td><td>141</td><td>150</td><td>159</td><td>168</td><td>177</td><td>186</td><td>195</td><td>204</td><td>214</td><td>224</td><td>234</td><td>244</td><td>254</td><td>264</td><td>274</td><td>284</td></tr>
<tr><td rowspan="3">工人</td><td colspan="6">初级技术工人</td><td colspan="9">中级技术工人</td><td colspan="6">高级技术工人</td><td colspan="5"></td></tr>
<tr><td colspan="14">非技术工人</td><td colspan="3"></td><td colspan="6">技师</td><td colspan="3"></td></tr>
<tr><td colspan="20"></td><td colspan="6">高级技师</td></tr>
</table>

建筑安装工人基本工资取决于工资等级级别、工资标准、岗位和技术素质等。但《全国统一建筑工程基础定额（土建工程）》GJD—101—95 对人工规定“不分工种、技术等级，一律以综合工日表示。内容包括基本用工、超运距用工、人工幅度差和辅助用工”。所以，建筑工程单位估价表中“人工费”的确定方法可用下式表示：

$$人工费=定额综合工日数量\times 日工资标准 \tag{3-13}$$

式中 $$日工资标准=月工资标准\div 月平均法定工作日 \tag{3-14}$$

按国家主管部门规定，月平均法定工作日为 20.83 天。

(2) 材料费 指分项工程施工过程中耗费的构成工程实体的原材料、辅助材料、构配件、零件和半成品的费用。建筑工程单位估价表中的材料费通过定额中各种材料消耗指标乘以相应材料预算价格求得，计算公式为：

$$材料费=\sum（定额材料消耗指标\times 相应材料预算价格） \tag{3-15}$$

材料预算价格，指的是材料由其来源地（或交货地点）到达工地仓库（施工工地内存放材料的地方）后所发生的全部费用的总和，即材料原价（或供应价）、材料运杂费、材料运输损耗费、材料采购及保管费和材料检验试验费等。其计算公式为：

$$P=A+B+C+D+E \tag{3-16}$$

式中 P——材料预算价格；

A——材料供应价格（包括材料原价、供销部门经营费和包装材料费）；

B——材料运输费（包括运输费、装卸费、中转费、运输损耗及其他附加费）；

C——材料运输损耗费［（$A+B$）×损耗费费率（%）］；

D——材料采购及保管费［（$A+B+C$）×材料采购及保管费费率（%）］；

E——检验试验费（某种材料检验试验数量×相应单位材料检验试验

费）。

注：检验试验费发生时计算，不发生时不计算（并非每种材料都必须发生此项费用）。

建筑安装工程材料预算价格各项费用在市场经济条件下，可按以下方法确定：

1）材料原价。指材料的出厂价格或国有商业的批发价格：

① 国家、部门统一管理的材料，按照国家、部门统一规定的价格计算。

② 地方统一管理的材料，按照地方物价部门批准的价格计算。

③ 凡由专业公司供应的材料，按照专业公司的批发、零售价综合计算。

④ 市场采购材料，按照出厂（场）价、市场价等综合取定计算。

⑤ 同一种材料，由于产地、生产厂家的不同而有几种价格时，应根据不同来源地及厂家的供货数量比例，按照加权平均综合价计算。计算式如下：

$$P_m = k_1 P_1 + k_2 P_2 + k_3 P_3 \cdots\cdots + k_n P_n \tag{3-17}$$

2）供销机构手续费。指按照我国现行建设物资供应体制对某些材料不能直接从生产厂家订货采购，而必须通过当地物资机构才能获得而支出的费用。不经物资供应机构的材料，不计算该费用。其计算公式如下：

供销机构手续费＝材料原价×供销机构手续费率（%）　　(3-18)

供销机构手续费费率，若国家没有统一规定，由各地供销机构自行确定。

3）包装材料费。指为了便于材料的运输或保护材料不受机械损伤而进行包装所发生的费用，包括箱装、袋装、裸装，以及水运、陆运中的支撑、篷布等所耗用的材料和工作费用。由生产厂家包装的材料，包装费已计入材料原价内，不再另行计算，但是包装物有回收价值的，应扣除包装物回收值。材料原价中未包括包装物的包装费按下式计算：

包装材料费＝包装材料原值－包装材料回收价值　　(3-19)

式中　$$包装材料回收价值 = \frac{包装材料原值 \times 回收比率 \times 回收价值率}{包装器材标准容量} \tag{3-20}$$

4）材料运输费。建筑安装材料运输费也叫运杂费，指材料由来源地或交货地点起，运到工地仓库或施工现场堆放地点止，全部运输过程所发生的运输、调车、出入库、堆码、装卸和合理的运输损耗等费用。在编制材料预算价格时，若同一种材料有多个来源地，则用加权平均的方法确定其平均运输距离或平均运输费用。

加权平均运输距离按下式计算：

$$S_m = \frac{S_1 P_1 + S_2 P_2 + S_3 P_3 + \cdots S_n P_n}{P_1 + P_2 + P_3 + \cdots P_n} \tag{3-21}$$

式中　S_m——加权平均运距；

S_1、S_2、$S_3 \cdots S_n$——自各交货地点至卸货中心地点的运距；

P_1、P_2、P_3…P_n——各交货地点启运的材料占该种材料总量的比重。

加权平均运输费按下式计算：

$$Y_P=\frac{Y_1Q_1+Y_2Q_2+Y_3Q_3+\cdots Y_nQ_n}{Q_1+Q_2+Q_3+\cdots Q_n} \quad (3\text{-}22)$$

式中 Y_P——加权平均运费；

Y_1、Y_2、Y_3…Y_n——自交货地点至卸货中心地点的运费；

Q_1、Q_2、Q_3…Q_n——各交货地点启运的同一种材料数量。

5）材料采购及保管费。指材料供应部门为组织材料采购、供应和保管过程中所需支出的各项费用之和。包括采购费、仓储费、工地保管费和仓储损耗（费）。其计算公式如下：

材料采购及保管费＝材料运至中心仓库价值×
采购及保管费费率（%） (3-23)

或

材料采购及保管费＝（材料原价＋供销部门手续费＋
包装费＋运输费＋运输损耗）×材料采购及保管费率 (3-24)

目前材料采购及保管费率一般都按2%～2.5%计算，某些地区也按3%计算。

6）材料预算价格。材料预算价格编制的全过程采用材料预算价格计算表进行，见表3-4。计算公式如下：

材料预算价格＝[(材料原价＋供销部门手续费＋包装费＋运输费＋运输损耗)＋市内运费]×(1＋采购保管费率)－包装回收价值＝(材料供应价格＋市内运费)×(1＋采购保管费率)－包装回收价值 (3-25)

式中 材料供应价格＝材料原价＋供销部门手续费＋
包装费＋长途运费 (3-26)

表3-4 材料预算价格计算表（格式）

序号	材料名称及规格	单位	发货地点	发货地点及条件	原价依据	单位毛重	运输费用计算表号	每吨运费	供销部门手续费率(%)	材料预算价格							
										材料原价	供销部门手续费	包装费	运输费	运到中心仓库价格	采购及保管费	回收金额	合计
1	2	3	4	5	6	7	8	9	10	11	12	13	14	15	16	17	18
	一、硅酸盐水泥																

续表

序号	材料名称及规格	单位	发货地点	发货地点及条件	原价依据	单位毛重	运输费用计算表号	每吨运费	供销部门手续费率(%)	材料预算价格							
										材料原价	供销部门手续费	包装费	运输费	运到中心仓库价格	采购及保管费	回收金额	合计
	普通硅酸盐水泥32.5级袋装	t	韩城厂	中心仓库	省物价局(2006)045	50±01	001	61.25	3	85.00	2.55	60.00	61.25	208.80	5.45	48.00	166.25
	普通硅酸盐水泥42.5级袋装	t	潼关厂	中心仓库	…	…											
	⋮																
	二、钢材类																
	⋮																

7）材料预算价格表。为使用方便，在材料预算价格计算表的基础上，还应编制材料预算价格汇总表，并装订成册。材料预算价格汇总表的格式并无统一规定，可结合本地区的实际自行制定。材料预算价格表的编制，是按所制定的表格内容，以材料预算价格计算表为依据，分门别类地将计算表中的主要资料——材料名称、规格型号、计量单位和预算价格等，抄写到汇总表相应的栏目内。

（3）施工机械台班预算价格　它反映施工机械在一个台班运转中所支出

和分摊的各种费用之和，也叫预算单价。施工机械以“台班”为使用计量单位。所谓“一台班”即一台机械工作八小时。施工机械台班预算价格组成内容见图3-1。

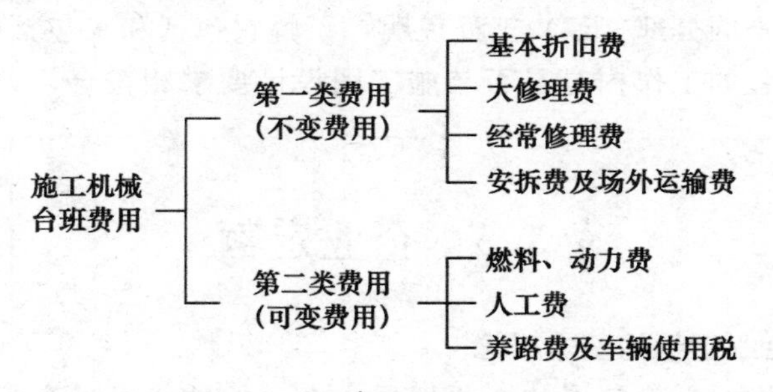

图3-1　施工机械台班费用组成

其中第一类费用的特点是无论机械运转的情况如何，都需要支出，是一种比较固定的经常性费用，按照全年所需分摊到每一台班中去。故在施工机械台班定额中，该类费用诸因素以及合计数直接以货币形式表示，这种货币指标适用于任何地区，所以，在编制施工机械台班使用费计算表，确定台班预算单价时，不能随意改动，也不必重新计算，直接从施工机械台班定额中转抄所列的价值即可。

而第二类费用的特点是只有在机械运转作业时才会发生，所以也叫一次性费用。这类费用在施工机械台班定额中以台班实物消耗量指标表示，例如电力以“kW/h”表示。所以，在编制机械台班单价时，第二类费用必须按照定额规定的各种实物量指标分别乘以地区人工日工资标准，燃料等动力资源的预算价格。计算公式如下：

第二类相应费用＝定额实物量指标×地区相应实物价格　　(3-27)

养路费和车辆使用税，应按照地区有关部门的规定进行计算，并列入机械台班价格中。

编制单位估价表的三种价，各省、自治区、直辖市都有现成资料。除材料预算价格在当地（省级）以外的其他地区（专署级）各有差异外，其余的两种价——人工工资单价和机械台班单价，在一个地区（省级）的范围内基本上都是相同的。因而在编制某一个地区（专署级）的单位估价表时，一般都不必重新计算，按照地区（省级）的规定计列即可。

3.4.4　单位估价表的使用方法

单位估价表是根据预算或综合预算定额分部分项工程的排列次序编制的，内容及分项工程编号与预算定额或综合预算定额相同，使用方法也同预算或综合预算定额的使用方法基本一样。但是由于单位估价表是地区（即一个城市或一个专署）性的，又只是为了编制工程预算划价而制定，所以它的应用范围和内容，不如预算或综合预算定额广泛。因此，使用时首先要查阅所使用的单位估价表是通用的还是专业的；其次要查阅总说明，了解其适用范围和适用对象，查阅分部（章）工程说明，了解它包括和未包括的内容；再次，要核对分项工程的工作内容是否与施工图设计要求相符合，若有不同，是否允许换算等。

3.5 企业定额

3.5.1 企业定额的基本概念

企业定额指的是建筑安装企业根据本企业的技术水平和管理水平，并且结合有关工程造价资料编制完成单位合格产品所必需的人工、材料和施工机械台班的消耗量，以及其他生产经营要素消耗的数量标准。它反映企业的施工生产和生产消费之间的数量关系，是施工企业生产力水平的体现。企业的技术及管理水平不同，企业定额的定额水平也就不同。因此，企业定额是施工企业进行施工管理和投标报价的基础和依据，从一定意义上看，它是企业的商业秘密，是企业参与市场竞争的核心竞争能力的具体表现。

当前大部分施工企业均以国家或行业制定的预算定额作为进行施工管理、工料分析和计算施工成本的依据。施工企业可以预算定额和基础定额为参照，建立起反映企业自身施工管理水平和技术装备程度的企业定额。

企业定额按其功能作用的不同，一般包括劳动消耗量定额、材料消耗量定额和施工机械台班使用定额和这几种定额的单位估价表等。

3.5.2 企业定额的作用

1）是企业计划管理的依据。

2）是组织和指挥施工生产的有效工具。

3）是计算工人劳动报酬的依据。

4）是企业激励工人的条件。

5）有利于推广先进技术。

6）是编制施工预算，加强企业成本管理的基础。

7）是施工企业进行工程投标、编制工程投标报价的基础和主要依据。

3.5.3 企业定额的性质和特点

企业定额仅供一个建筑安装企业内部经营管理使用。它的影响范围涉及企业内部管理的诸多方面，包括企业生产经营管理活动的人力、物力、财力计划安排、组织协调和调控指挥等各个环节。企业定额是根据本企业的现有条件和可能挖掘的潜力、建筑市场的需求和竞争环境，按国家有关法律、法规和规范、政策，自行编制的适用于本企业实际情况的定额。故企业定额是适应社会主义市场经济竞争和市场竞争形成建筑产品价格，并具有突出个性特点的定额。其个性特点如下：

1）其各项平均消耗水平比社会平均水平低，与同类企业和同一地区的企业之间存在着突出的先进性。

2）在某些方面突出表现了企业的装备优势、技术优势和经营管理优势。

3）所有匹配的单价都是动态的，具有突出的市场性。

4）与施工方案能全面接轨。

3.5.4 企业定额的编制

1. 企业定额的编制原则

(1) 平均先进性原则　平均先进是对定额的水平而言。定额水平即规定消耗在单位产品上的劳动、材料和机械数量的多少，是按照一定施工程序和工艺条件下规定的施工生产中活劳动和物化劳动的消耗水平。平均先进水平指的是在正常的施工条件下，大多数施工队组和大多数生产者经过努力能够达到和超过的水平。

企业定额应以企业平均先进水平为基准进行制定。以便多数单位和员工经过努力，能够达到或超过企业平均先进水平，保持定额的先进性和可行性。

(2) 简明适用性原则　简明适用就企业定额的内容和形式而言，要方便于企业定额的贯彻和执行。制定企业定额的目的就是适用于企业的内部管理，具有可操作性。

定额的简明性和适用性，既有联系，又有区别。编制施工定额时应全面贯彻。若二者发生矛盾，简明性应服从适用性的要求。

贯彻定额的简明适用性原则，关键是做到定额项目设置完全，项目划分粗细适当。同时应正确选择产品和材料计量单位，适当利用系数，并辅以必要的说明和附注。总之，贯彻简明适用性原则，要努力使施工定额达到项目齐全、粗细适当、步距合理的效果。

(3) 独立自主的原则　独立自主地制定定额，主要是指自主地确定定额水平，自主地划分定额项目，自主地根据需要增加新的定额项目。但由于企业定额是一定时期内企业生产力水平的反映，不可也不应该割断历史。因此，它应是对原有国家、部门和地区性施工定额的继承和发展。

(4) 保密原则　企业定额的指标体系和标准要严格保密。就企业现行的定额水平，工程项目在投标中如果被竞争对手获取，会使企业陷入十分被动的境地，给企业带来不可估量的损失。

2. 企业定额的编制方法

编制企业定额最关键的工作是确定人工、材料和机械台班的消费量，计算分项工程单价或综合单价。

（1）人工消耗量的确定　首先是根据企业的环境，拟定正常的施工作业条件，分别计算测定基本用工和其他用工的工日数，进而拟定施工作业的定额时间。

（2）材料消耗量的确定　它是通过对企业历史数据的统计分析、理论计算、实验试验和实地考察等方法计算确定材料包括周转材料的净用量和损耗量，进而拟定材料消耗的定额指标。

（3）机械台班消耗量确定　其同样需要根据企业的环境，拟定机械工作的正常施工条件，确定机械工作效率和利用系数，进而拟定施工机械作业的定额台班与机械作业相关的工人小组的定额时间。

4 工程量清单与工程量清单计价

4.1 基本规定

4.1.1 计价方式

1）使用国有资金投资的建设工程发承包，必须采用工程量清单计价。

2）非国有资金投资的建设工程，宜采用工程量清单计价。

3）不采用工程量清单计价的建设工程，应执行《建设工程工程量清单计价规范》GB 50500—2013 除工程量清单等专门性规定外的其他规定。

4）工程量清单应采用综合单价计价。

5）措施项目中的安全文明施工费必须按国家或省级、行业建设主管部门的规定计算，不得作为竞争性费用。

6）规费和税金必须按国家或省级、行业建设主管部门的规定计算，不得作为竞争性费用。

4.1.2 发包人提供材料和工程设备

1）发包人提供的材料和工程设备（以下简称甲供材料）应在招标文件中按照《建设工程工程量清单计价规范》GB 50500—2013 的规定填写《发包人提供材料和工程设备一览表》，写明甲供材料的名称、规格、数量、单价、交货方式、交货地点等。

承包人投标时，甲供材料单价应计入相应项目的综合单价中，签约后，发包人应按合同约定扣除甲供材料款，不予支付。

2）承包人应根据合同工程进度计划的安排，向发包人提交甲供材料交货的日期计划。发包人应按计划提供。

3）发包人提供的甲供材料如规格、数量或质量不符合合同要求，或由于发包人原因发生交货日期延误、交货地点及交货方式变更等情况的，发包人应承担由此增加的费用和（或）工期延误，并应向承包人支付合理利润。

4）发承包双方对甲供材料的数量发生争议不能达成一致的，应按照相关工程的计价定额同类项目规定的材料消耗量计算。

5）若发包人要求承包人采购已在招标文件中确定为甲供材料的，材料价格应由发承包双方根据市场调查确定，并应另行签订补充协议。

4.1.3 承包人提供材料和工程设备

1）除合同约定的发包人提供的甲供材料外，合同工程所需的材料和工程设备应由承包人提供，承包人提供的材料和工程设备均应由承包人负责采购、运输和保管。

2）承包人应按合同约定将采购材料和工程设备的供货人及品种、规格、数量和供货时间等提交发包人确认，并负责提供材料和工程设备的质量证明文件，满足合同约定的质量标准。

3）对承包人提供的材料和工程设备经检测不符合合同约定的质量标准，发包人应立即要求承包人更换，由此增加的费用和（或）工期延误应由承包人承担。对发包人要求检测承包人已具有合格证明的材料、工程设备，但经检测证明该项材料、工程设备符合合同约定的质量标准，发包人应承担由此增加的费用和（或）工期延误，并向承包人支付合理利润。

4.1.4 计价风险

1）建设工程发承包，必须在招标文件、合同中明确计价中的风险内容及其范围，不得采用无限风险、所有风险或类似语句规定计价中的风险内容及范围。

2）由于下列因素出现，影响合同价款调整的，应由发包人承担：

① 国家法律、法规、规章和政策发生变化。

② 省级或行业建设主管部门发布的人工费调整，但承包人对人工费或人工单价的报价高于发布的除外。

③ 由政府定价或政府指导价管理的原材料等价格进行了调整。

因承包人原因导致工期延误的，应按《建设工程工程量清单计价规范》GB 50500—2013 的规定执行。

a. 招标工程以投标截止日前 28 天、非招标工程以合同签订前 28 天为基准日，其后因国家的法律、法规、规章和政策发生变化引起工程造价增减变化的，发承包双方应按照省级或行业建设主管部门或其授权的工程造价管理机构据此发布的规定调整合同价款。

b. 因承包人原因导致工期延误的，按 1）条规定的调整时间，在合同工程原定竣工时间之后，合同价款调增的不予调整，合同价款调减的予以调整。

c. 发生合同工程工期延误的，应按照下列规定确定合同履行期的价格调整：

（a）因非承包人原因导致工期延误的，计划进度日期后续工程的价格，应采用计划进度日期与实际进度日期两者的较高者。

（b）因承包人原因导致工期延误的，计划进度日期后续工程的价格，应采用计划进度日期与实际进度日期两者的较低者。

3）由于市场物价波动影响合同价款的，应由发承包双方合理分摊，按《建设工程工程量清单计价规范》GB 50500—2013 填写《承包人提供主要材料和工程设备一览表》作为合同附件；当合同中没有约定，发承包双方发生争议时，应按《建设工程工程量清单计价规范》GB 50500—2013 的规定调整合同价款。

① 合同履行期间，因人工、材料、工程设备、机械台班价格波动影响合同价款时，应根据合同约定，按《建设工程工程量清单计价规范》GB 50500—2013 附录 A 的方法之一调整合同价款。

② 承包人采购材料和工程设备的，应在合同中约定主要材料、工程设备价格变化的范围或幅度；当没有约定，且材料、工程设备单价变化超过 5% 时，超过部分的价格应按照本规范附录 A 的方法计算调整材料、工程设备费。

③ 发生合同工程工期延误的，应按照下列规定确定合同履行期的价格调整：

a. 因非承包人原因导致工期延误的，计划进度日期后续工程的价格，应采用计划进度日期与实际进度日期两者的较高者。

b. 因承包人原因导致工期延误的，计划进度日期后续工程的价格，应采用计划进度日期与实际进度日期两者的较低者。

4）由于承包人使用机械设备、施工技术以及组织管理水平等自身原因造成施工费用增加的，应由承包人全部承担。

5）当不可抗力发生，影响合同价款时，应按《建设工程工程量清单计价规范》GB 50500—2013 的规定执行。

① 因不可抗力事件导致的人员伤亡、财产损失及其费用增加，发承包双方应按下列原则分别承担并调整合同价款和工期：

a. 合同工程本身的损害、因工程损害导致第三方人员伤亡和财产损失以及运至施工场地用于施工的材料和待安装的设备的损害，应由发包人承担。

b. 发包人、承包人人员伤亡应由其所在单位负责，并应承担相应费用。

c. 承包人的施工机械设备损坏及停工损失，应由承包人承担。

d. 停工期间，承包人应发包人要求留在施工场地的必要的管理人员及保卫人员的费用应由发包人承担。

e. 工程所需清理、修复费用，应由发包人承担。

② 不可抗力解除后复工的，若不能按期竣工，应合理延长工期。发包人要求赶工的，赶工费用应由发包人承担。

③ 因不可抗力解除合同的，应按《建设工程工程量清单计价规范》GB 50500—2013 的规定办理。

由于不可抗力致使合同无法履行解除合同的，发包人应向承包人支付合同解除之日前已完成工程但尚未支付的合同价款，此外，还应支付下列金额：

a. 招标人应依据相关工程的工期定额合理计算工期，压缩的工期天数不得超过定额工期的20%，超过者，应在招标文件中明示增加赶工费用。

b. 已实施或部分实施的措施项目应付价款。

c. 承包人为合同工程合理订购且已交付的材料和工程设备货款。

d. 承包人撤离现场所需的合理费用，包括员工遣送费和临时工程拆除、施工设备运离现场的费用。

e. 承包人为完成合同工程而预期开支的任何合理费用，且该项费用未包括在本款其他各项支付之内。

发承包双方办理结算合同价款时，应扣除合同解除之日前发包人应向承包人收回的价款。当发包人应扣除的金额超过了应支付的金额，承包人应在合同解除后的56天内将其差额退还给发包人。

4.2 工程量清单的编制

4.2.1 一般规定

1）招标工程量清单应由具有编制能力的招标人或受其委托、具有相应资质的工程造价咨询人编制。

2）招标工程量清单必须作为招标文件的组成部分，其准确性和完整性应由招标人负责。

3）招标工程量清单是工程量清单计价的基础，应作为编制招标控制价、投标报价、计算或调整工程量、索赔等的依据之一。

4）招标工程量清单应以单位（项）工程为单位编制，应由分部分项工程项目清单、措施项目清单、其他项目清单、规费和税金项目清单组成。

5）编制招标工程量清单应依据：

①《建设工程工程量清单计价规范》GB 50500—2013和相关工程的国家计量规范。

② 国家或省级、行业建设主管部门颁发的计价定额和办法。

③ 建设工程设计文件及相关资料。

④ 与建设工程有关的标准、规范、技术资料。

⑤ 拟定的招标文件。

⑥ 施工现场情况、地勘水文资料、工程特点及常规施工方案。

⑦ 其他相关资料。

4.2.2 分部分项工程项目

1）分部分项工程项目清单必须载明项目编码、项目名称、项目特征、计量单位和工程量。

2）分部分项工程项目清单必须根据相关工程现行国家计量规范规定的项目编码、项目名称、项目特征、计量单位和工程量计算规则进行编制。

4.2.3 措施项目

1）措施项目清单必须根据相关工程现行国家计量规范的规定编制。

2）措施项目清单应根据拟建工程的实际情况列项。

4.2.4 其他项目

1）其他项目清单应按照下列内容列项：

① 暂列金额。

② 暂估价，包括材料暂估单价、工程设备暂估单价、专业工程暂估价。

③ 计日工。

④ 总承包服务费。

2）暂列金额应根据工程特点按有关计价规定估算。

3）暂估价中的材料、工程设备暂估单价应根据工程造价信息或参照市场价格估算，列出明细表；专业工程暂估价应分不同专业，按有关计价规定估算，列出明细表。

4）计日工应列出项目名称、计量单位和暂估数量。

5）总承包服务费应列出服务项目及其内容等。

6）出现第1）条未列的项目，应根据工程实际情况补充。

4.2.5 规费

1）规费项目清单应按照下列内容列项：

① 社会保险费：包括养老保险费、失业保险费、医疗保险费、工伤保险费、生育保险费。

② 住房公积金。

③ 工程排污费。

2）出现第1）条未列的项目，应根据省级政府或省级有关部门的规定列项。

4.2.6 税金

1）税金项目清单应包括下列内容：

① 营业税。

② 城市维护建设税。

③ 教育费附加。

④ 地方教育附加。

2）出现第1）条未列的项目，应根据税务部门的规定列项。

4.3 工程计价表格

1）工程计价表宜采用统一格式。各省、自治区、直辖市建设行政主管部门和行业建设主管部门可根据本地区、本行业的实际情况，在《建设工程工程量清单计价规范》GB 50500—2013 附录 B 至附录 L 计价表格的基础上补充完善。

2）工程计价表格的设置应满足工程计价的需要，方便使用。

3）工程量清单的编制应符合下列规定：

① 工程量清单编制使用表格包括：封-1、扉-1、表-01、表-08、表-11、表-12（不含表-12-6～表-12-8）、表-13、表-20、表-21 或表-22。

② 扉页应按规定的内容填写、签字、盖章，由造价员编制的工程量清单应有负责审核的造价工程师签字、盖章。受委托编制的工程量清单，应有造价工程师签字、盖章以及工程造价咨询人盖章。

③ 总说明应按下列内容填写：

a. 工程概况：建设规模、工程特征、计划工期、施工现场实际情况、自然地理条件、环境保护要求等。

b. 工程招标和专业工程发包范围。

c. 工程量清单编制依据。

d. 工程质量、材料、施工等的特殊要求。

e. 其他需要说明的问题。

4）招标控制价、投标报价、竣工结算的编制应符合下列规定：

① 使用表格：

a. 招标控制价使用表格包括：封-2、扉-2、表-01、表-02、表-03、表-04、表-08、表-09、表-11、表-12（不含表-12-6～表-12-8）、表-13、表-20、表-21 或表-22。

b. 投标报价使用的表格包括：封-3、扉-3、表-01、表-02、表-03、表-04、表-08、表-09、表-11、表-12（不含表-12-6～表-12-8）、表-13、表-16、招标文件提供的表-20、表-21 或表-22。

c. 竣工结算使用的表格包括：封-4、扉-4、表-01、表-05、表-06、表-07、表-08、表-09、表-10、表-11、表-12、表-13、表-14、表-15、表-16、表-17、表-18、表-19、表-20、表-21 或表-22。

② 扉页应按规定的内容填写、签字、盖章，除承包人自行编制的投标报价和竣工结算外，受委托编制的招标控制价、投标报价、竣工结算，由造价员编制的应有负责审核的造价工程师签字、盖章以及工程造价咨询人盖章。

③ 总说明应按下列内容填写：

a. 工程概况：建设规模、工程特征、计划工期、合同工期、实际工期、施工现场及变化情况、施工组织设计的特点、自然地理条件、环境保护要求等。

b. 编制依据等。

5）工程造价鉴定应符合下列规定：

① 工程造价鉴定使用表格包括：封-5、扉-5、表-01、表-05～表-20、表-21或表-22。

② 扉页应按规定内容填写、签字、盖章，应有承担鉴定和负责审核的注册造价工程师签字、盖执业专用章。

③ 说明应按《建设工程工程量清单计价规范》GB 50500—2013的规定填写。

a. 鉴定项目委托人名称、委托鉴定的内容。

b. 委托鉴定的证据材料。

c. 鉴定的依据及使用的专业技术手段。

d. 对鉴定过程的说明。

e. 明确的鉴定结论。

f. 其他需说明的事宜。

6）投标人应按招标文件的要求，附工程量清单综合单价分析表。

招标工程量清单封面

____________________工程

招标工程量清单

招标人：____________________

（单位盖章）

造价咨询人：____________________

（单位盖章）

年 月 日

封-1

招标控制价封面

______________工程

招标控制价

招标人：______________

（单位盖章）

造价咨询人：______________

（单位盖章）

年　　月　　日

封-2

投标总价封面

______________工程

投标总价

招标人：______________

（单位盖章）

年　　月　　日

封-3

竣工结算书封面

________________工程

竣工结算书

发包人：________________
（单位盖章）
承包人：________________
（单位盖章）
造价咨询人：________________
（单位盖章）

年　　月　　日

封-4

工程造价鉴定意见书封面

________________工程

编号：×××［2×××］××号

工程造价鉴定意见书

造价咨询人：________________
（单位盖章）

年　　月　　日

封-5

招标工程量清单扉页

____________工程 **招标工程量清单** 招标人：____________　　　　造价咨询人：____________ （单位盖章）　　　　　　　　　　　　（单位盖章） 法定代表人　　　　　　　　　　法定代表人 或其授权人：____________　　　或其授权人：____________ （签字或盖章）　　　　　　　　　　　（签字或盖章） 编制人：____________　　　　　复核人：____________ （造价人员签字盖专用章）　　　　（造价工程师签字盖专用章） 编制时间：　　年　月　日　　　　复核时间：　　年　月　日

扉-1

招标控制价扉页

_______________工程

招标控制价

招标控制价(小写) _______________

(大写) _______________

招标人：_______________　　造价咨询人：_______________

(单位盖章)　　(单位资质专用章)

法定代表人　　法定代表人

或其授权人：_______________　　或其授权人：_______________

(签字或盖章)　　(签字或盖章)

编制人：_______________　　复核人：_______________

(造价人员签字盖专用章)　　(造价工程师签字盖专用章)

编制时间：　年　月　日　　复核时间：　年　月　日

扉-2

投标总价扉页

投标总价

投标人：________________________________

工程名称：________________________________

投标总价（小写）：________________________________

（大写）：________________________________

投标人：________________________________

（单位盖章）

法定代表人

或其授权人：________________________________

（签字或盖章）

编制人：________________________________

（造价人员签字盖专用章）

时间：　　年　月　日

扉-3

竣工结算总价扉页

____________________工程

竣工结算总价

签约合同价（小写）：__________（大写）：____________________

竣工结算价（小写）：__________（大写）：____________________

发包人：__________　承包人：__________　造价咨询人：__________
（单位盖章）　（单位盖章）　（单位资质专用章）

法定代表人　法定代表人　法定代表人
或其授权人：__________或其授权人：__________或其授权人__________
（签字或盖章）　（签字或盖章）　（签字或盖章）

编制人：________________　核对人：________________
（造价人员签字盖专用章）　（造价工程师签字盖专用章）

编制时间：　年　月　日　核对时间：　年　月　日

扉-4

工程造价鉴定意见书扉页

______________工程

工程造价鉴定意见书

鉴定结论：

造价咨询人：______________________________

（盖单位章及资质专用章）

法定代表人：______________________________

（签字或盖章）

造价工程师：______________________________

（签字盖专用章）

年　月　日

扉-5

总说明

工程名称：　　　　　　　　　　　　　　　　第　页共　页

表-01

建设项目招标控制价/投标报价汇总表

工程名称：

第　页共　页

序号	单项工程名称	金额/元	其中/元		
			暂估价	安全文明施工费	规费
合计					

注：本表适用于建设项目招标控制价或投标报价的汇总。

表-02

单项工程招标控制价/投标报价汇总表

工程名称

第　页共　页

序号	单项工程名称	金额/元	其中/元		
			暂估价	安全文明施工费	规费
合计					

注：本表适用于单项工程招标控制价或投标报价的汇总。暂估价包括分部分项工程中的暂估价和专业工程暂估价。

表-03

单位工程招标控制价/投标报价汇总表

工程名称：　　　　　　　　　　　　　　标段：　　　　　　　　　　　　　　第　页共　页

序号	汇总内容	金额/元	其中：暂估价/元
1	分部分项工程		
1.1			
1.2			
1.3			
1.4			
1.5			
2	措施项目		—
2.1	其中：安全文明施工费		—
3	其他项目		—
3.1	其中：暂列金额		—
3.2	其中：专业工程暂估价		—
3.3	其中：计日工		—
3.4	其中：总承包服务费		—
4	规费		—
5	税金		—
招标控制价合计＝1＋2＋3＋4＋5			

注：本表适用于单位工程招标控制价或投标报价的汇总，如无单位工程划分，单项工程也使用本表汇总。

表-04

建设项目竣工结算汇总表

工程名称：　　　　　　　　　　　　　　　　　　　　　　　　　　　第　页共　页

序号	单项工程名称	金额/元	其中/元	
			安全文明施工费	规费
	合计			

表-05

单项工程竣工结算汇总表

工程名称：　　　　　　　　　　　　　　　　　　　　　　　　　　　第　页共　页

序号	单项工程名称	金额/元	其中/元	
			安全文明施工费	规费
	合计			

表-06

单位工程竣工结算汇总表

工程名称： 标段： 第 页共 页

序号	汇总内容	金额/元
1	分部分项工程	
1.1		
1.2		
1.3		
1.4		
1.5		
2	措施项目	
2.1	其中：安全文明施工费	
3	其他项目	
3.1	其中：专业工程结算价	
3.2	其中：计日工	
3.3	其中：总承包服务费	
3.4	其中：索赔与现场签证	
4	规费	
5	税金	
竣工结算总价合计＝1＋2＋3＋4＋5		

注：如无单位工程划分，单项工程也使用本表汇总。

表-07

分部分项工程和单价措施项目清单与计价表

工程名称：　　　　　　　　　　　　　　标段：　　　　　　　　　　　　　　第　页共　页

序号	项目编码	项目名称	项目特征描述	计算单位	工程量	金额/元		
						综合单价	合价	其中 暂估价
本页小计								
合计								

注：为记取规费等的使用，可在表中增设其中："定额人工费"。

表-08

综合单价分析表

工程名称：　　　　　　　　　　标段：　　　　　　　　　　第　页共　页

<table>
<tr><td>项目编码</td><td></td><td>项目名称</td><td></td><td>计量单位</td><td></td><td>工程量</td><td></td></tr>
</table>

综合单价组成明细

<table>
<tr><td rowspan="2">定额编号</td><td rowspan="2">定额名称</td><td rowspan="2">定额单位</td><td rowspan="2">数量</td><td colspan="4">单价</td><td colspan="4">合价</td></tr>
<tr><td>人工费</td><td>材料费</td><td>机械费</td><td>管理费和利润</td><td>人工费</td><td>材料费</td><td>机械费</td><td>管理费和利润</td></tr>
<tr><td></td><td></td><td></td><td></td><td></td><td></td><td></td><td></td><td></td><td></td><td></td><td></td></tr>
<tr><td></td><td></td><td></td><td></td><td></td><td></td><td></td><td></td><td></td><td></td><td></td><td></td></tr>
<tr><td></td><td></td><td></td><td></td><td></td><td></td><td></td><td></td><td></td><td></td><td></td><td></td></tr>
<tr><td></td><td></td><td></td><td></td><td></td><td></td><td></td><td></td><td></td><td></td><td></td><td></td></tr>
<tr><td></td><td></td><td></td><td></td><td></td><td></td><td></td><td></td><td></td><td></td><td></td><td></td></tr>
<tr><td></td><td></td><td></td><td></td><td></td><td></td><td></td><td></td><td></td><td></td><td></td><td></td></tr>
<tr><td>人工单价</td><td colspan="7">小计</td><td colspan="4"></td></tr>
<tr><td>元/工日</td><td colspan="7">未计价材料费</td><td colspan="4"></td></tr>
<tr><td colspan="8">清单项目综合单价</td><td colspan="4"></td></tr>
</table>

<table>
<tr><td rowspan="8">材料费明细</td><td>主要材料名称、规格、型号</td><td>单位</td><td>数量</td><td>单价/元</td><td>合价/元</td><td>暂估单价/元</td><td>暂估合价/元</td></tr>
<tr><td></td><td></td><td></td><td></td><td></td><td></td><td></td></tr>
<tr><td></td><td></td><td></td><td></td><td></td><td></td><td></td></tr>
<tr><td></td><td></td><td></td><td></td><td></td><td></td><td></td></tr>
<tr><td></td><td></td><td></td><td></td><td></td><td></td><td></td></tr>
<tr><td></td><td></td><td></td><td></td><td></td><td></td><td></td></tr>
<tr><td colspan="3">其他材料费</td><td>—</td><td></td><td>—</td><td></td></tr>
<tr><td colspan="3">材料费小计</td><td>—</td><td></td><td>—</td><td></td></tr>
</table>

注：1. 如不使用省级或行业建设主管部门发布的计价依据，可不填定额编号、名称等。

2. 招标文件提供了暂估单价的材料，按暂估的单价填入表内“暂估单价”栏及“暂估合价”栏。

表-09

综合单价调整表

工程名称：　　　　　　　　　　　　　标段：　　　　　　　　　　　　　第　页共　页

序号	项目编码	项目名称	已标价清单综合单价/元					调整后综合单价/元				
			综合单价	其中				综合单价	其中			
				人工费	材料费	机械费	管理费和利润		人工费	材料费	机械费	管理费和利润

造价工程师（签章）：　发包人代表（签章）： 日期：	造价人员（签章）：承包人代表（签章）： 日期：

注：综合单价调整应附调整依据。

表-10

总价措施项目清单与计价表

工程名称：　　　　　　　　　　　　　　　　　标段：　　　　　　　　　　　　　　　　第　页共　页

序号	项目编码	项目名称	计算基础	费率（%）	金额/元	调整费率（%）	调整后金额/元	备注
		安全文明施工费						
		夜间施工增加费						
		二次搬运费						
		冬雨季施工增加费						
		已完工程及设保护						
合计								

编制人（造价人员）：　　　　　　　　　　　　　　　　　　　　　　复核人（造价工程师）：

注：1. “计算基础”中安全文明施工费可为“定额基价”、“定额人工费”或“定额人工费＋定额机械费”，其他项目可为“定额人工费”或“定额人工费＋定额机械费”。

2. 按施工方案计算的措施费，若无“计算基础”和“费率”的数值，也可只填“金额”数值，但应在备注栏说明施工方案出处或计算方法。

表-11

其他项目清单与计价汇总表

工程名称：　　　　　　　　　　　　　标段：　　　　　　　　　　　　　　第　页共　页

序号	项目名称	金额/元	结算金额/元	备注
1	暂列金额			明细详见表-12-1
2	暂估价			
2.1	材料（工程设备）暂估价/结算价			明细详见表-12-2
2.2	专业工程暂估价/结算价			明细详见表-12-3
3	计日工			明细详见表-12-4
4	总承包服务费			明细详见表-12-5
5	索赔与现场签证			明细详见表-12-6
合计				—

注：材料（工程设备）暂估单价进入清单项目综合单价，此处不汇总。

表-12

暂列金额明细表

工程名称：　　　　　　　　　　　　　标段：　　　　　　　　　　　　　　第　页共　页

序号	项目名称	计量单位	暂定金额/元	备注
1				
2				
3				
4				
5				
6				
7				
合计				—

注：此表由招标人填写，如不能详列，也可只列暂定金额总额，投标人应将上述暂列金额计入投标总价中。

表-12-1

材料（工程设备）暂估单价及调整表

工程名称：　　　　　　　　　　标段：　　　　　　　　　　第　页共　页

序号	材料（工程设备）名称、规格、型号	计量单位	数量		暂估/元		确认/元		差额±/元		备注
			暂估	确认	单价	合价	单价	合价	单价	合价	
合计											

注：此表由招标人填写“暂估单价”，并在备注栏说明暂估价的材料、工程设备拟用在那些清单项目上，投标人应将上述材料，工程设备暂估单价计入工程量清单综合单价报价中。

表-12-2

专业工程暂估价及结算价表

工程名称：　　　　　　　　　　标段：　　　　　　　　　　第　页共　页

序号	工程名称	工程内容	暂估金额/元	结算金额/元	差额±/元	备注
合计						

注：此表“暂估金额”由招标人填写，投标人应将“暂估金额”计入投标总价中。结算时按合同约定结算金额填写。

表-12-3

计日工表

工程名称：　　　　　　　　　　　　标段：　　　　　　　　　　　　第　页共　页

编号	项目名称	单位	暂定数量	实际数量	综合单价/元	合价/元	
						暂定	实际
一	人工						
1							
2							
人工小计							
二	材料						
1							
2							
材料小计							
三	施工机械						
1							
2							
施工机械小计							
四、企业管理费和利润							
总计							

注：此表项目名称、暂定数量由招标人填写，编制招标控制价时，单价由招标人按有关计价规定确定；投标时，单价由投标人自主报价，按暂定数量计算合价计入投标总价中。结算时，按承包双方确认的实际数量计算合价。

表-12-4

总承包服务费计价表

工程名称：　　　　　　　　　　　　标段：　　　　　　　　　　　　第　页共　页

序号	工程名称	项目价值/元	服务内容	计算基础	费率（%）	金额/元
1	发包人发包专业工程					
2	发包人提供材料					
	合计	—	—		—	

注：此表项目名称，服务内容由招标人填写，编制招标控制价时，费率及金额由招标人按有关计价规定确定；投标时，费率及金额由投标人自主报价，计入投标总价。

表-12-5

索赔与现场签证计价汇总表

工程名称： 标段： 第 页共 页

序号	签证及索赔项目名称	计量单位	数量	单价/元	合价/元	索赔及签证依据
—	本页小计	—	—	—		—
—	合计	—	—	—		—

注：签证及索赔依据是指经双方认可的签证单和索赔依据的编号。

表-12-6

费用索赔申请（核准）表

工程名称：　　　　　　　　　　　　　　标段：　　　　　　　　　　　　　　编号：

<table>
<tr><td colspan="2">致：____（发包人全称）

根据施工合同条款第________条的约定，由于________原因，我方要求索赔金额（大写）________元，（小写）________元，请予核准。
附：1. 费用索赔的详细理由和依据：
2. 索赔金额的计算：
3. 证明材料：

承包人（章）
造价人员____________　承包人代表____________　日期____________</td></tr>
<tr><td>复核意见：
根据施工合同条款第________条的约定，你方提出的费用索赔申请经复核：
□不同意此项索赔，具体意见见附件。
□同意此项索赔，索赔金额的计算，由造价工程师复核。

监理工程师________
日　　期________</td><td>复核意见：
根据施工合同条款第________条的约定，你方提出的费用索赔申请经复核，索赔金额为（大写）________元，（小写）________元。

造价工程师________
日　　期________</td></tr>
<tr><td colspan="2">审核意见：
□不同意此项索赔。
□同意此项索赔，与本期进度款同期支付。

发包人（章）
发包人代表________
日　　期________</td></tr>
</table>

注：1. 在选择栏中的“□”内作标志“√”；

2. 本表一式四份，由承包人填报，发包人、监理人、造价咨询人、承包人各存一份。

表-12-7

现场签证表

工程名称：　　　　　　　　　　　　　标段：　　　　　　　　　　　　　编号：

<table>
<tr><td>施工单位</td><td></td><td>日期</td><td></td></tr>
<tr><td colspan="4">致：________________________________（发包人全称）
根据________（指令人姓名）　年　月　日的口头指令或你方________或监理人）年　月　日的书面通知，我方要求完成此项工作应支付价款金额为（大写）________元，（小写）________元，请予核准。
附：1. 签证事由及原因：
2. 附图及计算式：
承包人（章）
造价人员________　承包人代表________　日　期________</td></tr>
<tr><td colspan="2">复核意见：
你方提出的此项签证申请经复核：
□不同意此项签证，具体意见见附件。
□同意此项签证，签证金额的计算，由造价工程师复核。
监理工程师________
日　　期________</td><td colspan="2">复核意见：
□此项签证按承包人中标的计日工单价计算，金额为（大写）________元，（小写）________元。
□此项签证因无计日工单价，金额为（大写）________元，（小写）________元。
造价工程师________
日　　期________</td></tr>
<tr><td colspan="4">审核意见：
□不同意此项签证。
□同意此项签证，价款与本期进度款同期支付。
发包人（章）
发包人代表________
日　　期________</td></tr>
</table>

注：1. 在选择栏中的“□”内作标志“√”；

2. 本表一式四份，由承包人在收到发包人（监理人）的口头或书面通知后填写，发包人、监理人、造价咨询人、承包人各存一份。

表-12-8

规费、税金项目计价表

工程名称：　　　　　　　　　　　　标段：　　　　　　　　　　　　第　页共　页

序号	项目名称	计算基础	计算基数	计算费率（%）	金额/元
1	规费	定额人工费			
1.1	社会保险费	定额人工费			
(1)	养老保险费	定额人工费			
(2)	失业保险费	定额人工费			
(3)	医疗保险费	定额人工费			
(4)	工伤保险费	定额人工费			
(5)	生育保险费	定额人工费			
1.2	住房公积金	定额人工费			
1.3	工程排污费	按工程所在地环境保护部门收取标准，按实计入			
2	税金	分部分项工程费＋措施项目费＋其他项目费＋规费-按规定不计税的工程设备金额			
合计					

编制人（造价人员）：　　　　　　　　　　　　　　　　复核人（造价工程师）：

表-13

工程计量申请（核准）表

工程名称： 标段： 第 页共 页

序号	项目编码	项目名称	计量单位	承包人申报数量	发包人核实数量	发承包人确认数量	备注

承包人代表： 日期：	监理工程师： 日期：	造价工程师： 日期：	发包代表人： 日期：

表-14

预付款支付申请（核准）表

工程名称：　　　　　　　　　　　　　　标段：　　　　　　　　　　　　　　编号：

致：____（发包人全称）

我方根据施工合同的约定，现申请支付工程预付款额为（大写）________________（小写________________），请予核准。

序号	名称	申请金额/元	复核金额/元	备注
1	已签约合同价款金额			
2	其中：安全文明施工费			
3	应支付的预付款			
4	应支付的安全文明施工费			
5	合计应支付的预付款			

承包人（章）

造价人员________　承包人代表________　日　期________

复核意见：

□与合同约定不相符，修改意见见附件。

□与合同约定相符，具体金额由造价工程师复核。

监理工程师________

日　　期________

复核意见：

你方提出的支付申请经复核，应支付预付款金额为（大写）________（小写________）。

造价工程师________

日　　期________

审核意见：

□不同意。

□同意，支付时间为本表签发后的15天内。

发包人（章）

发包人代表________

日　　期________

注：1. 在选择栏中的“□”内作标识“√”。

2. 本表一式四份，由承包人填报，发包人、监理人、造价咨询人、承包人各存一份。

表-15

总价项目进度款支付分解表

工程名称：　　　　　　　　　　　　　标段：　　　　　　　　　　　　　　　　单位：元

序号	项目名称	总价金额	首次支付	二次支付	三次支付	四次支付	五次支付	
	安全文明施工费							
	夜间施工增加费							
	二次搬运费							
	社会保险费							
	住房公积金							
	合计							

编制人（造价人员）：　　　　　　　　　　　　　　　　　　　　　复核人（造价工程师）：

注：1. 本表应由承包人在投标报价时根据发包人在招标文件明确的进度款支付周期与报价填写，签订合同时，发承包双方可就支付分解协商调整后作为合同附件。

2. 单价合同使用本表，“支付”栏时间应与单价项目进度款支付周期相同。

3. 总价合同使用本表，“支付”栏时间应与约定的工程计量周期相同。

表-16

进度款支付申请（核准）表

工程名称： 标段： 编号：

致：______________________________（发包人全称）

我方于________至________期间已完成了________工作，根据施工合同的约定，现申请支付本周期的合同价款为（大写）____________，（小写）____________，请予核准。

序号	名称	实际金额/元	申请金额/元	复核金额/元	备注
1	累计已完成的合同价款				
2	累计已实际支付的合同价款				
3	本周期合计完成的合同价款				
3.1	本周期已完成单价项目的金额				
3.2	本周期应支付的总价项目的金额				
3.3	本周期已完成的计日工价款				
3.4	本周期应支付的安全文明施工费				
3.5	本周期应增加的合同价款				
4	本周期合计应扣减的金额				
4.1	本周期应抵扣的预付款				
4.2	本周期应扣减的金额				
5	本周期应支付的合同价款				

附：上述3、4详见附件清单。

承包人（章）

造价人员________ 承包人代表________ 日期________

复核意见：

□与实际施工情况不相符，修改意见见附件。

□与实际施工情况相符，具体金额由造价工程师复核。

监理工程师________

日　　期________

复核意见：

你方提出的支付申请经复核，本周期已完成合同价款（大写）________，（小写________），本期间应支付金额为（大写）________，（小写________）。

造价工程师________

日　　期________

审核意见：

□不同意。

□同意，支付时间为本表签发后的15天内。

发包人（章）

发包人代表________

日　　期________

注：1. 在选择栏中的“□”内作标识“√”。

2. 本表一式四份，由承包人填报，发包人、监理人、造价咨询人、承包人各存一份。

表-17

竣工结算款支付申请（核准）表

工程名称：　　　　　　　　　　　　标段：　　　　　　　　　　　　编号：

致：________________________________（发包人全称）

我方于________至________期间已完成合同约定的工作，工程已经完工，根据施工合同的约定，现申请支付竣工结算合同款额为（大写）__________（小写__________），请予核准。

序号	名称	申请金额/元	复核金额/元	备注
1	竣工结算合同价款总额			
2	累计已实际支付的合同价款			
3	应预留的质量保证金			
4	应支付的竣工结算款金额			

承包人（章）

造价人员__________　　承包人代表__________　　日期__________

复核意见：

□与实际施工情况不相符，修改意见见附件。

□与实际施工情况相符，具体金额由造价工程师复核。

监理工程师__________

日　　期__________

复核意见：

你方提出的竣工结算款支付申请经复核，竣工结算款总额为（大写）__________，（小写__________），扣除前期支付以及质量保证金后应支付金额为（大写）__________，（小写__________）。

造价工程师__________

日　　期__________

审核意见：

□不同意。

□同意，支付时间为本表签发后的15天内。

发包人（章）

发包人代表__________

日　　期__________

注：1. 在选择栏中的“□”内作标识“√”。

2. 本表一式四份，由承包人填报，发包人、监理人、造价咨询人、承包人各存一份。

表-18

最终结清支付申请（核准）表

工程名称：　　　　　　　　　　　　标段：　　　　　　　　　　　　编号：

致：____（发包人全称）

我方于________至________已完成了缺陷修复工作，根据施工合同的约定，现申请支付最终结清合同款额为（大写）________（小写________），请予核准。

序号	名称	申请金额（元）	复核金额（元）	备注
1	已预留的质量保证金			
2	应增加因发包人原因造成缺陷的修复金额			
3	应扣减承包人不修复缺陷、发包人组织修复的金额			
4	最终应支付的合同价款			

上述3、4详见附件清单

承包人（章）

造价人员________　　承包人代表________　　日期________

复核意见：

□与实际施工情况不相符，修改意见见附件。

□与实际施工情况相符，具体金额由造价工程师复核。

监理工程师________

日　　期________

复核意见：

你方提出的支付申请经复核，最终应支付金额为（大写）________，（小写________）。

造价工程师________

日　　期________

审核意见：

□不同意。

□同意，支付时间为本表签发后的15天内。

发包人（章）

发包人代表________

日　　期________

注：1. 在选择栏中的“口”内作标识“√”。如监理人已退场，监理工程师栏可空缺。

2. 本表一式四份，由承包人填报，发包人、监理人、造价咨询人、承包人各存一份。

表-19

发包人提供材料和工程设备一览表

工程名称：　　　　　　　　　　　　标段：　　　　　　　　　　　　第　页共　页

序号	材料（工程设备）名称、规格、型号	单位	数量	单价/元	交货方式	送达地点	备注

注：此表由招标人填写，供投标人在投标报价、确定总承包服务费时参考。

表-20

承包人提供主要材料和工程设备一览表

（适用于造价信息差额调整法）

工程名称：　　　　　　　　　　　　标段：　　　　　　　　　　　　第　页共　页

序号	名称、规格、型号	单位	数量	风险系数（%）	基准单价/元	投标单价/元	发承包人确认单价/元	备注

注：1. 此表由招标人填写除“投标单价”栏的内容，投标人在投标时自主确定投标单价。

2. 招标人应优先采用工程造价管理机构发布的单价作为基准单价，未发布的，通过市场调查确定其基准单价。

表-21

承包人提供主要材料和工程设备一览表

（适用于价格指数差额调整法）

工程名称：　　　　　　　　　　　　标段：　　　　　　　　　　　　第　页共　页

序号	名称、规格、型号	变值权重 B	基本价格指数 F_0	现行价格指数 F_t	备注
	定值权重 A		—	—	
合计		1	—	—	

注：1. “名称、规格、型号”、“基本价格指数”栏由招标人填写，基本价格指数应首先采用工程造价管理机构发布的价格指数，没有时，可采用发布的价格代替。如人工、机械费也采用本法调整，由招标人在“名称”栏填写。

2. “变值权重”栏由投标人根据该项人工、机械费和材料、工程设备价值在投标总报价中所占的比例填写，1减去其比例为定值权重。

3. “现行价格指数”按约定的付款证书相关周期最后一天的前42天的各项价格指数填写，该指数应首先采用工程造价管理机构发布的价格指数，没有时，可采用发布的价格代替。

表-22

5　给水排水工程工程量计算

5.1　给水排水工程定额组成

5.1.1　管道安装

管道安装分部共分 6 个分项工程。

（1）室外管道

1）镀锌钢管（螺纹连接）。工作内容包括切管，套丝，上零件，调直，管道安装，水压试验。

2）焊接钢管（螺纹连接）。工作内容包括切管，套丝，上零件，调直，管道安装，水压试验。

3）钢管（焊接）。工作内容包括切管，坡口，调直，煨弯，挖眼接管，异径管制作，对口，焊接，管道及管件安装，水压试验。

4）承插铸铁给水管（青铅接口）。工作内容包括切管，管道及管件安装，挖工作坑，熔化接口材料，接口，水压试验。

5）承插铸铁给水管（膨胀水泥接口）。工作内容包括管口除沥青，切管，管道及管件安装，挖工作坑，调制接口材料，接口养护，水压试验。

6）承插铸铁给水管（石棉水泥接口）。工作内容包括管口除沥青，切管，管道及管件安装，挖工作坑，调制接口材料，接口养护，水压试验。

7）承插铸铁给水管（胶圈接口）。工作内容包括切管，上胶圈，接口，管道安装，水压试验。

8）承插铸铁排水管（石棉水泥接口）。工作内容包括切管，管道及管件安装，调制接口材料，接口养护，水压试验。

9）承插铸铁排水管（水泥接口）。工作内容包括切管，管道及管件安装，调制接口材料，接口养护，水压试验。

（2）室内管道

1）镀锌钢管（螺纹连接）。工作内容包括打堵洞眼，切管，套丝，上零件，调直，栽钩卡及管件安装，水压试验。

2）焊接钢管（螺纹连接）。工作内容包括打堵洞眼，切管，套丝，上零件，调直，栽钩卡，管道及管件安装，水压试验。

3）钢管（焊接）。工作内容包括留堵洞眼，切管，坡口，调直，煨弯，挖眼接管，异形管制作，对口，焊接，管道及管件安装，水压试验。

4）承插铸铁给水管（青铅接口）。工作内容包括切管，管道及管件安装，熔化接口材料，接口，水压试验。

5）承插铸铁给水管（膨胀水泥接口）。工作内容包括管口除沥青，切管，管道及管件安装，调制接口材料，接口养护，水压试验。

6）承插铸铁给水管（石棉水泥接口）。工作内容包括管口除沥青，切管，管道及管件安装，调制接口材料，接口养护，水压试验。

7）承插铸铁排水管（石棉水泥接口）。工作内容包括留堵洞眼，切管，栽管卡，管道及管件安装，调制接口材料，接口养护，灌水试验。

8）承插铸铁排水管（水泥接口）。工作内容包括留堵洞眼，切管，栽管卡，管道及管件安装，调制接口材料，接口养护，灌水试验。

9）柔性抗震铸铁排水管（柔性接口）。工作内容包括留堵洞口，光洁管口，切管，栽管卡，管道及管件安装，紧固螺栓，灌水试验。

10）承插塑料排水管（零件粘接）。工作内容包括切管，调制，对口，熔化接口材料，粘接，管道，管件及管卡安装，灌水试验。

11）承插铸铁雨水管（石棉水泥接口）。工作内容包括留堵洞眼，栽管卡，管道及管件安装，调制接口材料，接口养护，灌水试验。

12）承插铸铁雨水管（水泥接口）。工作内容包括留堵洞眼，切管，栽管卡，管道及管件安装，调制接口材料，接口养护，灌水试验。

13）镀锌铁皮套管制作。工作内容包括下料，卷制，咬口。

14）管道支架制作安装。工作内容包括切断，调直，煨制，钻孔，组对，焊接，打洞，安装，和灰，堵洞。

（3）法兰安装

1）铸铁法兰（螺纹连接）工作内容包括切管，套螺纹，制垫，加垫，上法兰，组对，紧螺纹，水压试验。

2）碳钢法兰（焊接）工作内容包括切口，坡口，焊接，制垫，加垫，安装，组对，紧螺栓，水压试验。

（4）伸缩器的制作安装

1）螺纹连接法兰式套筒伸缩器的安装。工作内容包括切管，套螺纹，检修盘根，制垫，加垫，安装，水压试验。

2）焊接法兰式套筒伸缩器的安装。工作内容包括切管，检修盘根，对口，焊法兰，制垫，加垫，安装，水压试验等。

3）方形伸缩器的制作安装。工作内容包括做样板，筛砂，炒砂，灌砂，打砂，制堵板，加热，煨制，倒砂，清理内砂，组成，焊接，拉伸安装。

(5) 管道的消毒冲洗 工作内容包括溶解漂白粉，灌水，消毒，冲洗等工作。

(6) 管道压力试验 工作内容包括准备工作，制堵盲板，装设临时泵，灌水，加压，停压检查。

5.1.2 阀门、水位标尺安装

阀门、水位标尺安装分部共分2个分项工程。

(1) 阀门安装

1) 螺纹阀。工作内容包括切管，套螺纹，制垫，加垫，上阀门，水压试验。

2) 螺纹法兰阀。工作内容包括切管，套螺纹，上法兰，制垫，加垫，调直，紧螺栓，水压试验。

3) 焊接法兰阀。工作内容包括切管，焊法兰，制垫，加垫，紧螺栓，水压试验。

4) 法兰阀（带短管甲乙）青铅接口。工作内容包括管口除沥青，制垫，加垫，化铅，打麻，接口，紧螺栓，水压试验。

5) 法兰阀（带短管甲乙）石棉水泥接口。工作内容包括管口除沥青，制垫，加垫，调制接口材料，接口养护，紧螺栓，水压试验。

6) 法兰阀（带短管甲乙）膨胀水泥接口。工作内容包括管口除沥青，制垫，加垫，调制接口材料，接口养护，紧螺栓，水压试验。

7) 自动排气阀、手动放风阀。工作内容包括支架制作安装，套丝，丝堵攻丝，安装，水压试验。

8) 螺纹浮球阀。工作内容包括切管，套丝，安装，水压试验。

9) 法兰浮球阀。工作内容包括切管，焊接，制垫，加垫，紧螺栓，固定，水压试验。

10) 法兰液压式水位控制阀。工作内容包括切管，挖眼，焊接，制垫，加垫，固定，紧螺栓，安装，水压试验。

(2) 浮标液面计、水塔及水池浮漂水位标尺制作安装

1) 浮标液面计FQ—Ⅱ型。工作内容包括支架制作安装，液面计安装。

2) 水塔及水池浮漂水位标尺制作安装。工作内容包括预埋螺栓，下料，制作，安装，导杆升降调整。

5.1.3 低压器具、水表组成与安装

低压器具、水表组成与安装分部共分3个分项工程。

(1) 减压器的组成与安装 减压器的组成与安装分为螺纹连接和焊接两种连接方式。

1) 螺纹连接。工作内容为切管，套螺纹，安装零件。制垫，加垫，组

对，找正，找平，安装及水压试验。

2）焊接连接。工作内容为切管，套螺纹，安装零件，组对，焊接，制垫，加垫，安装，水压试验。

（2）疏水器的组成与安装 疏水器的组成与安装分为螺纹连接和焊接两种形式。工作内容为切管，套螺纹，安装零件，制垫，加垫，组成（焊接），安装，水压试验。

（3）水表的组成与安装

1）螺纹水表。工作内容为切管，套螺纹，制垫，加垫，安装，水压试验。

2）焊接法兰水表（带旁通管和止回阀）。工作内容为切管，焊接，制垫，加垫，水表和阀门及止回阀的安装，紧螺栓，通水试验。

5.1.4 卫生器具制作安装

卫生器具制作安装分部共分18个分项工程。

（1）浴盆、净身盆安装

1）搪瓷浴盆、净身盆安装。工作内容包括栽木砖，切管，套丝，盆及附件安装，上下水管连接，试水。

2）玻璃钢浴盆、塑料浴盆安装。工作内容包括栽木砖，切管，套丝，盆及附件安装，上下水管连接，试水。

（2）洗脸盆、洗手盆安装 工作内容包括栽木砖，切管，套丝，上附件，盆及托架安装，上下水管连接，试水。

（3）洗涤盆、化验盆安装

1）洗涤盆安装。工作内容包括栽螺栓，切管，套丝，上零件，器具安装，托架安装，上下水管连接，试水。

2）化验盆安装。工作内容包括切管，套丝，上零件，托架器具安装，上下水管连接，试水。

（4）沐浴器组成、安装 工作内容包括留堵洞眼，栽木砖，切管，套丝，沐浴器组成及安装，试水。

（5）大便器安装

1）蹲式大便器安装。工作内容包括留堵洞眼，栽木砖，切管，套丝，大便器与水箱及附件安装，上下水管连接，试水。

2）坐式大便器安装。工作内容包括留堵洞眼，栽木砖，切管，套丝，大便器与水箱及附件安装，上下水管连接，试水。

（6）小便器安装

1）挂斗式小便器安装。工作内容包括栽木砖，切管，套丝，小便器安装，上下水管连接，试水。

2）立式小便器安装。工作内容包括栽木砖，切管，套丝，小便器安装，上下水管连接，试水。

（7）大便槽自动冲洗水箱安装 工作内容包括留堵洞眼，栽托架，切管，套丝，水箱安装、试水。

（8）小便槽自动冲洗水箱安装 工作内容包括留堵洞眼，栽托架，切管，套丝，小箱安装、试水。

（9）水龙头安装 工作内容包括上水嘴，试水。

（10）排水栓安装 工作内容包括切管，套丝，上零件，安装，与下水管连接、试水。

（11）地漏安装 工作内容包括切管，套丝，安装，与下水管连接。

（12）地面扫除口安装 工作内容包括安装，与下水管连接，试水。

（13）小便槽冲洗管制作、安装 工作内容包括切管，套丝，上零件，栽管卡、试水。

（14）开水炉安装 工作内容包括就位，稳固，附件安装、水压试验。

（15）电热水器、开关炉安装 工作内容包括留堵洞眼，栽螺栓，就位，稳固，附件安装、试水。

（16）容积式热交换器安装 工作内容包括安装，就位，上零件水压试验。

（17）蒸汽-水加热器、冷热水混合器安装 工作内容包括切管，套丝，器具安装、试水。

（18）消毒器、消毒锅、饮水器安装 工作内容包括就位，安装，上附件，试水。

5.2　给水排水工程定额工程量计算规则

5.2.1　管道安装

1. 定额说明

（1）界线划分

1）给水管道。

① 室内外界线以建筑物外墙皮 1.5m 为界，入口处设阀门者以阀门为界。

② 与市政管道界线以水表井为界，无水表井者，以与市政管道碰头点为界。

2）排水管道。

① 室内外以出户第一个排水检查井为界。

② 室外管道与市政管道界线以与市政管道碰头井为界。

（2）定额包括以下工作内容

1）管道及接头零件安装。

2）水压试验或灌水试验。

3）室内 $DN32$ 以内钢管包括管卡及托钩制作安装。

4）钢管包括弯管制作与安装（伸缩器除外），无论是现场搣制或成品弯管均不得换算。

5）铸铁排水管、雨水管及塑料排水管，均包括管卡及托吊支架、臭气帽、雨水漏斗制作安装。

6）穿墙及过楼板铁皮套管安装。

（3）定额不包括以下工作内容

1）室内外管道沟土方及管道基础，应执行《全国统一建筑工程基础定额（土建工程）》GJD—101—95。

2）管道安装中不包括法兰、阀门及伸缩器的制作、安装，按相应项目另行计算。

3）室内外给水、雨水铸铁管包括接头零件所需的人工，但接头零件价格应另行计算。

4）$DN32$ 以上的钢管支架，按定额管道支架另行计算。

5）过楼板的钢套管的制作、安装工料，按室外钢管（焊接）项目计算。

2. 定额工程量计算规则

1）各种管道，均以施工图所示中心长度，以“m”为计量单位，不扣除阀门、管件（包括减压器、疏水器、水表、伸缩器等组成安装）所占的长度。

2）镀锌铁皮套管制作以“个”为计量单位，其安装已包括在管道安装定额内，不得另行计算。

3）管道支架制作安装，室内管道公称直径 32mm 以下的安装工程已包括在内，不得另行计算；公称直径 32mm 以上的，可另行计算。

4）各种伸缩器制作安装，均以“个”为计量单位。方形伸缩器的两臂，按臂长的两倍合并在管道长度内计算。

5）管道消毒、冲洗、压力试验，均按管道长度以“m”为计量单位，不扣除阀门、管件所占的长度。

5.2.2 阀门、水位标尺安装

1. 定额说明

1）螺纹阀门安装适用于各种内外螺纹连接的阀门安装。

2）法兰阀门安装适用于各种法兰阀门的安装。若仅为一侧法兰连接时，定额中的法兰、带帽螺栓及钢垫圈数量减半。

3）各种法兰连接用垫片均按石棉橡胶板计算，如用其他材料，不得调整。

4）浮标液面计FQ—Ⅱ型安装是按《采暖通风国家标准图集》N102—3编制的。

5）水塔、水池浮漂水位标尺制作安装，是按《全国通用给水排水标准图集》S318编制的。

2. 定额工程量计算规则

1）各种阀门安装，均以“个”为计量单位。法兰阀门安装，若仅为一侧法兰连接时，定额所列法兰、带帽螺栓及垫圈数量减半，其余不变。

2）各种法兰连接用垫片，均按石棉橡胶板计算。若用其他材料，不得调整。

3）法兰阀（带短管甲乙）安装，均以“套”为计量单位。若接口材料不同，可调整。

4）自动排气阀安装以“个”为计量单位，已包括支架制作安装，不得另行计算。

5）浮球阀安装均以“个”为计量单位，已包括了联杆及浮球的安装，不得另行计算。

6）浮标液面计、水位标尺是按国标编制的，若设计与国标不符，可调整。

5.2.3 低压器具、水表组成与安装

1. 定额说明

1）减压器、疏水器组成与安装是按《采暖通风国家标准图集》N108编制的，若实际组成与此不同，阀门和压力表数量可按实际调整，其余不变。

2）法兰水表安装是按《全国通用给水排水标准图集》S145编制的，定额内包括旁通管及止回阀。若实际安装形式与此不同，阀门及止回阀可按实际调整，其余不变。

2. 工程量计算规则

1）减压器、疏水器组成安装以“组”为计量单位。若设计组成与定额不同，阀门和压力表数量可按设计用量进行调整，其余不变。

2）减压器安装，按高压侧的直径计算。

3）法兰水表安装以“组”为计量单位，定额中旁通管及止回阀若与设计规定的安装形式不同，阀门及止回阀可按设计规定进行调整，其余不变。

5.2.4 卫生器具制作安装

1. 定额说明

1）定额中所有卫生器具安装项目，均参照《全国通用给水排水标准图集》S318中相关标准图集计算，除以下说明者外，设计无特殊要求均不作调整。

2）成组安装的卫生器具，定额均已按标准图集计算了与给水、排水管道连接的人工和材料。

3）浴盆安装适用于各种型号的浴盆，但是浴盆支座和浴盆周边的砌砖、瓷砖粘贴应另行计算。

4）化验盆安装中的鹅颈水嘴、化验单嘴、双嘴适用于成品件安装。

5）洗脸盆肘式开关安装，不分单双把均执行同一项目。

6）脚踏开关安装包括弯管和喷头的安装人工和材料。

7）淋浴器铜制品安装适用于各种成品淋浴器安装。

8）蒸汽一水加热器安装项目中，包括了莲蓬头安装，但是不包括支架制作安装；阀门和疏水器安装可按相应项目另行计算。

9）冷热水混合器安装项目中包括了温度计安装，但不包括支座制作安装，其工程量可按相应项目另行计算。

10）小便槽冲洗管制作安装定额中，不包括阀门安装，其工程量可按相应项目另行计算。

11）大、小便槽水箱托架安装已按标准图集计算在定额内，不得另行计算。

12）高（无）水箱蹲式大便器、低水箱坐式大便器安装，适用于各种型号。

13）电热水器、电开水炉安装定额内只考虑了本体安装，连接管、连接件等可按相应项目另行计算。

14）饮水器安装的阀门和脚踏开关安装，可按相应项目另行计算。

15）容积式水加热器安装，定额内已按标准图集计算了其中的附件，但是不包括安全阀安装，本体保温、刷油漆和基础砌筑。

2. 工程量计算规则

1）卫生器具组成安装，以“组”为计量单位，已按标准图综合了卫生器具与给水管、排水管连接的人工与材料用量，不得另行计算。

2）浴盆安装不包括支座和四周侧面的砌砖及瓷砖粘贴。

3）蹲式大便器安装，已包括固定大便器的垫砖，但是不包括大便器蹲台砌筑。

4）大便槽、小便槽自动冲洗水箱安装，以“套”为计量单位，已包括水箱托架的制作安装，不得另行计算。

5）小便槽冲洗管制作与安装，以“m”为计量单位，不包括阀门安装，其工程量可按相应定额另行计算。

6）脚踏开关安装，已包括弯管与喷头的安装，不得另行计算。

7）冷热水混合器安装，以“套”为计量单位，不包括支架制作安装及阀门安装，其工程量可按相应定额另行计算。

8）蒸汽一水加热器安装，以“台”为计量单位，包括莲蓬头安装，不包括支架制作安装及阀门、疏水器安装，其工程量可按相应定额另行计算。

9）容积式水加热器安装，以“台”为计量单位，不包括安全阀安装、保温与基础砌筑，其工程量可按相应定额另行计算。

10）电热水器、电开水炉安装，以“台”为计量单位，只考虑本体安装，连接管、连接件等工程量可按相应定额另行计算。

11）饮水器安装以“台”为计量单位，阀门和脚踏开关工程量可按相应定额另行计算。

5.3 给水排水工程清单工程量计算规则

5.3.1 给水排水、采暖、燃气管道及支架

给水排水、采暖、燃气管道工程量清单项目设置、项目特征描述的内容、计量单位及工程量计算规则，应按表5-1的规定执行。

表5-1 给水排水、采暖、燃气管道（编码：031001）

<table>
<tr><th>项目编码</th><th>项目名称</th><th>项目特征</th><th>计量单位</th><th>工程量计算规则</th><th>工作内容</th></tr>
<tr><td>031001001</td><td>镀锌钢管</td><td rowspan="4">1）安装部位
2）介质
3）规格、压力等级
4）连接形式
5）压力试验及吹、洗设计要求
6）警示带形式</td><td>m</td><td>按设计图示管道中心线以长度计算</td><td rowspan="4">1）管道安装
2）管件制作、安装
3）压力试验
4）吹扫、冲洗
5）警示带铺设</td></tr>
<tr><td>031001002</td><td>钢管</td><td rowspan="3">m</td><td>按设计图示管道中心线以长度计算</td></tr>
<tr><td>031001003</td><td>不锈钢管</td><td>按设计图示管道中心线以长度计算</td></tr>
<tr><td>031001004</td><td>铜管</td><td>按设计图示管道中心线以长度计算</td></tr>
<tr><td>031001005</td><td>铸铁管</td><td>1）安装部位
2）介质
3）材质、规格
4）连接形式
5）接口材料
6）压力试验机吹、洗设计要求
7）警示带形式</td><td>m</td><td>按设计图示管道中心线以长度计算</td><td>1）管道安装
2）管件安装
3）压力试验
4）吹扫、冲洗
5）警示带铺设</td></tr>
</table>

续表

<table>
<tr><th>项目编码</th><th>项目名称</th><th>项目特征</th><th>计量单位</th><th>工程量计算规则</th><th>工作内容</th></tr>
<tr><td>031001006</td><td>塑料管</td><td>1) 安装部位
2) 介质
3) 材质、规格
4) 连接形式
5) 阻火圈设计要求
6) 压力试验机吹、洗设计要求
7) 警示带形式</td><td>m</td><td>按设计图示管道中心线以长度计算</td><td>1) 管道安装
2) 管件安装
3) 塑料卡固定
4) 阻火圈安装
5) 压力试验
6) 吹扫、冲洗
7) 警示带铺设</td></tr>
<tr><td>031001007</td><td>复合管</td><td>1) 安装部位
2) 介质
3) 材质、规格
4) 连接形式
5) 压力试验及吹、洗设计要求
6) 警示带形式</td><td>m</td><td>按设计图示管道中心线以长度计算</td><td>1) 管道安装
2) 管件安装
3) 塑料卡固定
4) 压力试验
5) 吹扫、冲洗
6) 警示带铺设</td></tr>
<tr><td>031001008</td><td>直埋式预制保温管</td><td>1) 埋设深度
2) 介质
3) 管道材质、规格
4) 连接形式
5) 接口保温材料
6) 压力试验机吹、洗设计要求
7) 警示带形式</td><td>m</td><td>按设计图示管道中心线以长度计算</td><td>1) 管道安装
2) 管件安装
3) 接口保温
4) 压力试验
5) 吹扫、冲洗
6) 警示带铺设</td></tr>
<tr><td>031001009</td><td>承插陶瓷缸瓦管</td><td rowspan="2">1) 埋设深度
2) 规格
3) 接口方式及材料
4) 压力试验机吹、洗设计要求
5) 警示带形式</td><td>m</td><td>按设计图示管道中心线以长度计算</td><td rowspan="2">1) 管道安装
2) 管件安装
3) 压力试验
4) 吹扫、冲洗
5) 警示带铺设</td></tr>
<tr><td>031001010</td><td>承插水泥管</td><td>m</td><td>按设计图示管道中心线以长度计算</td></tr>
<tr><td>031001011</td><td>室外管道碰头</td><td>1) 介质
2) 碰头形式
3) 材质、规格
4) 连接形式
5) 防腐、绝热设计要求</td><td>处</td><td>按设计图示以处计算</td><td>1) 挖填工作坑或暖气沟拆除及修复
2) 碰头
3) 接口处防腐
4) 接口处绝热及保护层</td></tr>
</table>

注：1. 安装部位，指管道安装在室内、室外。
2. 输送介质包括给水、排水、中水、雨水、热媒体、燃气、空调水等。
3. 方形补偿器制作安装应含在管道安装综合单价中。
4. 铸铁管安装适用于承插铸铁管、球墨铸铁管、柔性抗震铸铁管等。

5. 塑料管安装适用于 UPVC、PVC、PP-C、PP-R、PE、PB 管等塑料管材。

6. 复合管安装适用于钢塑复合管、铝塑复合管、钢骨架复合管等复合型管道安装。

7. 直埋保温管包括直埋保温管件安装及接口保温。

8. 排水管道安装包括立管检查口、透气帽。

9. 室外管道碰头：

(1) 适用于新建或扩建工程热源、水源、气源管道与原（旧）有管道碰头；

(2) 室外管道碰头包括挖工作坑、土方回填或暖气沟局部拆除及修复；

(3) 带介质管道碰头包括开关闸、临时放水管线铺设等费用；

(4) 热源管道碰头每处包括供、回水两个接口；

(5) 碰头形式指带介质碰头、不带介质碰头。

10. 管道工程量计算不扣除阀门、管件（包括减压器、疏水器、水表、伸缩器等组成安装）及附属构筑物所占长度；方形补偿器以其所占长度列入管道安装工程量。

11. 压力试验按设计要求描述试验方法，如水压试验、气压试验、泄漏性试验、闭水试验、通球试验、真空试验等。

12. 吹、洗按设计要求描述吹扫、冲洗方法，如水冲洗、消毒冲洗、空气吹扫等。

5.3.2 支架及其他

支架及其他工程量清单项目设置、项目特征描述的内容、计量单位及工程量计算规则，应按表 5-2 的规定执行。

表 5-2 支架及其他（编码：031002）

项目编码	项目名称	项目特征	计量单位	工程量计算规则	工作内容
031002001	管道支架	1）材质 2）管架形式	1）kg 2）套	1）以千克计量，按设计图示质量计算 2）以套计量，按设计图示数量计算	1）制作 2）安装
031002002	设备支架	1）材质 2）形式			
031002003	套管	1）名称、类型 2）材质 3）规格 4）填料材质	个	按设计图示数量计算	1）制作 2）安装 3）除锈、刷油

注：1. 单件支架质量 100kg 以上的管道支吊架执行设备支吊架制作安装。

2. 成品支架安装执行相应管道支架或设备支架项目，不再计取制作费，支架本身价值含在综合单价中。

3. 套管制作安装，适用于穿基础、墙、楼板等部位的防水套管、填料套管、无填料套管及防火套管等，应分别列项。

5.3.3 管道附件

管道附件工程量清单项目设置、项目特征描述的内容、计量单位及工程量计算规则，应按表 5-3 的规定执行。

表 5-3 管道附件（编码：031003）

项目编码	项目名称	项目特征	计量单位	工程量计算规则	工作内容
031003001	螺纹阀门	1）类型 2）材质 3）规格、压力等级 4）连接形式 5）焊接方法	个	按设计图示数量计算	1）安装 2）电气接线 3）调试
031003002	螺纹法兰阀门		个	按设计图示数量计算	1）安装 2）电气接线 3）调试
031003003	焊接法兰阀门		个	按设计图示数量计算	1）安装 2）电气接线 3）调试
031003004	带短管甲乙阀门	1）材质 2）规格、压力等级 3）连接形式 4）接口方式及材质	个	按设计图示数量计算	1）安装 2）电气接线 3）调试
031003005	塑料阀门	1）规格 2）连接形式	个	按设计图示数量计算	1）安装 2）调试
031003006	减压器	1）材质 2）规格、压力等级 3）连接形式 4）附件配置	组	按设计图示数量计算	组装
031003007	疏水器	1）材质 2）规格、压力等级 3）连接形式 4）附件配置	组	按设计图示数量计算	组装
031003008	除污器（过滤器）	1）材质 2）规格、压力等级 3）连接形式	组	按设计图示数量计算	安装
031003009	补偿器	1）类型 2）材质 3）规格、压力等级 4）连接形式	个	按设计图示数量计算	安装
031003010	软接头（软管）	1）材质 2）规格 3）连接形式	个（组）	按设计图示数量计算	安装
031003011	法兰	1）材质 2）规格、压力等级 3）连接形式	副（片）	按设计图示数量计算	安装
031003012	倒流防止器	1）材质 2）型号、规格 3）连接形式	套	按设计图示数量计算	安装

续表

项目编码	项目名称	项目特征	计量单位	工程量计算规则	工作内容
031003013	水表	1）安装部位（室内外） 2）型号、规格 3）连接形式 4）附件配置	组（个）	按设计图示数量计算	组装
031003014	热量表	1）类型 2）型号、规格 3）连接形式	块	按设计图示数量计算	安装
031003015	塑料排水管消声器	1）规格 2）连接形式	个	按设计图示数量计算	安装
031003016	浮标液面计		组	按设计图示数量计算	安装
031003017	浮漂水位标尺	1）用途 2）规格	套	按设计图示数量计算	安装

注：1. 法兰阀门安装包括法兰连接，不得另计。阀门安装如仅为一侧法兰连接时，应在项目特征中描述。

2. 塑料阀门连接形式需注明热熔连接、粘接、热风焊接等方式。

3. 减压器规格按高压侧管道规格描述。

4. 减压器、疏水器、倒流防止器等项目包括组成与安装工作内容，项目特征应根据设计要求描述附件配置情况，或根据××图集或××施工图做法描述。

5.3.4　卫生器具

卫生器具工程量清单项目设置、项目特征描述的内容、计量单位及工程量计算规则，应按表 5-4 的规定执行。

表 5-4　卫生器具（编码：031004）

项目编码	项目名称	项目特征	计量单位	工程量计算规则	工作内容
031004001	浴缸	1）材质 2）规格、类型 3）组装形式 4）附件名称、数量	组	按设计图示数量计算	1）器具安装 2）附件安装
031004002	净身盆		组	按设计图示数量计算	
031004003	洗脸盆		组	按设计图示数量计算	
031004004	洗涤盆	1）材质 2）规格、类型 3）组装形式 4）附件名称、数量	组	按设计图示数量计算	

续表

项目编码	项目名称	项目特征	计量单位	工程量计算规则	工作内容
031004005	化验盆	1）材质 2）规格、类型 3）组装形式 4）附件名称、数量	组	按设计图示数量计算	1）器具安装 2）附件安装
031004006	大便器	1）材质 2）规格、类型 3）组装形式 4）附件名称、数量	组	按设计图示数量计算	1）器具安装 2）附件安装
031004007	小便器	1）材质 2）规格、类型 3）组装形式 4）附件名称、数量	组	按设计图示数量计算	
031004008	其他成品卫生器具	1）材质 2）规格、类型 3）组装形式 4）附件名称、数量	组	按设计图示数量计算	1）器具安装 2）附件安装
031004009	烘手器	1）材质 2）型号、规格	个	按设计图示数量计算	安装
031004010	淋浴器	1）材质、规格 2）组装形式 3）附件名称、数量	套	按设计图示数量计算	1）器具安装 2）附件安装
031004011	淋浴间	1）材质、规格 2）组装形式 3）附件名称、数量	套	按设计图示数量计算	
031004012	桑拿浴房	1）材质、规格 2）组装形式 3）附件名称、数量	套	按设计图示数量计算	1）器具安装 2）附件安装
031004013	大、小便槽自动冲洗水箱	1）材质、类型 2）规格 3）水箱配件 4）支架形式及做法 5）器具及支架除锈、刷油设计要求	套	按设计图示数量计算	1）制作 2）安装 3）支架制作、安装 4）除锈、刷油
031004014	给、排水附（配）件	1）材质 2）型号、规格 3）安装方式	个（组）	按设计图示数量计算	安装

续表

项目编码	项目名称	项目特征	计量单位	工程量计算规则	工作内容
031004015	小便槽冲洗管	1）材质 2）规格	m	按设计图示长度计算	1）制作 2）安装
031004016	蒸汽一水加热器	1）类型 2）型号、规格 3）安装方式	套	按设计图示数量计算	
031004017	冷热水混合器	1）类型 2）型号、规格 3）安装方式	套	按设计图示数量计算	
031004018	饮水器	1）类型 2）型号、规格 3）安装方式	套	按设计图示数量计算	安装
031004019	隔油器	1）类型 2）型号、规格 3）安装部位	套	按设计图示数量计算	安装

注：1. 成品卫生器具项目中的附件安装，主要指给水附件包括水嘴、阀门、喷头等，排水配件包括存水弯、排水栓、下水口等以及配备的连接管。

2. 浴缸支座和浴缸周边的砌砖、瓷砖粘贴，应按现行国家标准《房屋建筑与装饰工程工程量计算规范》GB50854—2013 相关项目编码列项；功能性浴缸不含电机接线和调试，应按《通用安装工程工程量计算规范》GB50856—2013 附录 D 电气设备安装工程相关项目编码列项。

3. 洗脸盆适用于洗脸盆、洗发盆、洗手盆安装。

4. 器具安装中若采用混凝土或砖基础，应按现行国家标准《房屋建筑与装饰工程工程量计算规范》GB 50854—2013 相关项目编码列项。

5. 给水排水附（配）件是指独立安装的水嘴、地漏、地面扫出口等。

5.4 给水排水工程工程量计算实例

【例 5-1】 图 5-1 为一排水系统中排水铸铁管的局部剖面图，计算其工程量。

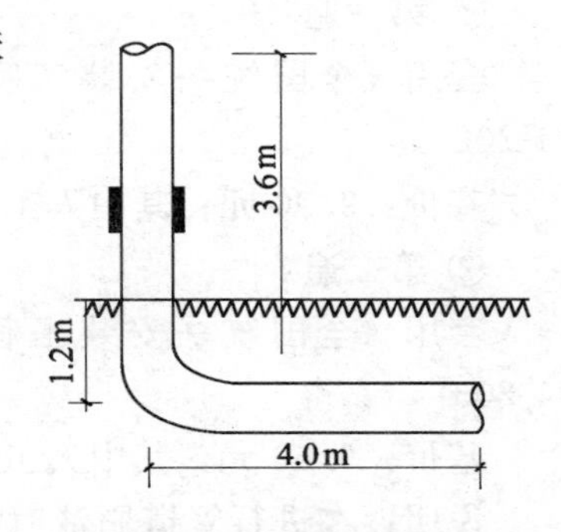

图 5-1 铸铁管局部剖面图

【解】

(1) 清单工程量

承插铸铁管 $DN100$

3.6＋1.2＋4.0＝8.8m

(2) 定额工程量

1）承插铸铁管 $DN100$

(3.6＋1.2＋4.0）/10＝0.88（10m）

2）刷一遍红丹防锈漆（地上）

0.3580×3.6/10=0.129（$10m^2$）

3）刷银粉两道（地上）

0.3580×3.6/10=0.129（$10m^2$）

4）刷沥青漆两道（埋地）

0.3580×5.2/10=0.186（$10m^2$）

（3）套用定额

1）项目：*DN*100承插铸铁管，计量单位：10m，工程量：0.88

套用《全国统一安装工程预算定额（第八册）》（GYD-208-2000）8-146

基价：357.39元；其中人工费80.34元，材料费（不含主材费）277.05元

2）项目：刷一遍红丹防锈漆（地上），计量单位：$10m^2$，工程量：0.129

套用《全国统一安装工程预算定额（第十一册）》（GYD-211-2000）11-198

基价：8.85元；其中人工费7.66元，材料费（不含主材费）1.19元

3）项目：刷银粉两道（地上），计量单位：$10m^2$，工程量：0.129

① 第一遍：

套用《全国统一安装工程预算定额（第十一册）》（GYD-211-2000）11-200

基价：13.23元；其中人工费7.89元，材料费（不含主材费）5.34元

② 第二遍：

套用《全国统一安装工程预算定额（第十一册）》（GYD-211-2000）11-201

基价：12.37元；其中人工费7.66元，材料费（不含主材费）4.71元

4）刷沥青漆两道（埋地），计量单位：$10m^2$，工程量：0.186

① 第一遍：

套用《全国统一安装工程预算定额（第十一册）》（GYD-211-2000）11-202

基价：9.90元；其中人工费8.36元，材料费（不含主材费）1.54元

② 第二遍：

套用《全国统一安装工程预算定额（第十一册）》（GYD-211-2000）11-203

基价：9.50元，其中人工费8.13元，材料费（不含主材费）1.37元

说明：在进行管道刷油时应区分地上（明装）与地下（暗装）的刷油过程及所刷材料，明装铸铁管刷一遍红丹防锈漆后再刷银粉两遍；而暗装管道只需刷沥青两遍即可。

【例 5-2】　某室外给水系统中埋地管道局部如图 5-2 所示，长度为 8m，计算其清单和定额工程量。

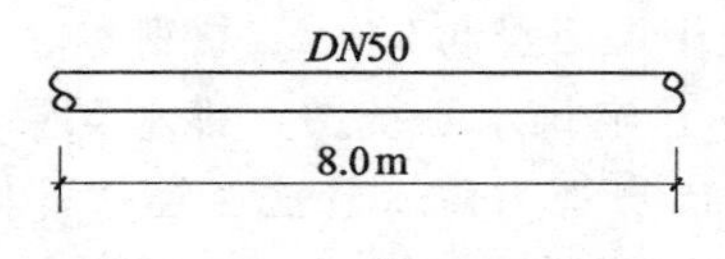

图 5-2　埋地管道示意图

【解】

(1) 清单工程量

丝接镀锌钢管 *DN*50 8m

(2) 定额工程量

1) 丝接镀锌钢管 *DN*50，单位：10m，工程量：0.8

套用《全国统一安装工程预算定额（第八册）》(GYD-208-2000) 8-6

基价：33.83 元；其中人工费 19.04 元，材料费（不含主材费）13.36 元，机械费 1.43 元

2) 管道刷第一遍沥青，计量单位：10m，工程量：(0.19×8)/10 =0.152

套用《全国统一安装工程预算定额（第十一册）》(GYD-211-2000) 11-66

基价：8.04 元；其中人工费 6.50 元，材料费（不含主材费）1.54 元

3) 管道刷第二遍沥青，计量单位：10m，工程量：(0.19×8)/10 =0.152

套用《全国统一安装工程预算定额（第十一册）》(GYD-211-2000) 11-67

基价：7.64 元；其中人工费 6.27 元，材料费（不含主材费）1.37 元

【例 5-3】　将【例 5-2】中管道改为明装，其他条件不变。

【解】

(1) 清单工程量

丝接镀锌钢管 *DN*50 8m

(2) 定额工程量

1) 丝接镀锌钢管 *DN*50，单位：10m，工程量：0.8

套用《全国统一安装工程预算定额（第八册）》(GYD-208-2000) 8-6

基价：33.83 元；其中人工费 19.04 元，材料费（不含主材费）13.36 元，机械费 1.43 元

2) 管道刷第一遍银粉，计量单位：10m，工程量：0.152

套用《全国统一安装工程预算定额（第十一册）》(GYD-211-2000) 11-56

基价 11.31 元；其中人工费 6.50 元，材料费（不含主材费）4.81 元

3）管道刷第二遍银粉，计量单位：10m，工程量：0.152

套用《全国统一安装工程预算定额（第十一册）》（GYD-211-2000）11-57

基价：10.64 元；其中人工费 6.27 元，材料费（不含主材费）4.37 元

【例 5-4】 图 5-3 为一住宅排水系统图，排水立管为承插铸铁管，规格为 *DN*75，分三层，横管、出户管为铸铁管法兰连接，规格为 *DN*75、*DN*100。试计算该排水系统的定额工程量。

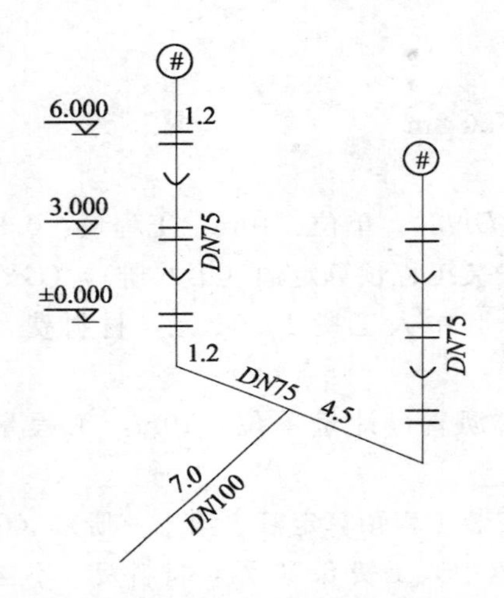

图 5-3　排水用承插铸铁管系统图（m）

【解】

（1）定额工程量计算

1）*DN*75 承插铸铁管：

[1.2（伸顶通气长度）＋3.0×2＋1.2（立管埋深）]×2/10＝1.68（10m）

2）*DN*75 法兰接口铸铁管：4.5/10＝0.45（10m）（埋地横管）

*DN*100 法兰接口铸铁管：7.0/10＝0.7（10m）（排水出户管）

3）套管：*DN*75　　6 个

　　　　*DN*100　　1 个

4）承插铸铁管需刷沥青油两道

其面积：3.14×16.8×0.085/10＝0.448（$10m^2$）

（2）套用定额

1）项目：*DN*75 承插铸铁管，计量单位：10m，工程量：1.68

套用《全国统一安装工程预算定额（第八册）》（GYD-208-2000）8-145

基价：249.18 元；其中人工费 62.23 元，材料费 186.95 元

2）项目：*DN*75 法兰接口铸铁管，计量单位：10m，工程量：0.45

套用《全国统一安装工程预算定额（第八册）》（GYD-208-2000）8-145

基价：249.18 元；其中人工费 62.23 元，材料费 186.95 元

3）项目：*DN*100 法兰接口铸铁管，计量单位：10m，工程量：0.70

套用《全国统一安装工程预算定额（第八册）》（GYD-208-2000）8-146

基价：357.39 元；其中人工费 80.34 元，材料费 277.05 元

4）项目：*DN*75 套管，计量单位：个，工程量：6

套用《全国统一安装工程预算定额（第八册）》（GYD-208-2000）8-174

基价：4.34 元；其中人工费 2.09 元，材料费 2.25 元

5）项目：*DN*100 套管，计量单位：个，工程量：1

套用《全国统一安装工程预算定额（第八册）》（GYD-208-2000）8-175

基价：4.34 元；其中人工费 2.09 元，材料费 2.25 元

6）项目：刷沥青油，计量单位：$10m^2$，工程量：0.448

① 刷沥青油一遍

套用《全国统一安装工程预算定额（第十一册）》（GYD-211-2000）11-202

基价：9.90 元；其中人工费 8.36 元，材料费 1.54 元

② 刷沥青油二遍

套用《全国统一安装工程预算定额（第十一册）》（GYD-211-2000）11-203

基价：9.50 元；其中人工费 8.13 元，材料费 1.37 元

【例 5-5】某住宅的排水系统部分管道见图 5-4，管道采用承插铸铁管，水泥接口，试计算承插铸铁管的工程量。

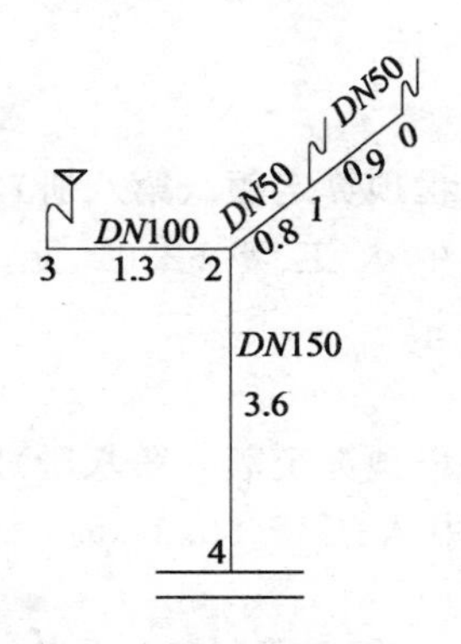

图 5-4 某住宅排水系统部分管道（m）

【解】

(1) 清单工程量

承插铸铁管 $DN50$mm：

0.9m（从节点 0 到节点 1 处）+0.8m（从节点 1 到节点 2 处）=1.7m

$DN100$mm：1.3m（从节点 3 至节点 2 处）=1.3m

$DN150$mm：3.6m（从节点 2 到节点 4 处）=3.6m

清单工程量见表 5-5。

表 5-5 清单工程量计算表

项目编码	项目名称	项目特征描述	单位	数量
031001005001	承插铸铁管	$DN50$、排水	m	1.7
031001005002	承插铸铁管	$DN100$、排水	m	1.3
031001005003	承插铸铁管	$DN150$、排水	m	3.6

(2) 定额工程量

综上所得，定额工程量计算数量，见表 5-6。

表 5-6 定额工程量计算表

项目	规格	单位	数量
承插铸铁管	$DN50$	10m	0.17
承插铸铁管	$DN100$	10m	0.13
承插铸铁管	$DN150$	10m	0.36

说明：清单工程量计算与定额工程量计算最大的区别在于单位的不同，清单以“m”计，定额以“10m”计。

1) $DN50$

套用《全国统一安装工程预算定额（第八册）》(GYD-208-2000) 8-144

基价：133.41 元；其中人工费 52.01 元，材料费（不含主材费）81.40 元

2) $DN100$

套用《全国统一安装工程预算定额（第八册）》(GYD-208-2000) 8-146

基价：357.39 元；其中人工费 80.34 元，材料费：（不含主材费）277.05 元

3) $DN150$

套用《全国统一安装工程预算定额（第八册）》(GYD-208-2000) 8-147

基价：329.18 元；其中人工费 85.22 元，材料费（不含主材费）：243.96 元

【例 5-6】 图 5-5 为某三根多孔冲洗管，管长 3.0m，控制阀门的短管通常为 0.15m，试计算小便槽冲洗管的工程量。

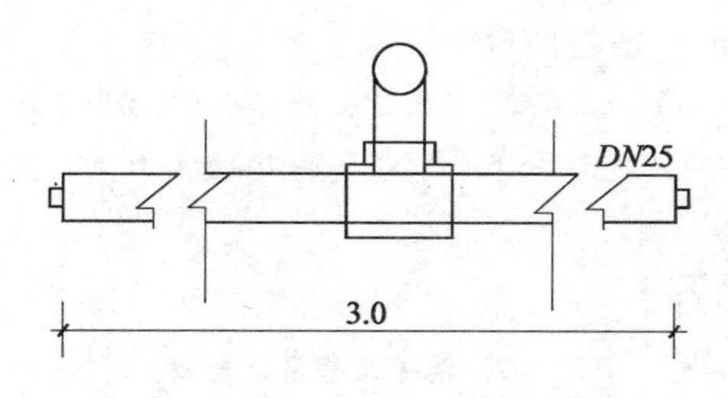

图 5-5　多孔冲洗管（m）

【解】

（1）清单工程量

*DN*25 冲洗管工程量＝（3.0＋0.15）×3＝9.45m

（2）定额工程量

DN25 冲洗管工程量＝（3.0＋0.15）×3/10＝0.95（10m）

（3）套用定额

项目：*DN*25 冲洗管（镀锌钢管），计量单位：10m，工程量：0.95

套用《全国统一安装工程预算定额（第八册）》（GYD-208-2000）8-458

基价：342.52 元；其中人工费 169.04 元，材料费 158.50 元，机械费 14.98 元

【例 5-7】 某室内给水镀锌钢管如图 5-6 所示，规格型号为 *DN*50、*DN*25，连接方式为锌镀钢管丝接，计算其工程量。

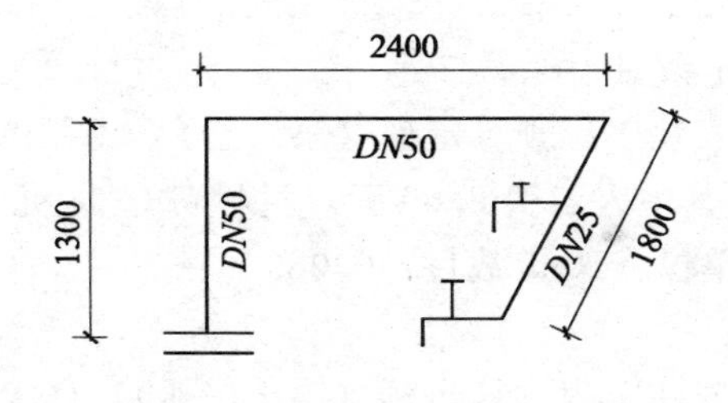

图 5-6　镀锌钢管支管（mm）

【解】

(1) 清单工程量

1) DN50：1.3m（给水立管楼层以上部分）+2.4m（横支管长度）=3.7m

2) DN25：1.8m（接水龙头的支管长度）

3) 刷防锈漆一道，银粉两道。

其工程量计算：3.14×（3.7×0.060+1.8×0.034）m^2=0.89m^2

（注：DN50 的外径为 0.060，DN25 的外径为 0.034）

水龙头 2 个

其清单工程量见表 5-7。

表 5-7 清单工程量计算表

项目编码	项目名称	项目特征描述	单位	数量
031001001001	镀锌钢管	室内给水 DN40	m	3.7
031001001002	镀锌钢管	室内给水 DN25	m	1.8
031004014001	水龙头	DN25	个	2

(2) 定额工程量

1) 项目：镀锌钢管 DN25 数目：0.18

套用《全国统一安装工程预算定额（第八册）》（GYD-208-2000）8-89

基价：83.51 元；其中人工费 51.08 元，材料费 31.04 元，机械费 1.03 元

2) 项目：镀锌钢管 DN50 数目：0.37

套用《全国统一安装工程预算定额（第八册）》（GYD-208-2000）8-92

基价：111.93 元；其中人工费 62.23 元，材料费 46.84 元，机械费：2.86 元

3) 项目：水龙头 数目：0.2

套用《全国统一安装工程预算定额（第八册）》（GYD-208-2000）8-440

基价：9.57 元；其中人工费 8.59 元，材料费 0.98 元

4) 项目：刷漆 单位：10m^2数目：0.089

① 刷防锈漆一道

套用《全国统一安装工程预算定额（第十一册）》（GYD-211-2000）11-53

基价：7.4 元；其中人工费 6.27 元，材料费 1.13 元

② 刷银粉一道

套用《全国统一安装工程预算定额（第十一册）》（GYD-211-2000）11-56

基价：11.31 元；其中人工费 6.50 元，材料费 4.81 元

③ 刷银粉二道

套用《全国统一安装工程预算定额（第十一册）》（GYD-211-2000）11-57

基价：10.64 元；其中人工费 6.27 元，材料费 4.37 元

【例 5-8】 图 5-7 所示为某两层住宅给水系统，其中立管、支管均采用塑料管 PVC 管，给水设备有 3 个水龙头，一个自闭式冲洗阀。计算其工程量。

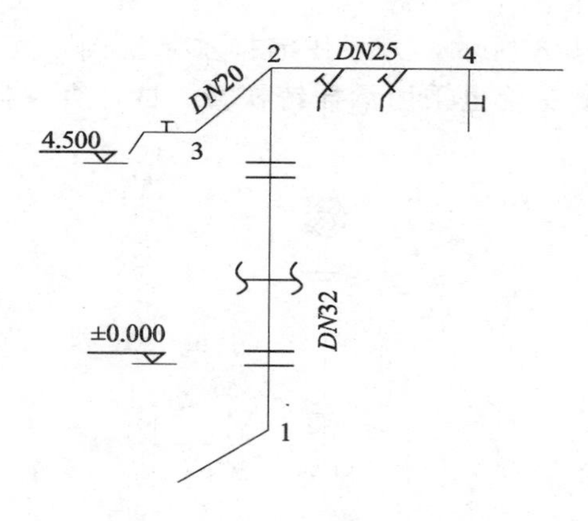

图 5-7 塑料管给水管道（m）

【解】

(1) 塑料管清单工程量

*DN*32　　6.3m（节点 1 至节点 2 的长度）

*DN*25　　3.0m（节点 2 至节点 4 的长度）×2=6m

*DN*20　　1.6m（节点 2 至节点 3 的长度）×2=3.2m

清单工程量计算见表 5-8。

表 5-8 清单工程量计算表

项目编码	项目名称	项目特征描述	单位	工程量
031001006001	塑料管	给水管 *DN*32 室内	m	6.3
031001006002		给水管 *DN*25 室内	m	6.0
031001006003		给水管 *DN*20 室内	m	3.2

定额工程量计算见表 5-9。

表 5-9　定额工程量计算表

分项项目	计量单位	工程量	定额编号	基价/元	人工费/元	材料费/元	机械费/元
*DN*32	10m	0.63	6-275	17.70	13.03	0.55	4.12
*DN*25	10m	0.60	6-274	15.62	11.91	0.47	3.24
*DN*20	10m	0.32	6-273	14.19	11.21	0.42	2.65

【例 5-9】 如图 5-8 所示，为某住宅排水系统图，其中排水立管 1 根，采用承插铸铁管，横支管也采用承插铸铁管。试计算承插铸铁管的定额工程量。

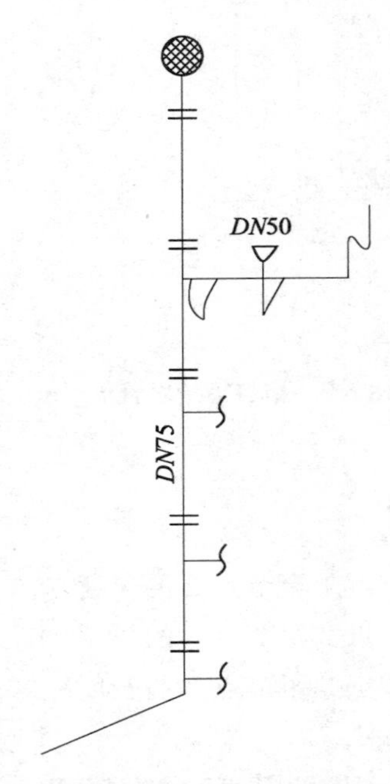

图 5-8　某住宅排水系统图

【解】

（1）承插铸铁管定额工程量计算

1）*DN*75 承插铸铁管

［3.0×4（四层到一层）＋1.0（伸顶高度）＋1.2（立管埋地深度）］/10（计量单位）＝1.42（10m）

2）承插铸铁管 *DN*50

3.2（排水横支管）×4/10（计量单位）=1.28（10m）

3）刷油

承插铸铁管立管、横支管，需刷沥青油

其工程量：3.14×（0.085×14.2+0.060×12.8）/10=0.62（$10m^2$）

（2）套用定额

1）项目：承插铸铁管 *DN*75，计量单位：10m，工程量：1.42

套用《全国统一安装工程预算定额（第八册）》（GYD-208-2000）8-145

基价：249.18 元；其中人工费 62.23 元，材料费 186.95 元

2）项目：承插铸铁管 *DN*50，计量单位：10m，工程量：1.28

套用《全国统一安装工程预算定额（第八册）》（GYD-208-2000）8-144

基价：133.41 元；其中人工费 52.01 元，材料费 81.40 元

3）项目：刷油，计量单位：$10m^2$，工程量：0.62

① 刷沥青油一遍

套用《全国统一安装工程预算定额（第十一册）》（GYD-211-2000）11-202

基价：9.90 元；其中人工费 8.36 元，材料费 1.54 元

② 刷沥青油二遍

套用《全国统一安装工程预算定额（第十一册）》（GYD-211-2000）11-203

基价：9.50 元；其中人工费 8.13 元，材料费 1.37 元

【例 5-10】 某住房消防给水系统平面图及系统图如图 5-9、图 5-10 所示。试计算清单工程量。

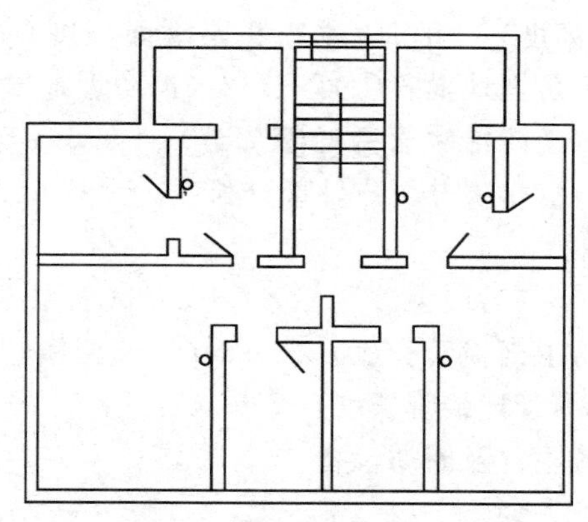

图 5-9　某住宅消防给水平面图

【解】

1）消防给水管为镀锌钢管，二层以上管道为 *DN*75，二层以下消防管道

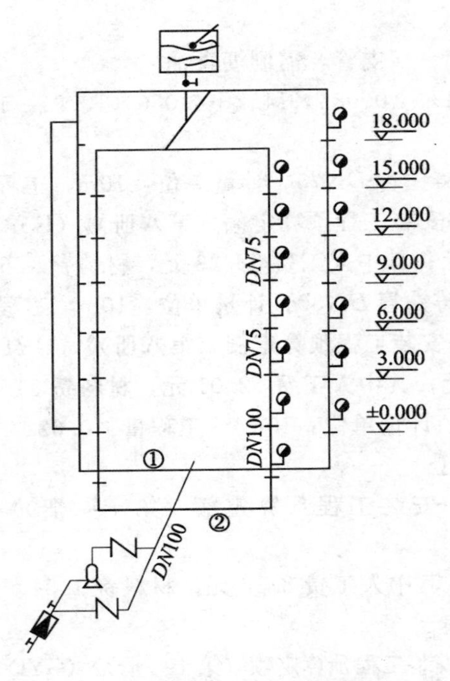

图 5-10　消防给水系统图

为 *DN*100。

① *DN*100 镀锌钢管

[3（二层至一层高度）+1.2（水喷头距地面高度）+1.0（消防给水立管埋深）]×4+8（消防埋地横管①）+7.2（消防埋地横管②）+7.2（横管连接管长度）+3.2（消防给水管旁通管部分）+3.6（与旁通管并列的水泵给水管部分长度）+7（水表井至户外部分长度）=57m

② *DN*75 镀锌钢管

3（楼层高度）×5（七层至二层）×4+2.0（七层水喷头至七层顶部长度）×4+15.2（消防上部横管长度）+4.6（上部两横管连接管）+2.8（消防水箱入水口至上部横管连接管长度）=90.6m

2）消防给水系统附件及附属设备

① 消防水箱安装 1 个

② 给水泵 1 台

③ 止回阀 1×2=2 个

④ 消火栓 7×4=28 套

⑤ 水表 1 组

3）防腐

消防给水管全部为镀锌钢管，明装部分刷防锈漆一道，银粉两道，埋地部分刷沥青油二道，冷底子油一道。

其工程量计算如下：

① 明装部分：$DN75$ 90.6m

$DN100$（3＋1.2）×4＝16.8m

换算为面积：3.14×（0.085×90.6＋0.11×16.8）＝29.98m^2

② 埋地部分：$DN100$ 57－16.8＝40.2m

换算为面积：3.14×0.11×40.2＝13.89m^2

清单工程量计算见表 5-10。

表 5-10　清单工程量计算表

项目编码	项目名称	项目特征描述	计量单位	工程量
031001001001	消火栓镀锌钢管	室内，$DN100$，给水	m	57.00
031001001002	消火栓镀锌钢管	室内，$DN75$，给水	m	90.6
031006015001	消防水箱制作安装	—	台	1
031004014001	消火栓	$DN75$	套	28
031003013001	水表	$DN100$	组	1
031003001001	螺纹阀门	$DN100$	个	1
031003001002	螺纹阀门	$DN75$	个	1

【例 5-11】 某搪瓷浴盆（见图 5-11），采用冷热水供水，计算其清单工程量和定额工程量。

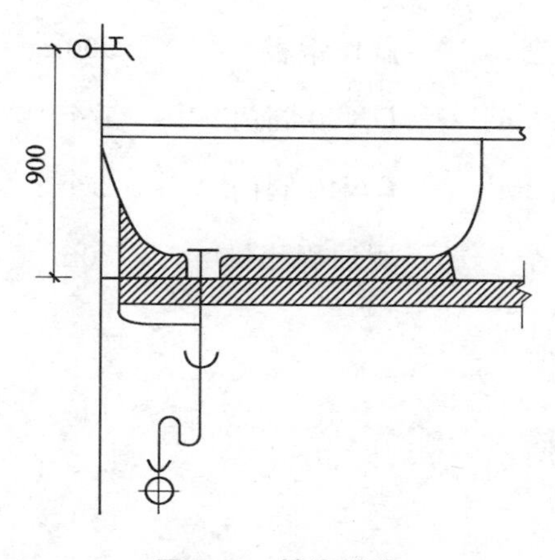

图 5-11　搪瓷浴盆

【解】

(1) 清单工程量

洗脸盆：1 组

(2) 定额工程量

项目：洗脸盆，计量单位：10 组，工程量：0.1

套用《全国统一安装工程预算定额（第八册）》(GYD-208-2000) 8-384

基价：1449.93 元；其中人工费 151.16 元，材料费（不含主材费）1298.77 元

【例 5-12】 图 5-12 为某水箱安装示意图，水箱制作用去钢板 900kg，面积 $30m^2$。试计算其清单工程量。

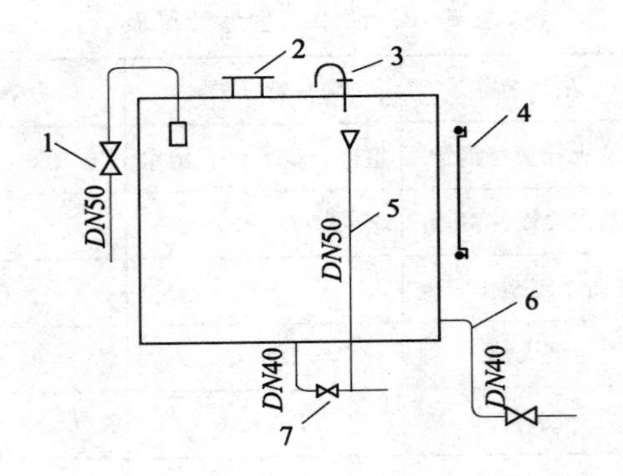

图 5-12 水箱安装示意图

1—水位控制阀 2—人孔 3—通气管 4—液位计

5—溢水管 6—出水管 7—泄水管

【解】

水箱	1 套	制作钢板	900kg
*DN*50 镀锌钢管	5.6m	*DN*50 阀门	1 个
*DN*40 镀锌钢管	3.2m	*DN*40 阀门	2 个
液位计	1 个	刷油刷漆量	$30m^2$

清单工程量计算见下表：

表 5-11　清单工程量计算表

项目编码	项目名称	项目特征描述	计量单位	工程量
031006015001	水箱制作安装	钢板制作	套	1
031001001001	镀锌钢管	*DN*50	m	5.6
031001001002		*DN*40	m	3.2
031003001001	螺纹阀门	*DN*50	个	1
031003001002		*DN*40	个	2

【例 5-13】　如图 5-13 所示，为一室外钢管示意图，钢管长 36m，计算其清单和定额工程量。

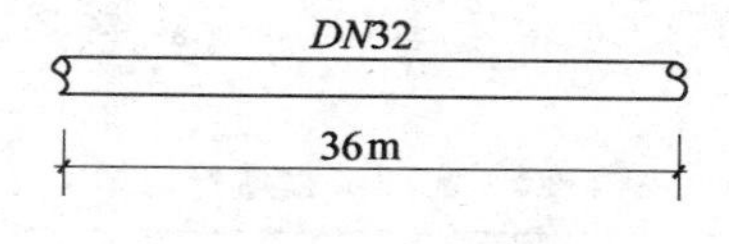

图 5-13　钢管示意图

【解】

(1) 清单工程量

室外焊接钢管 *DN*32 36m

(2) 定额工程量

1) 焊接钢管 *DN*32，计量单位：10m，工程量：3.60

套用《全国统一安装工程预算定额（第八册）》(GYD-208-2000) 8-23

基价：21.80 元；其中人工费 16.49 元，材料费 3.32 元，机械费 1.99 元

2) 焊接钢管除轻锈，计量单位：$10m^2$，工程量：$(36\times0.13)/10=0.468$

套用《全国统一安装工程预算定额（第十一册）》(GYD-211-2000) 11-1

基价：11.27 元；其中人工费 7.89 元，材料费 3.38 元

3) 刷一遍红丹防锈漆，计量单位：$10m^2$，工程量：0.468

套用《全国统一安装工程预算定额（第十一册）》(GYD-211-2000) 11-51

基价：7.34 元；其中人工费 6.27 元，材料费 1.07 元

4) 刷银粉漆第一遍，计量单位：$10m^2$，工程量：0.468

套用《全国统一安装工程预算定额（第十一册）》(GYD-211-2000) 11-56

基价：11.31 元；其中人工费 6.50 元，材料费 4.81 元

5）刷银粉漆第二遍，计量单位：10m²，工程量：0.468

套用《全国统一安装工程预算定额（第十一册）》（GYD-211-2000）11-57

基价：10.64 元；其中人工费 6.27 元，材料费 4.37 元

【例 5-14】 一淋浴器由冷热水钢管、淋蓬头及两个铜截止阀组成，如图 5-14 所示。计算其工程量。

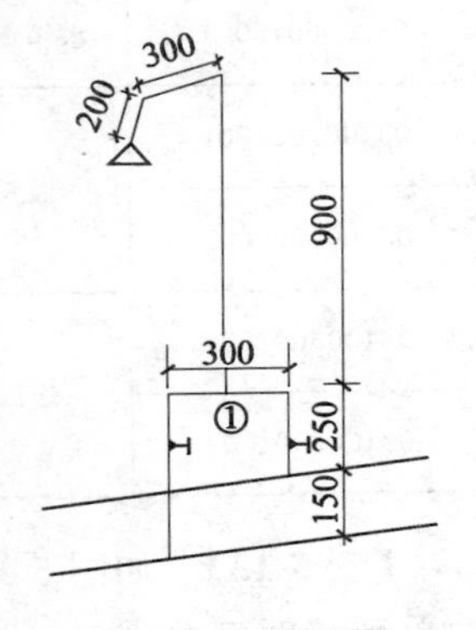

图 5-14 淋浴器

【解】

(1) 清单工程量

冷热水钢管淋浴器：1 组

(2) 定额工程量

冷热水钢管淋浴器，计量单位：10 组，工程量：0.1

套用《全国统一安装工程预算定额（第八册）》（GYD—208—2000）8-404

基价：600.19 元，其中人工费 130.03 元，材料费 470.16 元

表 5-12 定额工程量计算表

分项项目	单位	工程量
莲蓬喷头	个	1
*DN*15 镀锌钢管	10m	0.23
*DN*15 截止阀	个	2
镀锌弯头 *DN*15	个	2

【例 5-15】 图 5-15 为某疏水器安装示意图，计算其工程量。

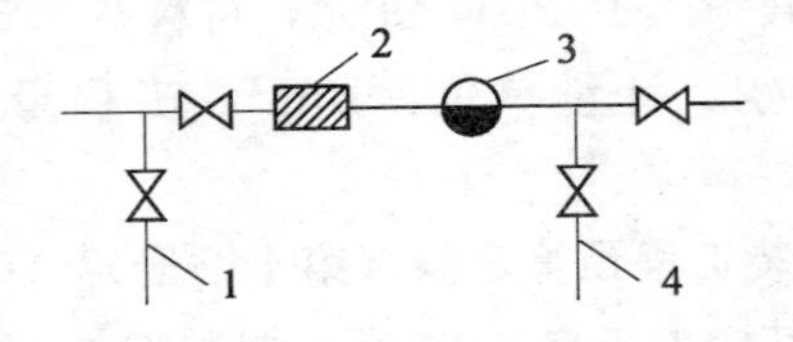

图 5-15 疏水器安装示意图

1—冲洗管 2—过滤器 3—疏水器

4—检查管及阀门

【解】

(1) 清单工程量

疏水器：1 组

$DN32$ 螺纹连接：2.4m

过滤器：1 台

冲洗管：1 个

检查管：1 个

$DN32$ 截止阀：4 个

清单工程量计算见表 5-13。

表 5-13　清单工程量计算表

项目编码	项目名称	项目特征描述	单位	工程量
031003007001	疏水器	$DN32$ 螺纹连接	组	1
031003001001	螺纹阀门	管径 $DN32$	个	4

（2）定额工程量

疏水器：1 组

套用《全国统一安装工程预算定额（第八册）》（GYD-208-2000）8-346

基价：245.07 元；其中人工费 29.72 元，材料费 215.35 元

表 5-14　定额工程量计算表

分项项目	单位	工程量
$DN32$ 螺纹连接疏水器	组	1
过滤器	台	1
$DN32$ 镀锌钢管	10m	0.24
$DN32$ 截止阀	个	4

【例 5-16】　图 5-16、图 5-17 为一 7 层住宅楼的卫生间排水管道布置图。首层是架空层，层高 3m，其余层高 2.6m。2 层至 7 层设有卫生间。管材为铸铁排水管，石棉水泥接口。地漏为 $DN75$，连接地漏的横管标高为楼板面下 0.1m，立管至室外第一个检查井的水平距离为 5m。试计算该排水管道系统的工程量。明露排水铸铁管刷防锈底漆一遍，银粉漆二遍，埋地部分刷沥青漆二遍，编制该管道工程的工程量清单。

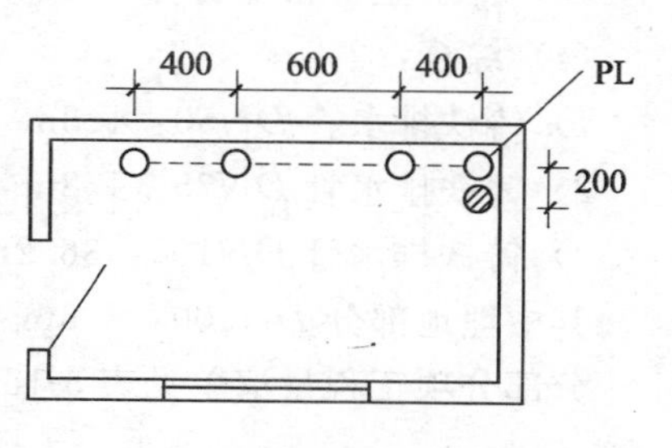

图 5-16　管道布置平面图

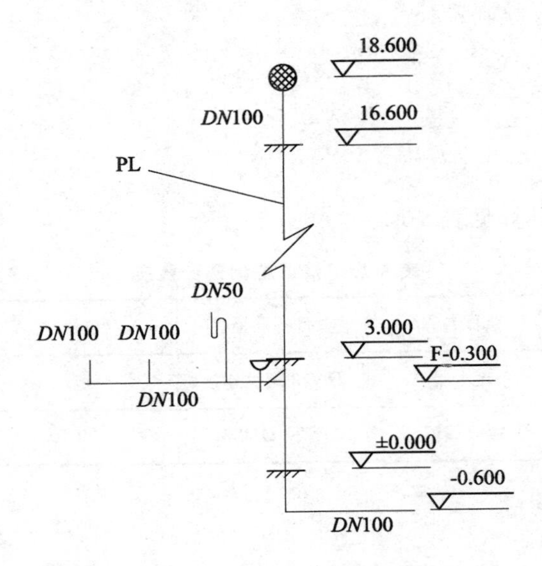

图 5-17 排水管道系统图

【解】

(1) 器具排水管：

1) 铸铁排水管 $DN50$：0.3×6＝1.8m

2) 铸铁排水管 $DN75$：0.1×6＝0.6m

3) 铸铁排水管 $DN100$：0.3×6×2＝3.6m

(2) 排水横管：

1) 铸铁排水管 $DN75$：0.2×6＝1.2m

2) 铸铁排水管 $DN100$：(0.4＋0.6＋0.4) ×6＝8.4m

(3) 排水立管和排出管：18.6＋0.6＋5＝24.2m

(4) 综合：

1) 铸铁排水管 $DN50$：1.8m

2) 铸铁排水管 $DN75$：1.8m

3) 铸铁排水管 $DN100$：36.2m

其中埋地部分 $DN100$：5.6m

分部分项工程量清单见表 5-15。

表 5-15　分部分项工程量清单表

工程名称：排水管道工程　　　　标段：　　　　第　页共　页

序号	项目编号	项目名称	项目特征描述	计量单位	工程量	金额/元		
						综合单价	合价	其中 暂估价
1	031001005001	承插铸铁排水管安装	*DN*50，一遍防锈底漆，二遍银粉漆	m	1.8			
2	031001005002	承插铸铁排水管安装	*DN*75，一遍防锈底漆，二遍银粉漆	m	1.8			
3	031001005003	承插铸铁排水管安装	*DN*100，一遍防锈底漆，二遍银粉漆	m	36.2			
4	031001005004	承插铸铁排水管安装	*DN*100，（埋地）二遍沥青漆	m	5.6			
合计								

【例 5-17】　一住宅楼卫生间排水系统图如图 5-18 所示，其中设 1 根排水立管，每层 3 根排水横支管，2 个卫生间的坐便器、浴盆共用 1 个排水横支管，管径如图所示，管材采用塑料管。试计算其工程量。

【解】

(1) 管道工程量

1) *DN*150：定额工程量 0.19（10m）

0.1（PL 与墙间隙）+0.3（墙厚）+1.5（墙外段）=1.9m

套用《全国统一安装工程预算定额（第八册）》（GYD—208—2000）8-158

基价：112.08 元；其中人工费 75.93 元，材料费 35.90 元，机械费 0.25 元

2) *DN*100：定额工程量 4.06（10m）

3.5（层高）×6+1.0（PL 伸顶高度）+1.2（埋深）+［(0.6+0.9)（坐便器排出管长）+1.4（横支管至坐便器段长度）］×6=(23.2+2.9×6)=40.6m

套用《全国统一安装工程预算定额（第八册）》（GYD—208—2000）8-157

基价：92.93 元；其中人工费 53.87 元，材料费 38.81 元，机械费 0.25 元

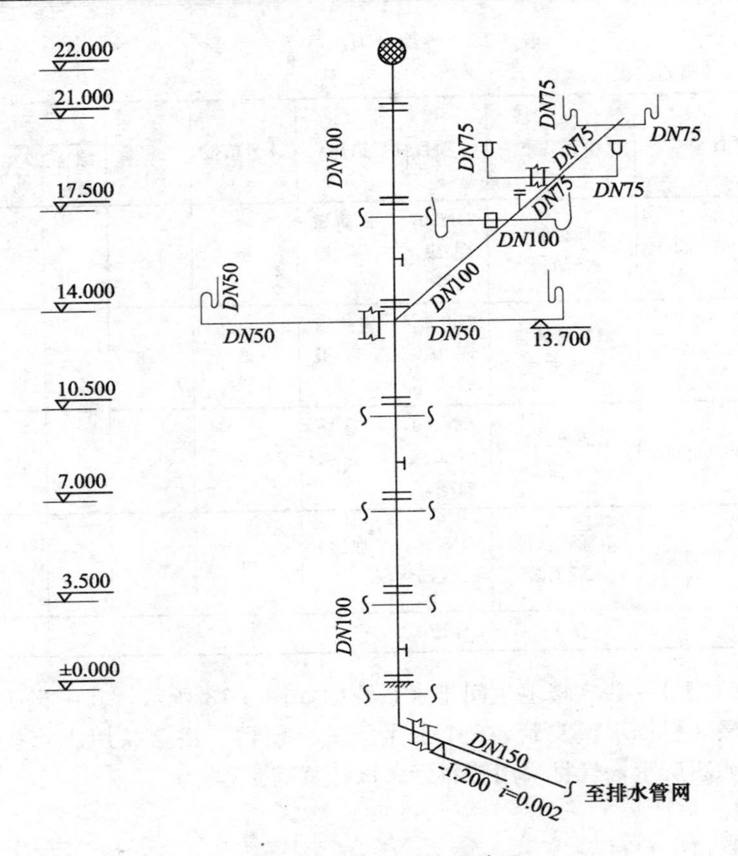

图 5-18　卫生间排水系统图

3）DN75：定额工程量 2.76（10m）

［1.2（横支管至地漏浴盆段长度）＋（0.9＋1.2）（两地漏排出管长度）＋（0.5＋0.8）（两浴盆排出管长度）］×6＝27.6m

套用《全国统一安装工程预算定额（第八册）》（GYD—208—2000）8-156

基价：71.70 元；其中人工费 48.30 元，材料费 23.15 元，机械费 0.25 元

4）DN50：定额工程量 2.1（10m）

［（0.9m＋1.2m）（洗手盆横支管长）＋0.7m×2（洗手盆排出管长）］×6＝（2.1＋1.4）×6＝21m

套用《全国统一安装工程预算定额（第八册）》（GYD—208—2000）8-155

基价：52.04 元；其中人工费 35.53 元，材料费 16.26 元，机械费

0.25 元

（2）排水器具及附件

表 5-16　工程量套用定额计价表

序号	项目名称	定额工程量	定额编号	基价/元	人工费/元	材料费/元	机械费/元
1	蹲便器	1.2（10 套）	8-413	1812.01	167.42	1644.59	—
2	地漏	1.2（10 个）	8-447	55.88	37.15	18.73	—
3	浴盆	1.2（10 组）	8-376	1177.98	258.90	919.08	—
4	洗手盆	1.2（10 组）	8-390	348.58	60.37	288.21	—
5	清通口	6 个	—	—	—	—	—
6	检查口	3 个	—	—	—	—	—

（3）土方工程量

铺设管长为：1.9-0.3＝1.6m

一层排水横支管也需埋地其长度：1.2＋1.4＋0.9＋1.2＝4.7m

排水出户铺设管和横支管管沟断面为矩形，沟宽定为 0.8m。

出户管沟槽深度为 1.2m，横支管为 0.6m。

则排水出户管沟槽开挖土方量为：$V_1=1.6\times1.2\times0.8=1.54m^3$

排水横支管沟槽开挖量：$V_2=4.7\times0.8\times0.6=2.26m^3$

开挖量共计：$1.54+2.26=3.8m^3$

管径所占体积不计：挖填土方量相等。

清单工程量计算见表 5-17。

表 5-17　清单工程量计算表

序号	项目编码	项目名称	项目特征描述	计量单位	工程量
1	031001006001	塑料管	*DN*150	m	1.9
	031001006002		*DN*100	m	40.6
	031001006003		*DN*75	m	27.6
	031001006004		*DN*50	m	21
2	031004006001	大便器	蹲式	套	12
3	031004014001	地漏	*DN*75	个	12
4	031004001001	浴盆	搪瓷	组	12
5	031004003001	洗手盆	—	组	12

【例 5-18】 某管道沿室内墙壁敷设（图 5-19），采用 J101、J102 一般管架支撑，计算管架制作安装工程量（其中：J101 管架按 60kg/只，J102 管架按 20kg/只计算重量）。

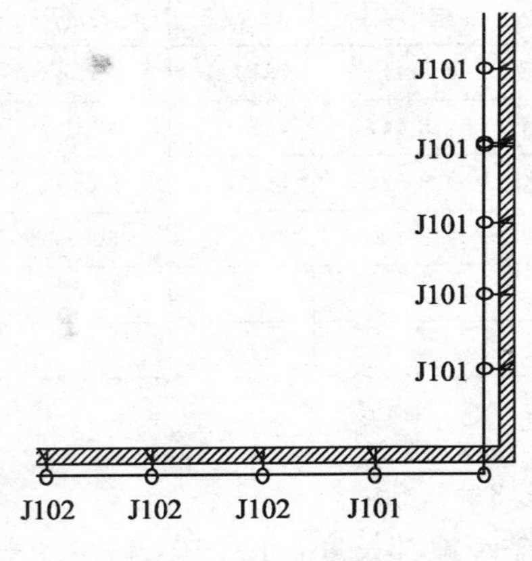

图 5-19 管道配管平面图

【解】

（1）清单工程量：6×60＋3×20＝420kg

（2）定额工程量：

1）J101 管架：6×60＝360kg

2）J102 管架：3×20＝60kg

【例 5-19】 假设一室内给水管道有 10 个固定支架，均采用∟ 100×8 角钢制作，一个支架的用料为 1.52m，并有一个螺栓卡包箍 ϕ8 圆钢长 0.7m，配 2 个六角螺母，试计算其直接费。

【解】

固定支架工程量为：

1）支架总长＝1.52×10＝15.2m

支架∟ 100×8 角钢单位重为 12.276kg/m

支架总重量＝15.2m×12.276kg/m＝186.60kg

2）包箍全长＝0.7m×10＝7m

包箍 ϕ8 圆钢单位重为 0.395kg/m

包箍全总＝7×0.395m＝2.77kg

3）包箍螺母数量＝10×2 个＝20 个

六角螺母（d＝8）每 1000 个重 5.674kg

包箍螺母总重＝20×5.674kg÷1000＝1.13kg

4）管道支架工程量＝（186.60＋2.77＋1.13）kg＝190.50kg＝0.191t

5）管道支架制作安装直接费可套用《全国统一安装工程预算定额（第八册）》8-178 定额，即直接费＝0.191t×654.69 元/t＝125.05 元

【例 5-20】 根据以下资料计算冷热水浴盆安装直接费。

1）按某工程住宅的给水排水工图计算，需安装 5 组冷热水搪瓷浴盆（1680mm×720mm×420mm）。

2）浴盆安装定额见表 5-18。

表 5-18 浴盆安装定额表

定额编号	项目名称	单位	基价/元
8-349	浴盆（冷水）	10 组	474.94
8-350	浴盆（冷热水）	10 组	486.98
8-351	浴盆（冷热水带喷头）	10 组	502.85

3）地区安装材料预算价格。

浴盆（1680mm×720mm×420mm） 439.74 元/个

浴盆水嘴 26.75 元/个

【解】

工程量×基价＝5 组×486.98 元/10 组＝243.49 元

未计价材料费：

未计价材料用量×地区材料预算价格＝工程量×定额未计价材料用量×地区材料预算价格

浴盆＝5 组×10 个/10 组×439.74 元/个＝2198.70 元

浴盆水嘴＝5 组×20.2 个/10 组×26.75 元/个＝270.18 元

总计：243.49 元＋2198.70 元＋270.18 元＝2712.37 元

【例 5-21】 图 5-20 为某住宅楼厨房和卫生间给排水平面图。厨房内设有 1 个洗涤盆，卫生间设有 1 个坐式大便器、1 个立式洗脸盆、1 个洗衣机水龙头及 1 个预留口以便用户安装淋浴器，管道轴测图见图 5-21 和图 5-22。给水管采用铝塑复合管，排水管 PVC—U 塑料管（粘接接口），给水立管至分水器的管段采用钢塑复合管，坐式大便器为联体水箱坐式大便器。给水管从分水器至洗涤盆的管段沿墙暗敷，分水器至卫生间的水平管段沿地暗敷，垂直段管道沿墙暗敷。管道支架除中锈，刷防锈漆两遍、银粉漆两遍。编制分部分项工程量清单。

【解】

室内给水排水管道及卫生设备的分部分项工程量清单见表 5-19。其中管道冲洗消毒、砖墙凿槽刨沟在清单计价中属于管道的组合内容，不列清单项目。

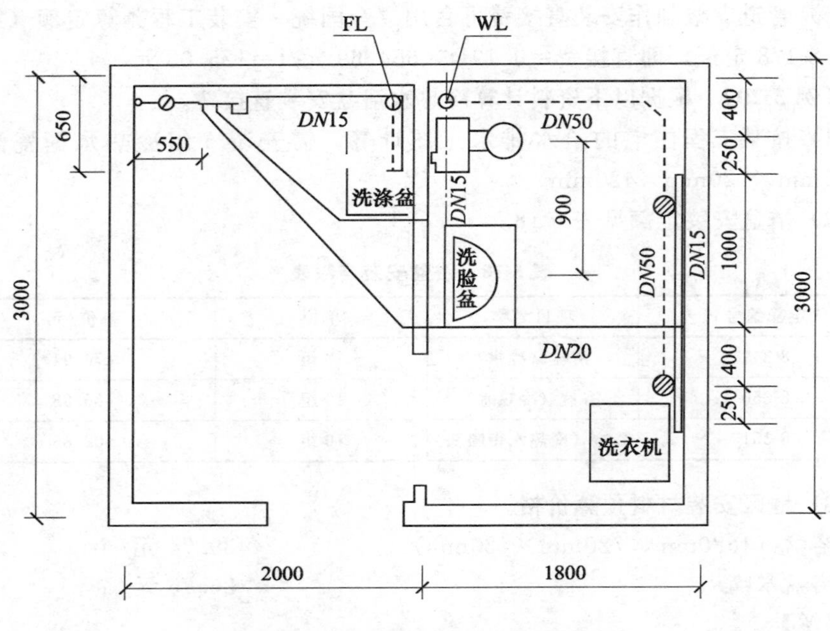

图 5-20 卫生间平面图（mm）

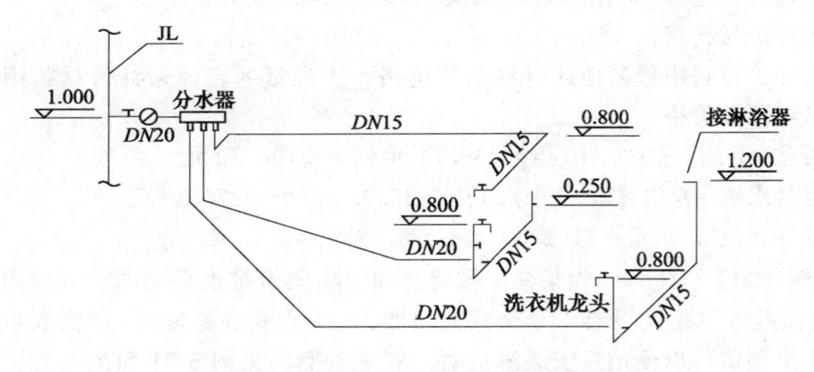

图 5-21 厨房、卫生间给水管道轴测图

1）铝塑复合管 *DN*15

工程量＝（2.0－0.18/2－0.06－0.55＋0.65）（厨房）

＋（0.9＋0.53＋0.25＋0.04×2）（洗脸盆至大便器）

＋（0.8＋0.25＋0.4＋1＋1.2＋0.04×2）（洗衣机至沐浴器）

＝（1.95＋1.76＋3.73）m

＝7.44m

2）铝塑复合管 *DN*20

工程量＝（1.0＋0.04＋1.25＋0.6）（分水器至脸盆）

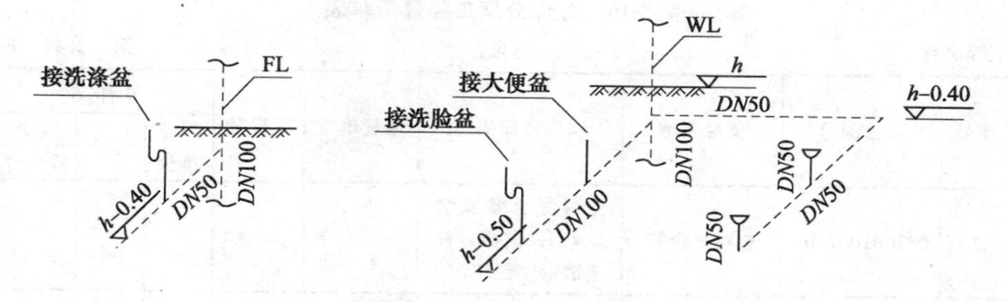

图 5-22　厨房、卫生间排水管道轴测图

＋（1.0＋0.04＋2.2＋1.75）（分水器至洗衣机）

＝（2.89＋4.99）m

＝7.88m

3）塑料排水管 *DN*50

工程量＝（0.4＋0.65－0.15）（洗脸盆至 FL）

＋（0.25＋0.4＋1.0＋0.25＋0.4－0.15＋1.8－0.18－0.15×2）（洗衣机至 WL）＋（0.4×4）（器具排水管高度）

＝（0.9＋3.47＋1.6）m

＝5.97m

4）塑料排水管 *DN*100

工程量＝（0.9＋0.4－0.15）（横管）＋0.5（器具排水管高度）＝1.65m

5）钢塑复合管 *DN*20

工程量＝0.8－0.25（立管至分水器）＝0.55m

6）水表安装 *DN*20：1 组

7）洗涤盆安装：1 组

8）洗脸盆安装：1 组

9）坐便器安装：1 组

10）水龙头安装 *DN*15：1 组

11）地漏安装 *DN*50：1 组

12）管道支架：（排水管道）3kg/个×6 个＝18kg

① 支架除中锈：18kg

② 支架刷防锈漆：18kg

③ 支架刷银粉漆：18kg

13）管道冲洗消毒 *DN*50

工程量＝0.55＋7.88＋7.44＝15.87m

14）砖墙凿槽刨沟 70×70：*DN*15 的管道需凿槽刨沟 7.44m。

表 5-19　分部分项工程量清单表

工程名称：　　　　　　　　　　标段：　　　　　　　　　　第　页共　页

序号	项目编号	项目名称	项目特征描述	计量单位	工程量	金额/元		
						综合单价	合价	其中
								暂估价
1	031001007001	塑料复合管	塑料复合管安装 DN15，试压，冲洗消毒，刨墙沟	m	7.44			
2	031001007002	塑料复合管	铝塑复合管安装 DN20，试压，冲洗消毒	m	7.88			
3	031001006001	塑料管	承插塑料排水管安装 DN15，满水试验	m	5.97			
4	031001006002	塑料管	承插塑料排水管安装 DN100，满水试验	m	1.65			
5	031001007001	钢骨架塑料复合管	钢塑复合管安装 DN20 冲洗消毒，试压	m	0.55			
6	031003013001	水表	螺纹水表安装 DN20，××型	组	1			
7	031004003001	洗脸盆	陶瓷洗脸盆安装，××型角阀和不锈钢存水弯	组	1			
8	031004004001	洗涤盆	不锈钢洗涤盆安装，××型角阀和不锈钢存水弯	组	1			
9	031004006001	大便器	陶瓷坐式大便器（联体水箱）安装，××型，角阀	组	1			
10	031004014001	水龙头	不锈钢水龙头安装 DN15，××型	个	1			
11	031004014001	地漏	地漏安装 DN50，塑料，××型	个	2			
12	031002001001	管道支架制作安装	管道支架制作安装，除中锈，刷防锈漆二遍，银粉漆两遍	kg	18			
			合计					

【例 5-22】 某大楼给水管道工程，需安装 10 个螺纹连接法兰套筒伸缩器，公称直径为 31mm，试计算其工程量及预算价格。

【解】

工程量：1×10 个＝10 个

根据题意，可套用《全国统一安装工程预算定额（第八册）》8-183 定额。

人工费：1.06 元/个×10 个＝10.60 元

材料费：0.25 元/个×10 个＝2.50 元

预算价格：（10.60＋2.50）元＝13.10 元

6 采暖工程工程量计算

6.1 采暖工程定额组成

6.1.1 供暖器具制作安装

供暖器具安装分部共分 8 个分项工程。

(1) 铸铁散热器的组成与安装 工作内容包括：制垫、加垫、组成、栽钩、加固、水压试验等。

(2) 光排管散热器的制作与安装 工作内容包括：切管、焊接、组成、栽钩、加固和水压试验等。

(3) 钢制闭式散热器 工作内容包括：打堵墙眼、栽钩、安装、稳固。

(4) 钢制板式散热器安装 工作内容包括：打堵墙眼、栽钩、安装。

(5) 钢制壁式散热器安装 工作内容包括：预埋螺栓、安装汽包和钩架、稳固。

(6) 钢制柱式散热器安装 工作内容包括：打堵墙眼、栽钩、安装、稳固。

(7) 暖风机安装 工作内容包括：吊装、稳固、试运转。

(8) 热空气幕安装 工作内容包括：安装、稳固、试运转。

6.1.2 小型容器制作安装

小型容器制作安装分部共分 5 个分项工程。

(1) 矩形钢板水箱制作 工作内容包括：下料、坡口、平直、开孔、接板组对、装配零部件、焊接、注水试验。

(2) 圆形钢板水箱制作 工作内容包括：下料、坡口、压头、卷圆、找圆、组对、焊接、装配、注水试验。

(3) 大、小便槽冲洗水箱制作 工作内容包括：下料、坡口、平直、开孔、接板组对、装配零件、焊接、注水试验。

(4) 矩形钢板水箱安装 工作内容包括：稳固、装配零件。

(5) 圆形钢板水箱安装 工作内容包括：稳固、装配零件。

6.2 采暖工程定额工程量计算规则

6.2.1 管道安装

1）界限划分。

① 室内外管道以入口阀门或建筑物外墙皮 1.5m 为界。

② 与工业管道以锅炉房或泵站外墙皮 1.5m 为界。

③ 工厂车间内采暖管道以采暖系统与工业管道碰头点为界。

④ 设在高层建筑内的加压泵间管道以泵站间外墙皮为界。

2）室内采暖管道的工程量均以图示中心线的“延长米”为单位计算，阀门、管件所占长度均不从延长米中扣除，但是暖气片所占长度要扣除。

室内采暖管道安装工程除管道本身价值和直径在 32mm 以上钢管支架需另行计算外，以下工作内容均已考虑在定额中，不能重复计算。

① 管道及接头零件安装。

② 水压试验或灌水试验。

③ *DN*32 以内钢管的管卡及托钩制作安装。

④ 弯管制作与安装（伸缩器、圆形补偿器除外）。

⑤ 穿墙及过楼板铁皮套管安装等。

穿墙及过楼板镀锌铁皮套管的制作应按镀锌铁皮套管项目另行计算，钢套管的制作安装工料，按室外焊接钢管安装项目计算。

3）除锅炉房和泵房管道安装以及高层建筑内加压泵间的管道安装执行《全国统一安装工程预算定额》第六册《工业管道工程》GYD-206-2000 分册的相应项目外，其余部分均按照《全国统一安装工程预算定额》第八册《给排水、采暖、燃气工程》GYD-208-2000 分册执行。

4）安装的管子规格若与定额中子目规定不相符合，应使用接近规格的项目，规格居中时，按大者套，超过定额最大规格时可作补充定额。

5）各种伸缩器制作安装根据其不同型式、连接方式和公称直径，分别以“个”为单位计算。

用直管弯制伸缩器，在计算工程量时，应分别并入不同直径的导管延长米内，弯曲的两臂长度原则上应按设计确定的尺寸计算。若设计未明确，按照弯曲臂长（*H*）的两倍计算。

套筒式以及除去以直管弯制的伸缩器以外的各种形式的补偿器，在计算时，均不扣除所占管道的长度。

6）阀门安装工程量以“个”为单位计算，不分低压、中压，使用同一定额，但连接方式应按螺纹式和法兰式以及不同规格分别计算。螺纹阀门安装适用于内外螺纹的阀门安装。法兰阀门安装适用于各种法兰阀门的安装。如果仅为一侧法兰连接，定额中的法兰、带帽螺栓及钢垫圈数量减半计算。各种法兰连接用垫片均按橡胶合棉板计算，如果用其他材料，均不做调整。

6.2.2 低压器具安装

采暖工程中的低压器具是指减压器和疏水器。

减压器和疏水器的组成与安装均应区分连接方式和公称直径的不同，分别以“组”为单位计算。减压器安装按高压侧的直径计算。减压器、疏水器若设计组成与定额不同，阀门和压力表数量可根据设计需要量进行调整，其余不变。但单体安装的减压器、疏水器应按阀门安装项目执行。单体安装的安全阀可按阀门安装相应定额项目乘以系数 2.0 计算。

6.2.3 供暖器具安装

1. 定额说明

1）本定额系参照 1993 年《全国通用暖通空调标准图集·采暖系统及散热器安装》（T9N112）编制的。

2）各类型散热器不分明装或暗装，均按类型分别编制。柱型散热器为挂装时，可执行 M132 项目。

3）柱型和 M132 型铸铁散热器安装用拉条时，拉条另行计算。

4）定额中列出的接口密封材料，除圆翼汽包垫采用橡胶石棉板以外，其余均采用成品汽包垫。若采用其他材料，不作换算。

5）光排管散热器制作、安装项目，单位每 10m 系指光排管长度。联管作为材料已列入定额，不可重复计算。

6）板式、壁板式，已计算托钩的安装人工和材料；闭式散热器，若主材价不包括托钩者，托钩价格另行计算。

2. 定额工程量计算规则

1）热空气幕安装，以“台”为计量单位，其支架制作安装可按相应定额另行计算。

2）长翼、柱型铸铁散热器组成安装，以“片”为计量单位，其汽包垫不得换算；圆翼型铸铁散热器组成安装，以“节”为计量单位。

3）光排管散热器制作安装，以“m”为计量单位，已包括联管长度，不能另行计算。

6.2.4 小型容器制作安装

1. 定额说明

1）本定额系参照《全国通用给水排水标准图集》（S151，S342）及《全国通用采暖通风标准图集》（T905，T906）编制，适用于给水排水、采暖系统中一般低压碳钢容器的制作和安装。

2）各种水箱连接管，均未包括在定额内，可执行室内管道安装的相应项目。

3）各类水箱均未包括支架制作安装，若为型钢支架，执行本定额“一般管道支架”项目；混凝土或砖支座可按土建相应项目执行。

4）水箱制作，包括水箱本身及人孔的质量。水位计、内外人梯均未包括在定额内，发生时，可另行计算。

2. 定额工程量计算规则

1）钢板水箱制作，按施工图所示尺寸，不扣除人孔、手孔质量，以“kg”为计量单位。法兰和短管水位计可按相应定额另行计算。

2）钢板水箱安装，按国家标准图集水箱容量“m^3”，执行相应定额。各种水箱安装，均以“个”为计量单位。

6.3　采暖工程清单工程量计算规则

6.3.1　供暖器具

供暖器具工程量清单项目设置、项目特征描述的内容、计量单位及工程量计算规则，应按表 6-1 的规定执行。

表 6-1　供暖器具（编码：031005）

项目编码	项目名称	项目特征	计量单位	工程量计算规则	工作内容
031005001	铸铁散热器	1）型号、规格 2）安装方式 3）托架形式 4）器具、托架除锈、刷油设计要求	片（组）	按设计图示数量计算	1）组对、安装 2）水压试验 3）托架制作、安装 4）除锈、刷油
031005002	钢制散热器	1）结构形式 2）型号、规格 3）安装方式 4）托架刷油设计要求	组（片）	按设计图示数量计算	1）安装 2）托架安装 3）托架刷油
031005003	其他成品散热器	1）材质、类型 2）型号、规格 3）托架刷油设计要求	组（片）	按设计图示数量计算	1）安装 2）托架安装 3）托架刷油
031005004	光排管散热器	1）材质、类型 2）型号、规格 3）托架形式及做法 4）器具、托架除锈、刷油设计要求	m	按设计图示排管长度计算	1）制作、安装 2）水压试验 3）除锈、刷油

续表

项目编码	项目名称	项目特征	计量单位	工程量计算规则	工作内容
031005005	暖风机	1）质量 2）型号、规格 3）安装方式	台	按设计图示数量计算	安装
031005006	地板辐射采暖	1）保温层材质、厚度 2）钢丝网设计要求 3）管道材质、规格 4）压力试验及吹扫设计要求	1）m^2 2）m	1）以平方米计量，按设计图示采暖房间净面积计算 2）以米计量，按设计图示管道长度计算	1）保温层及钢丝网铺设 2）管道排布、绑扎、固定 3）与分集水器连接 4）水压试验、冲洗 5）配合地面浇注
031005007	热媒集配装置	1）材质 2）规格 3）附件名称、规格、数量	台	按设计图示数量计算	1）制作 2）安装 3）附件安装
031005008	集气罐	1）材质 2）规格	个	按设计图示数量计算	1）制作 2）安装

注：1. 铸铁散热器，包括拉条制作安装。

2. 钢制散热器结构形式，包括钢制闭式、板式、壁板式、扁管式及柱式散热器等，应分别列项计算。

3. 光排管散热器，包括联管制作安装。

4. 地板辐射采暖，包括与分集水器连接和配合地面浇注用工。

6.3.2 采暖、给水排水设备

采暖、给水排水设备工程量清单项目设置、项目特征描述的内容、计量单位及工程量计算规则，应按表6-2的规定执行。

表6-2 采暖、给水排水设备（编码：031006）

项目编码	项目名称	项目特征	计量单位	工程量计算规则	工作内容
031006001	变频给水设备	1）设备名称 2）型号、规格 3）水泵主要技术参数 4）附件名称、规格、数量 5）减震装置形式	套	按设计图示数量计算	1）设备安装 2）附件安装 3）调试 4）减震装置制作、安装

续表

项目编码	项目名称	项目特征	计量单位	工程量计算规则	工作内容
031006002	稳压给水设备	1）设备名称 2）型号、规格 3）水泵主要技术参数 4）附件名称、规格、数量 5）减震装置形式	套	按设计图示数量计算	1）设备安装 2）附件安装 3）调试 4）减震装置制作、安装
031006003	无负压给水设备	1）设备名称 2）型号、规格 3）水泵主要技术参数 4）附件名称、规格、数量 5）减震装置形式	套	按设计图示数量计算	1）设备安装 2）附件安装 3）调试 4）减震装置制作、安装
031006004	气压罐	1）型号、规格 2）安装方式	台	按设计图示数量计算	1）安装 2）调试
031006005	太阳能集热装置	1）型号、规格 2）安装方式 3）附件名称、规格、数量	套	按设计图示数量计算	1）安装 2）附件安装
031006006	地源（水源、气源）热泵机组	1）型号、规格 2）安装方式 3）减震装置形式	组	按设计图示数量计算	1）安装 2）减振装置制作、安装
031006007	除砂器	1）型号、规格 2）安装方式	台	按设计图示数量计算	安装
031006008	水处理器	1）类型 2）型号、规格	台	按设计图示数量计算	安装
031006009	超声波灭藻设备		台	按设计图示数量计算	
031006010	水质净化器		台	按设计图示数量计算	
031006011	紫外线杀菌设备	1）名称 2）规格	台	按设计图示数量计算	
031006012	热水器、开水炉	1）能源种类 2）型号、容积 3）安装方式	台	按设计图示数量计算	1）安装 2）附件安装

续表

项目编码	项目名称	项目特征	计量单位	工程量计算规则	工作内容
031006013	消毒器、消毒锅	1）类型 2）型号、规格	台	按设计图示数量计算	安装
031006014	直饮水设备	1）名称 2）规格	套	按设计图示数量计算	
031006015	水箱	1）材质、类型 2）型号、规格	台	按设计图示数量计算	1）制作 2）安装

注：1. 变频给水设备、稳压给水设备、无负压给水设备安装说明：

1）压力容器包括气压罐、稳压罐、无负压罐；

2）水泵包括主泵及备用泵，应注明数量；

3）附件包括给水装置中配备的阀门、仪表、软接头，应注明数量，含设备、附件之间管路连接；

4）泵组底座安装，不包括基础砌（浇）筑，应按现行国家标准《房屋建筑与装饰工程工程量计算规范》GB 50854—2013 相关项目编码列项；

5）控制柜安装及电气接线、调试应按《通用安装工程工程量计算规范》GB50856-2013 附录D电气设备安装工程相关项目编码列项。

2. 地源热泵机组，接管以及接管上的阀门、软接头、减震装置和基础另行计算，应按相关项目编码列项。

6.3.3 采暖、空调水工程系统调试

采暖、空调水工程系统调试工程量清单项目设置、项目特征描述的内容、计量单位及工程量计算规则，应按表 6-3 的规定执行。

表 6-3 采暖、空调水工程系统调试（编码：031009）

项目编码	项目名称	项目特征	计量单位	工程量计算规则	工程内容
031009001	采暖工程系统调试	1）系统形式 2）采暖（空调水）管道工程量	系统	按采暖工程系统计算	系统调试
031009002	空调水工程系统调试			按空调水工程系统计算	

注：1. 由采暖管道、管件、阀门、法兰、供暖器具组成采暖工程系统。

2. 由空调水管道、管件、阀门、法兰、冷水机组组成空调水工程系统。

3. 当采暖工程系统、空调水工程系统中管道工程量发生变化时，系统调试费用应作相应调整。

6.4 采暖工程工程量计算实例

【例 6-1】 一建筑采暖系统中立管柱型铸铁散热器安装连接，其中散热器的片数为 55 片，计算其定额工程量。

【解】

定额工程量：55/10=5.5

套用《全国统一安装工程预算定额（第八册）》（GYD—208—2000）8-491

基价：41.27元；其中人工费14.16元，材料费27.11元

注：定额中只考虑了铸铁散热器的组成安装。并未考虑其制作。清单中考虑了其制作安装，同时还包含了其刷油、除锈设计等。

【例6-2】 某散热器沿窗中布置平面图如图6-1所示，计算其支管定额工程量。

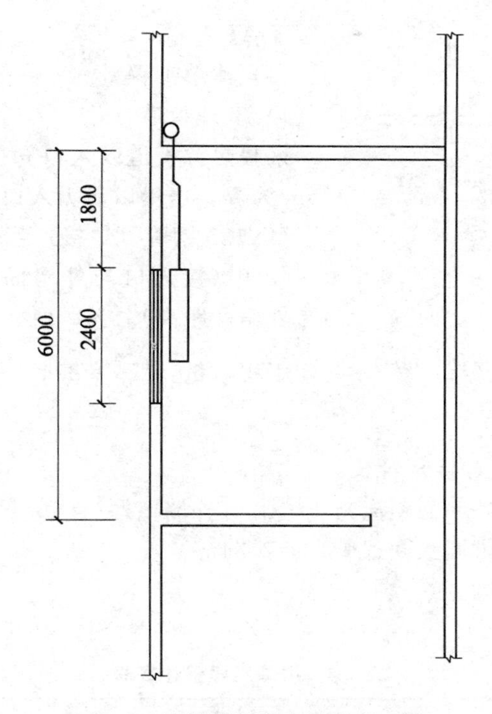

图6-1 散热器沿窗布置图（mm）

【解】

(1) 定额工程量计算

{[$\frac{60}{2}$（房间跨度的一半）+0.12（半墙厚）+0.1（立管距墙面的距离）]×5（5层）$-\frac{1}{2}$×0.06（单片散热器宽度）×60（5层总散热器片数）}×2（供水与回水两根，每层均有）+[0.12（散热器进出水口中心距外墙内墙面的距离）−0.1（立管距外墙内墙面的距离）]×2（进出水两根）×5（5层）

=28.8m

定额工程量：28.8/10=2.88（10m）

（2）套用定额

室内焊接钢管安装（螺纹连接），定额单位：10m，定额工程量：2.88

套用《全国统一安装工程预算定额（第八册）》（GYD—208—2000）8-99

基价：63.11元；其中人工费42.49元，材料费20.62元

【例6-3】 图6-2为某建筑采暖系统热力入口示意图，室外热力管井至外墙面的距离为2.0m，供回水管采用*DN*125的焊接钢管，计算该热力入口的供、回水管的工程量。

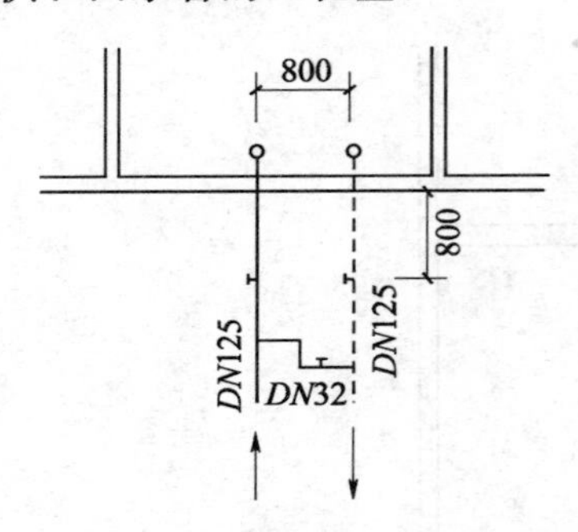

图6-2 热力入口示意图（mm）

【解】

（1）清单工程量

1）室外管道

采暖热源管道以入口阀门或建筑物外墙皮1.5m为界，这里以热力入口阀门为界。

*DN*125钢管（焊接）管长：

［2.0（接入口与外墙面距离）－0.8（阀门与外墙面距离）］×2（供、回水管）=2.4m

工程数量：$\frac{2.4}{1}=2.4$

2）室内管道

*DN*125钢管（焊接）管长：

［0.8（阀门与外墙面距离）＋0.37（外墙壁厚）＋0.1（立管距外墙内墙面的距离）］×2（供回水两根管）=2.54m

工程数量：$\frac{2.54}{1}=2.54$

表6-4 清单工程量计算表

项目编码	项目名称	项目特征描述	单位	工程量
031001002001	钢管	室外管道*DN*125	m	2.4
031001002002	钢管	室内管道*DN*125	m	2.54

（2）定额工程量

1）室外管道

工程量：2.4/10=0.24（10m）

套用《全国统一安装工程预算定额（第八册）》（GYD-208-2000）8-29

基价：91.59 元；其中人工费 34.13 元，材料费 46.72 元，机械费 10.74 元

2）室内管道

工程量：2.54/10＝0.254（10m）

套用《全国统一安装工程预算定额（第八册）》(GYD-208-2000) 8-115

基价：223.60 元；其中人工费 80.81 元，材料费 100.32 元，机械费 42.47 元

【例 6-4】 一大型会议室暖风机布置如图 6-3 所示，暖风机为小型（NC）暖风机，重量在 100kg 以内，计算其定额工程量。

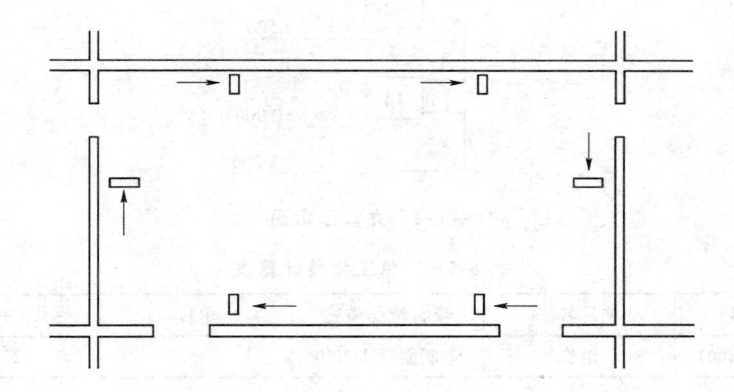

图 6-3 暖风机布置图

【解】

小型（NC）暖风机定额工程量：6 台，

套用《全国统一安装工程预算定额（第八册）》(GYD-208-2000) 8-527

基价：54.46 元；其中人工费 43.19 元，材料费 11.27 元

【例 6-5】 图 6-4 为某建筑采暖系统某立管安装示意图，立管采用 $DN20$ 焊接钢管，单管顺流式安装连接。计算立管工程量。

【解】

（1）立管长度计算 $DN20$ 焊接钢管

［14.5－（－1.200）］（标高差）＋0.2（立管中心与供水干管引入该立管处垂直距离）＋0.2（立管中心与回水干管的垂直距离）－0.5（散热器进出水中心距）×5（层数）＝13.6m

清单工程数量：13.6m

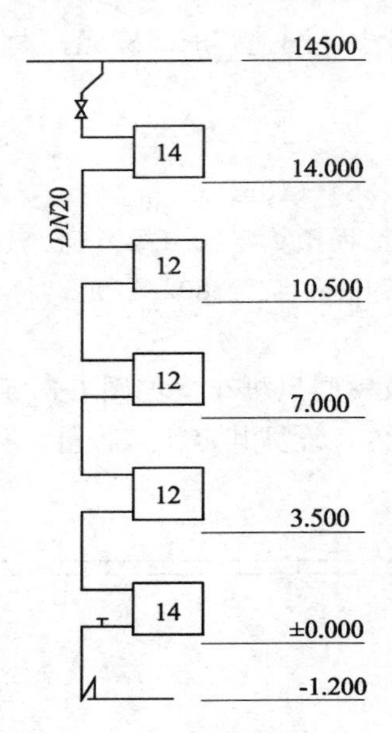

图 6-4 立管示意图

表 6-5 清单工程量计算表

项目编码	项目名称	项目特征描述	单位	工程量
031001002001	钢管	采暖立管 *DN*20	m	13.6

(2) 定额工程量

工程量：室内焊接钢管安装（螺纹连接），计量单位：10m，工程量：11.4/10＝1.14

套用《全国统一安装工程预算定额（第八册）》（GYD-208-2000）8-99

基价：63.11 元；其中人工费 42.49 元，材料费：20.62 元

【例 6-6】 图 6-5 为一采暖系统供水总立管示意图，每层距地面 1.8m 处均安装立管卡，计算立管管卡工程量。

【解】

(1) 清单工程量

工程量：6（支架个数）×1.41（单支架重量）＝8.46（kg）

清单工程量计算见表 6-6。

表 6-6 清单工程量计算表

项目编码	项目名称	项目特征描述	计量单位	工程量
031002001001	管道支架制作安装	立管支架 *DN*100	kg	8.46

（2）定额工程量

*DN*100 管道支架制作安装，计量单位：100kg

$$\text{工程量：}\frac{6\text{（支架个数）}\times 1.41\text{（单个支架重量）}}{100\text{（计量单位）}}=0.0846$$

套用《全国统一安装工程预算定额（第八册）》（GYD-208-2000）8-178

基价：654.69 元；其中人工费 235.45 元，材料费 194.98 元，机械费 224.26 元

注：立管管卡安装，层高≤5m，每层安装一个，位置距地面 1.8m，层高>5m，每层安装两个，位置匀称安装。

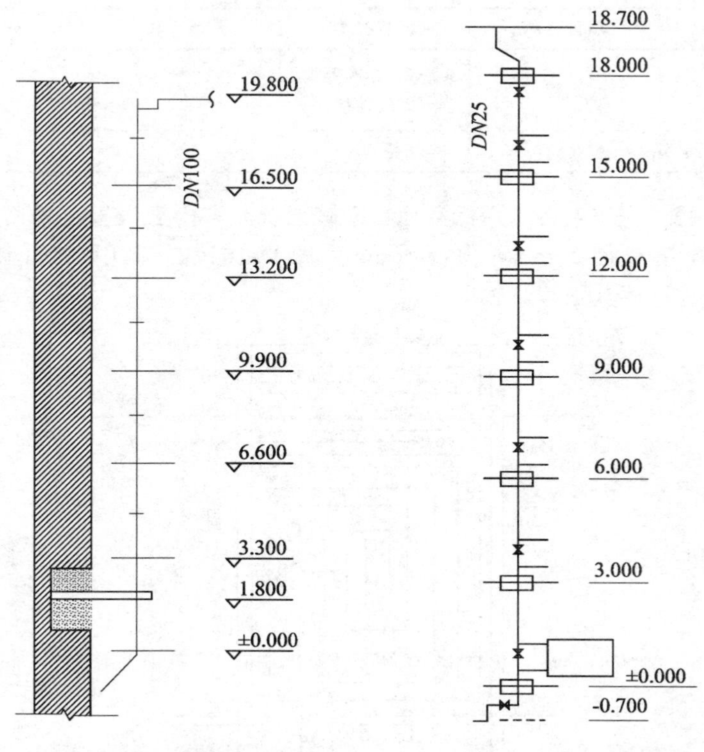

图 6-5　采暖供水总立管示意图　　　　图 6-6　立管示意图

【例 6-7】 图 6-6 为一住宅楼采暖系统的立管示意图，建筑层高 3.0m，楼板厚 320mm，底层地面厚 360mm，立管穿墙用钢套管，立管采用 *DN*25 的焊接钢管，螺纹连接，管道外刷红丹防锈漆两遍，银粉两遍，计算立管及钢套管清单工程量。

【解】

(1) 立管、$DN25$ 焊接钢管（螺纹连接）

工程量：[18.70－（－0.7）]（标高差）＋0.5×2（转弯距离）＝20.4m

管道的除锈刷油已包含在了管道的工程项目中。

(2) 钢套管：钢套管比管径大两号。

套管制作、安装已包括在了钢管的项目内容中。

(3) 阀门 $DN25$ 螺纹阀门

工程量：6（跨越管处阀门个数）＋2（进出阀门个数）＝8 个

表 6-7　清单工程量计算表

项目编码	项目名称	项目特征描述	计量单位	工程量
031001002001	钢管	$DN25$ 焊接钢管（螺纹连接）	m	20.4
031003001001	螺纹阀门	管径 $DN25$	个	8

【例 6-8】 一住宅楼采用低温地板采暖系统，室内敷设管道采用交联聚乙烯管 PE-X，管外径 20mm，内径 16mm，即 De16×2，其中一房间的敷设情况见图 6-7，计算其工程量。

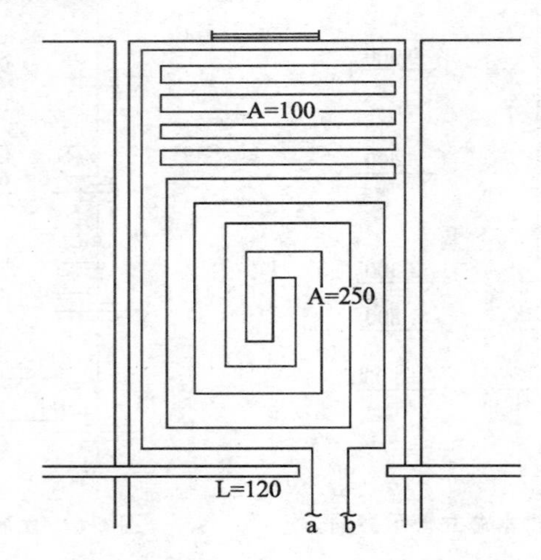

图 6-7　某房间管道布置图

说明：图中 a 接至分水器　b 接至集水器

【解】

(1) 清单工程量

工程量：$\frac{120\text{（塑料管长）}}{1\text{（计量单位）}}=120$

表 6-8 清单工程量计算表

项目编码	项目名称	项目特征描述	单位	工程量
031001006001	塑料管	室内管道(PE-X)De16×2	m	120

（2）定额工程量

塑料管（PE-X）De6×2，计量单位：10m，工程量：$\frac{120\text{（塑料管长）}}{10\text{（计量单位）}}$=12m

套用《全国统一安装工程预算定额（第六册）》（GYD-206-2000）6-273

基价：14.19元；其中人工费11.12元，材料费0.42元，机械费2.65元

【例 6-9】 一采暖系统采用钢串片（闭式）散热器采暖，某一房间的布置情况如图 6-8、图 6-9 所示，其中所连支管采用 *DN*20 的焊接钢管（螺纹连接），计算其工程量。

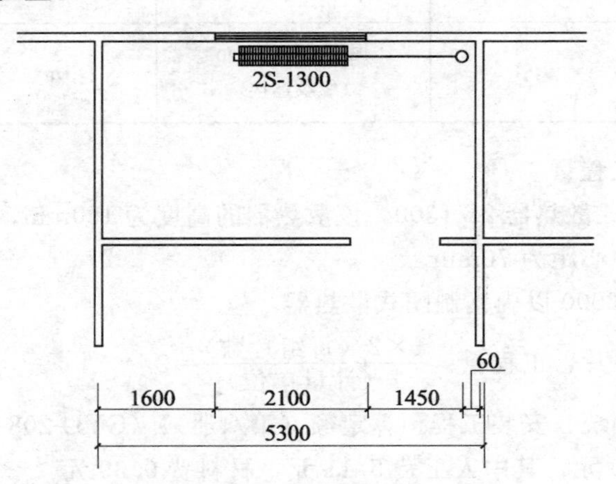

图 6-8 平面布置图

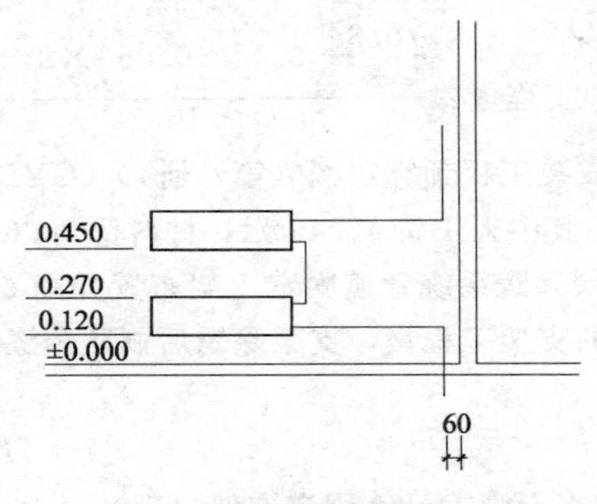

图 6-9 立管连接图

【解】

(1) 清单工程量

1) 钢制闭式散热器 2S-1300

工程量：$\frac{1\times2\text{（每组片数）}}{1\text{（计量单位）}}=2$

2) 焊接钢管 $DN20$（螺纹连接）

工程量：[$\frac{5.3}{2}$（房间长度一半）-0.12（半墙厚）-0.06（立管中心距内墙边距离）] $\times2-1.300$（钢制闭式散热器的长度）$=3.64$m

表 6-9　清单工程量计算表

项目编码	项目名称	项目特征描述	计量单位	工程量
031005002001	钢制闭式散热器	钢制闭式散热器 2S-1300	片	2
031001002001	钢管	焊接钢管 $DN20$（螺纹连接）	m	3.64

(2) 定额工程量

1) 钢制闭式散热器 2S-1300，该散热器的高度为 150mm，宽度为 80mm，同侧进出水口中心距为 70mm。

故 H200×2000 以内钢制闭式散热器

计量单位：片，工程量：$\frac{1\times2\text{（每组片数）}}{1\text{（计量单位）}}=2$

套用《全国统一安装工程预算定额（第八册）》（GYD-208-2000）8-516

基价：5.50 元；其中人工费 5.11 元，材料费 0.39 元

2) 焊接钢管 $DN20$（螺纹连接）

计量单位：10m，工程量：$\frac{\left(\frac{5.3}{2}-0.12-0.06\right)\times2-1.3}{10}=0.364$

套用《全国统一安装工程预算定额（第八册）》（GYD-208-2000）8-99

基价：63.11 元；其中人工费 42.49 元，材料费 20.62 元

【例 6-10】 某顶层采暖系统管道固定支架布置如图 6-10 所示，计算图示固定支架与滑动支架的支架工程量，支架除锈后刷防锈漆两遍，银粉两遍。

【解】

(1) 清单工程量

1) 固定支架：供水干管 $DN80$ 固定支架：1 个

供水干管 $DN70$ 固定支架：1 个

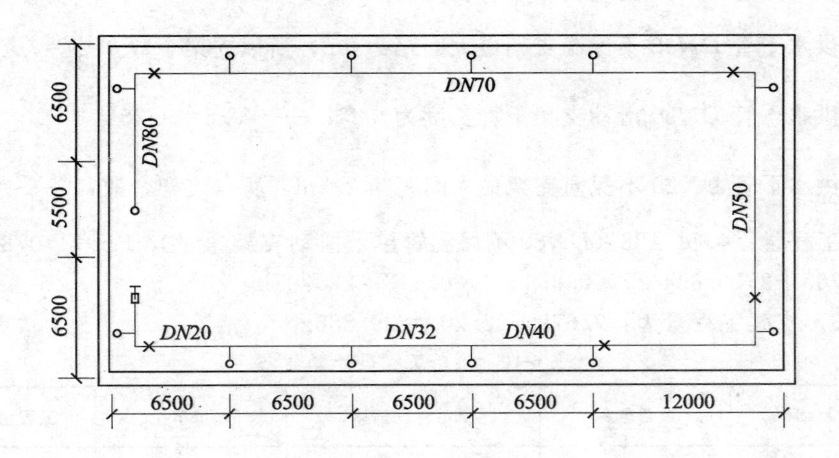

图 6-10 顶层采暖平面图

供水干管 $DN50$ 固定支架：2 个

供水干管 $DN20$ 固定支架：1 个

工 程 量：$\dfrac{1\times2.603+1\times1.905+2\times1.331+1\times0.509\text{（单个支架重量）}}{1\text{（计量单位）}}$ $=7.679\text{kg}$

2）滑动支架：

供水干管 $DN80$ 滑动支架，干管长度为：$6.5+\dfrac{5.5}{2}+6.5\times2-0.5$（横干管距墙面距离）$\times2=21.25\text{m}$

$DN80$ 干管不保温支架最大间距为 5m，所以支架个数：$\dfrac{21.25}{5}=4$

供水干管 $DN70$ 滑动支架干管长度：$6.5\times2+12.0-0.5$（横干管距墙面距离）$+0.2=24.7\text{m}$

$DN70$ 干管不保温支架最大间距为 5m，所以支架个数：$\dfrac{24.7}{5}=5$

供水干管 $DN50$ 滑动支架干管长度：$6.5\times2+5.5+12.0-0.5\times3-0.2=28.8\text{m}$

供水干管 $DN50$ 不保温支架最大间距为 4m，所以支架个数：$\dfrac{28.8}{4}=7$

供水干管 $DN40$ 滑动支架干管长度为 6.5m。

供水干管 $DN40$ 不保温支架最大间距为 3m，所以支架个数：$\dfrac{6.5}{3}=2$

供水干管 $DN32$ 滑动支架干管长度为 6.5×2＝13m

供水干管 $DN32$ 不保温支架最大间距为 3m，所以支架个数：$\frac{13}{2}=7$

供水干管 $DN20$ 滑动支架干管长度为 $6.5+\frac{6.5}{2}-0.5=9.25$m

供水干管 $DN20$ 不保温支架最大间距为 2.5m，所以支架个数：$\frac{9.25}{2.5}=4$

工程量：4×1.128（$DN80$ 不保温管单个滑动支架重量）＋5×1.078＋7×0.705＋2×0.634＋7×0.634＋4×0.416＝22.207kg

3）支架工程量为：7.679＋22.207＝29.886kg

表 6-10 清单工程量计算表

项目编码	项目名称	项目特征描述	计量单位	工程量
031002001001	管道支架制作安装	供水干管支架 $DN20$ $DN32$ $DN40$ $DN50$ $DN70$ $DN80$	kg	29.886

（2）定额工程量

管道支架制作与安装，计量单位：100kg

1）固定支架：供水干管 $DN80$ 固定支架：1 个

供水干管 $DN70$ 固定支架：1 个

供水干管 $DN50$ 固定支架：2 个

工程量：$\frac{1\times2.603+1\times1.905+2\times1.331}{100\text{（计量单位）}}=0.0717$

滑动支架：供水干管 $DN80$ 滑动支架：4 个

供水干管 $DN70$ 滑动支架：5 个

供水干管 $DN50$ 滑动支架：7 个

供水干管 $DN40$ 滑动支架：2 个

工程量：$\frac{4\times1.128+5\times1.078+7\times0.705+2\times0.634}{100\text{（计量单位）}}=0.16105$

支架工程量：0.0717＋0.16105＝0.23275

套用《全国统一安装工程预算定额（第八册）》（GYD-208-2000）8-178

基价：654.69 元；其中人工费 235.45 元，材料费 194.98 元，机械费 224.26 元

2）管道支架人工除锈，计量单位：100kg

工程量：$\frac{29.886\text{（支架总重量）}}{100\text{（计量单位）}}=0.29886$

套用《全国统一安装工程预算定额（第十一册）》（GYD-211-2000）11-7

基价：17.35 元；其中人工费 7.89 元，材料费 2.50 元，机械费 6.96 元

3）管道支架刷防锈漆第一遍，计量单位：100kg，工程量：0.29886

套用《全国统一安装工程预算定额（第十一册）》（GYD-211-2000）11-119

基价：13.11 元；其中人工费 5.34 元，材料费 0.81 元，机械费 6.96 元

4）管道支架刷防锈漆第二遍，计量单位：100kg，工程量：0.29886

套用《全国统一安装工程预算定额（第十一册）》（GYD-211-2000）11-120

基价：12.79 元；其中人工费 5.11 元，材料费 0.72 元，机械费 6.96 元

5）管道支架刷银粉漆第一遍，计量单位：100kg，工程量：0.29886

套用《全国统一安装工程预算定额（第十一册）》（GYD-211-2000）11-122

基价：16.00 元；其中人工费 5.11 元，材料费 3.93 元，机械费 6.96 元

6）管道支架刷银粉漆第二遍，计量单位：100kg，工程量：0.29886

套用《全国统一安装工程预算定额（第十一册）》（GYD-211-2000）11-123

基价：15.25 元；其中人工费 5.11 元，材料费 3.18 元，机械费 6.96 元

【例 6-11】 一 B 型光排散热器，散热长度为 2m，排管排数为五排，散热高度为 485mm，排管管径为 D57×3.5，散热器外刷红丹防锈漆两道，银粉两道，计算该其工程量。

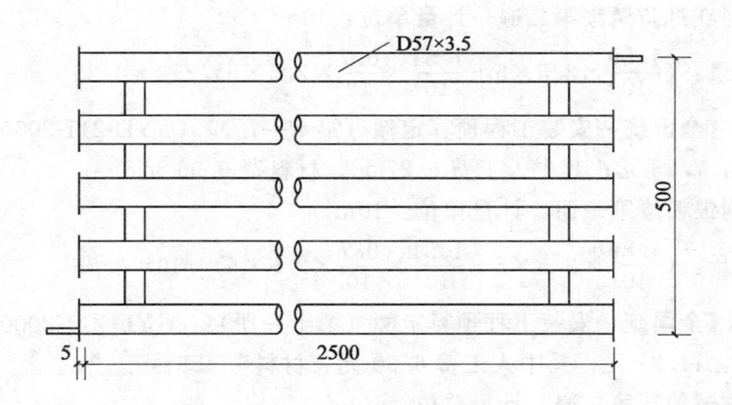

图 6-11 光排管散热器示意图

【解】

(1) 清单工程量

光排管散热器制作安装

工程量：2.5×5＝12.5m

表 6-11　清单工程量计算表

项目编码	项目名称	项目特征描述	计量单位	工程量
031005004001	光排管散热器制作安装	光排管散热器 B型 D57×3.5	m	12.5

(2) 定额工程量

光排管散热器 B 型 D57×3.5

1) 制作安装，计量单位：10m，工程量：12.5/10＝1.25

套用《全国统一安装工程预算定额（第八册）》(GYD-208-2000) 8-504

基价：110.69 元；其中人工费 42.49 元，材料费 41.49 元，机械费 26.71元

2) 刷红丹防锈漆一遍，计量单位：$10m^2$

工程量：[$\frac{1.89}{10}$（单位 D57×3.5 管长外刷油面积）×2.5×5（管长）＋$\frac{1.51}{10}$（单位 DN40 联管外刷油面积）×$\frac{0.7（单位工程量联管长度）}{10（计量单位）}$（单位 D57×3.5 管长所需联管长度）×2.5×5（管长）] /10（计量单位）＝0.25

套用《全国统一安装工程预算定额（第十一册）》(GYD-211-2000) 11-51

基价：7.34 元；其中人工费 6.27 元，材料费 1.07 元

3) 刷红丹防锈漆第二遍，计量单位：$10m^2$

工程量：($\frac{1.89}{10}$×2.5×5＋$\frac{1.51}{10}$×$\frac{0.7}{10}$×2.5×5) /10＝0.25

套用《全国统一安装工程预算定额（第十一册）》(GYD-211-2000) 11-52

基价：7.23 元；其中人工费 6.27 元，材料费 0.96 元

4) 刷银粉漆第一遍，计量单位：$10m^2$

工程量：($\frac{1.89}{10}$×2.5×5＋$\frac{1.51}{10}$×$\frac{0.7}{10}$×2.5×5) /10＝0.25

套用《全国统一安装工程预算定额（第十一册）》(GYD-211-2000) 11-56

基价：11.31 元；其中人工费 6.50 元，材料费 4.81 元

5) 刷银粉漆第二遍，计量单位：$10m^2$

工程量：($\frac{1.89}{10}$×2.5×5＋$\frac{1.51}{10}$×$\frac{0.7}{10}$×2.5×5) /10＝0.25

套用《全国统一安装工程预算定额（第十一册）》(GYD-211-2000) 11-57

基价：10.64 元；其中人工费 6.27 元，材料费 4.37 元

7 燃气工程及其他工程量计算

7.1 燃气工程定额组成

1. 室外管道安装

1）镀锌钢管（螺纹连接）。工作内容包括切管，套丝，上零件，调直，管道及管件安装，气压试验。

2）钢管（焊接）。工作内容包括切管，坡口，调直，弯管制作，对口，焊接，磨口，管道安装，气压试验。

3）承插煤气铸铁管（柔性机械接口）。工作内容包括切管，管道及管件安装，挖工作坑，接口，气压试验。

2. 室内镀锌钢管（螺纹连接）安装

工作内容包括打墙洞眼，切管，套丝，上零件，调直，栽管卡及钩钉，管道及管件安装，气压试验。

3. 附件安装

1）铸铁抽水缸（0.005MPa以内）安装（机械接口）。工作内容包括缸体外观的检查，抽水管及抽水立管的安装，抽水缸与管道的连接。

2）碳钢抽水缸（0.005MPa以内）安装。工作内容包括下料，焊接，缸体与抽水立管的组装。

3）调长器安装。工作内容包括灌沥青，焊法兰，加垫，找平，安装，紧固螺栓。

4）调长器与阀门连接。工作内容包括连接阀门，灌沥青，焊法兰，加垫，找平安装，紧固螺栓。

4. 燃气表

1）民用燃气表。工作内容包括连接接表材料，燃气表安装。

2）公商用燃气表。工作内容包括连接接表材料，燃气表安装。

3）工业用罗茨表。工作内容包括下料，法兰焊接，燃气表安装，紧固螺栓。

5. 燃气加热设备安装

1）开水炉。工作内容包括开水炉安装，通气，通水，试火，调试风门。

2）采暖炉。工作内容包括采暖炉安装，通气，试火，调风门。

3）沸水器。工作内容包括沸水器安装，通气，通水，试火，调试风门。

4）快速热水器。工作内容包括快速热水器安装，通气，通水，试火，调试风门。

6. 民用灶具

1）人工煤气灶具。工作内容包括灶具安装，通气，试火，调试风门。

2）液化石油气灶具。工作内容包括灶具安装，通气，试火，调试风门。

3）天然气灶具。工作内容包括灶具安装，通气，试火，调试风门。

7. 公用事业灶具

1）人工煤气灶具。工作内容包括灶具安装，通气，试火，调试风门。

2）液化石油气灶具。工作内容包括灶具安装，通气，试火，调试风门。

3）天然气灶具。工作内容包括灶具安装，通气，试火，调试风门。

8. 单双气嘴

工作内容包括气嘴研磨，上气嘴。

7.2 燃气工程定额工程量计算规则

7.2.1 定额说明

1）本定额包括低压镀锌钢管、铸铁管、管道附件、器具安装。

2）室内外管道分界：

① 地下引入室内的管道，以室内第一个阀门为界。

② 地上引入室内的管道，以墙外三通为界。

3）室外管道与市政管道，以两者的碰头点为界。

4）各种管道安装定额包括下列工作内容：

① 场内搬运，检查清扫，分段试压。

② 管件制作（包括机械煨弯、三通）。

③ 室内托钩角钢卡制作与安装。

5）钢管焊接安装项目适用于无缝钢管和焊接钢管。

6）编制预算时，下列项目应另行计算：

① 阀门安装，按照本定额相应项目另行计算。

② 法兰安装，按照本定额相应项目另行计算（调长器安装、调长器与阀门联装、燃气计量表安装除外）。

③ 穿墙套管，铁皮管按照本定额相应项目计算，内墙用钢套管按照本定额室外钢管焊接定额相应项目计算，外墙钢套管按照《全国统一安装工程预算定额》《工业管道工程》（GYD—206—2000）定额相应项目计算。

④ 埋地管道的土方工程及排水工程，执行相应预算定额。

⑤ 非同步施工的室内管道安装的打、堵洞眼，执行《全国统一建筑工程基础定额（土建工程）》(GJD-101-95)。

⑥ 室外管道所有带气碰头。

⑦ 燃气计量表安装，不包括表托、支架、表底基础。

⑧ 燃气加热器具只包括器具与燃气管终端阀门连接，其他执行相应定额。

⑨ 铸铁管安装，定额内未包括接头零件，可按设计数量另行计算，但人工、机械不变。

7）承插煤气铸铁管，以 N 型和 X 型接口形式编制的；如果采用 N 型和 SMJ 型接口时，其人工乘以系数 1.05；当安装 X 型、ϕ400 铸铁管接口时，每个口增加螺栓 2.06 套，人工乘以系数 1.08。

8）燃气输送压力大于 0.2MPa 时，承插煤气铸铁管安装定额中人工乘以系数 1.3。燃气输送压力的分级见表 7-1。

表 7-1 燃气输送压力（表压）分级

名称	低压燃气管道	中压燃气管道		高压燃气管道	
		B	A	B	A
压力（MPa）	$P \leqslant 0.005$	$0.005 < P \leqslant 0.2$	$0.2 < P \leqslant 0.4$	$0.4 < P \leqslant 0.8$	$0.8 < P \leqslant 1.6$

7.2.2 工程量计算规则

1）各种管道安装，均按设计管道中心线长度，以“m”为计量单位，不扣除各种管件和阀门所占长度。

2）除铸铁管以外，管道安装中已包括管件安装和管件本身价值。

3）承插铸铁管安装定额中未列出接头零件，其本身价值应按照设计用量另行计算，其余不变。

4）钢管焊接挖眼接管工作，均在定额中综合取定，不可另行计算。

5）调长器及调长器与阀门连接，包括一副法兰安装，螺栓规格和数量以压力为 0.6MPa 的法兰装配；若压力不同，可按设计要求的数量、规格进行调整，其他不变。

6）燃气表安装，按照不同规格、型号分别以“块”为计量单位，不包括表托、支架、表底垫层基础，其工程量可根据设计要求另行计算。

7）燃气加热设备、灶具等，按照不同用途规定型号，分别以“台”为计量单位。

8）气嘴安装按规格型号连接方式，分别以“个”为计量单位。

7.3 燃气工程及其他清单工程量计算规则

7.3.1 燃气器具及其他

燃气器具及其他工程量清单项目设置、项目特征描述的内容、计量单位及工程量计算规则，应按表 7-2 的规定执行。

表 7-2 燃气器具及其他（编码：031007）

项目编码	项目名称	项目特征	计量单位	工程量计算规则	工作内容
031007001	燃气开水炉	1）型号、容量 2）安装方式 3）附件型号、规格	台	按设计图示数量计算	1）安装 2）附件安装
031007002	燃气采暖炉		台	按设计图示数量计算	
031007003	燃气沸水器、消毒器	1）类型 2）型号、容量 3）安装方式 4）附件型号、规格	台	按设计图示数量计算	
031007004	燃气热水器		台	按设计图示数量计算	
031007005	燃气表	1）类型 2）型号、规格 3）连接方式 4）托架设计要求	块（台）	按设计图示数量计算	1）安装 2）托架制作、安装
031007006	燃气灶具	1）用途 2）类型 3）型号、规格 4）安装方式 5）附件型号、规格	台	按设计图示数量计算	1）安装 2）附件安装
031007007	气嘴	1）单嘴、双嘴 2）材质 3）型号、规格 4）连接形式	个	按设计图示数量计算	安装
031007008	调压器	1）类型 2）型号、规格 3）安装方式	台	按设计图示数量计算	安装
031007009	燃气抽水缸	1）材质 2）规格 3）连接形式	个	按设计图示数量计算	安装
031007010	燃气管道调长器	1）规格 2）压力等级 3）连接形式	个	按设计图示数量计算	安装

续表

项目编码	项目名称	项目特征	计量单位	工程量计算规则	工作内容
031007011	调压箱、调压装置	1）类型 2）型号、规格 3）安装部位	台	按设计图示数量计算	安装
031007012	引入口砌筑	1）砌筑形式、材质 2）保温、保护材料设计要求	处	按设计图示数量计算	1）保温（保护）台砌筑 2）填充保温（保护）材料

注：1. 沸水器、消毒器适用于容积式沸水器、自动沸水器、燃气消毒器等。

2. 燃气灶具适用于人工煤气灶具、液化石油气灶具、天然气燃气灶具等，用途应描述民用或公用，类型应描述所采用气源。

3. 调压箱、调压装置安装部位应区分室内、室外。

4. 引入口砌筑形式，应注明地上、地下。

7.3.2 医疗气体设备及附件

医疗气体设备及附件工程量清单项目设置、项目特征描述的内容、计量单位及工程量计算规则，应按表 7-3 的规定执行。

表 7-3 医疗气体设备及附件（编码：031008）

项目编码	项目名称	项目特征	计量单位	工程量计算规则	工作内容
031008001	制氧机	1）型号、规格 2）安装方式	台	按设计图示数量计算	1）安装 2）调试
031008002	液氧罐		台		
031008003	二级稳压箱		台		
031008004	气体汇流排		组		
031008005	集污罐		个		安装
031008006	刷手池	1）材质、规格 2）附件材质、规格	组	按设计图示数量计算	1）器具安装 2）附件安装
031008007	医用真空罐	1）型号、规格 2）安装方式 3）附件材质、规格	台	按设计图示数量计算	1）本体安装 2）附件安装 3）调试
031008008	气水分离器	1）规格 2）型号	台	按设计图示数量计算	安装

续表

项目编码	项目名称	项目特征	计量单位	工程量计算规则	工作内容
031008009	干燥机	1）规格 2）安装方式	台	按设计图示数量计算	1）安装 2）调试
031008010	储气罐		台		
031008011	空气过滤器		个		
031008012	集水器		台		
031008013	医疗设备带	1）材质 2）规格	m	按设计图示数量计算	
031008014	气体终端	1）名称 2）气体种类	个	按设计图示数量计算	

注：1. 气体汇流排适用于氧气、二氧化碳、氮气、笑气、氩气、压缩空气等医用气体汇流排安装。

2. 空气过滤器适用于医用气体预过滤器、精过滤器、超精过滤器等安装。

7.4 燃气工程及其他工程量计算实例

【例 7-1】 一住宅煤气系统的系统图及平面图如图 7-1、图 7-2 所示，计算煤气入户支管的工程量，系统管道均采用镀锌钢管，螺纹连接。计算其定额工程量。

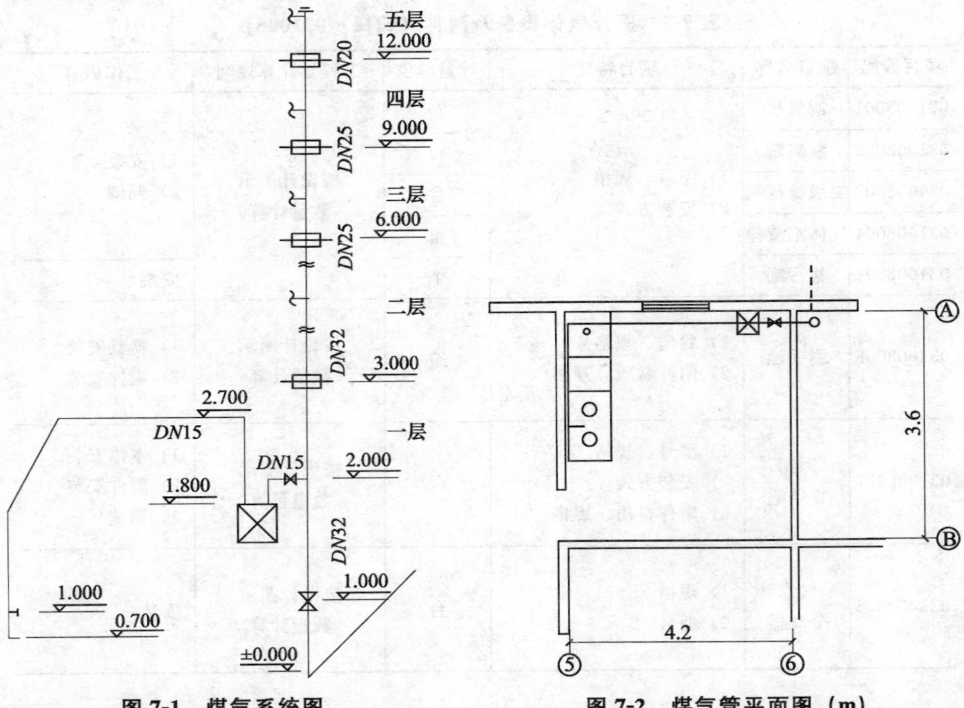

图 7-1 煤气系统图

图 7-2 煤气管平面图（m）

【解】

(1) 定额工程量计算

根据平面图和系统图，煤气入一层用户支管管长为：

[3.6（房间宽度）+4.2（房间长度）+0.24（一墙厚）+0.1（立管距内墙面距离）−0.05（转弯后煤气管道距⑤轴线墙面的距离）−0.1（煤气管道距Ⓐ轴线墙面的距离）−1.5（接入灶具处距Ⓑ轴线的距离）+（2.7−1.0）（标高差）+（2.7−2.0）（标高差）+（2.0−1.8）×2（进出燃气表立管长度）−0.15（进出燃气表立管间距）]=9.14m，则整个系统用户支线的长度为9.14×5=45.7m。

定额工程量：45.7/10=4.57（10m）

(2) 套用定额

室内镀锌钢管 *DN*15 螺纹连接，计量单位：10m，定额工程量：4.57m

套用《全国统一安装工程预算定额（第八册）》（GYD-208-2000）8-589

基价：67.94 元；其中人工费 42.89 元，材料费 20.63 元，机械费 4.42 元

【例 7-2】 某砖砌蒸锅灶如图 7-3 所示，燃烧器负荷为 45kw，嘴数为 20 孔，烟道为 160×210，煤气进入管采用 *DN*25（焊接）镀锌钢管，计算其工程量。

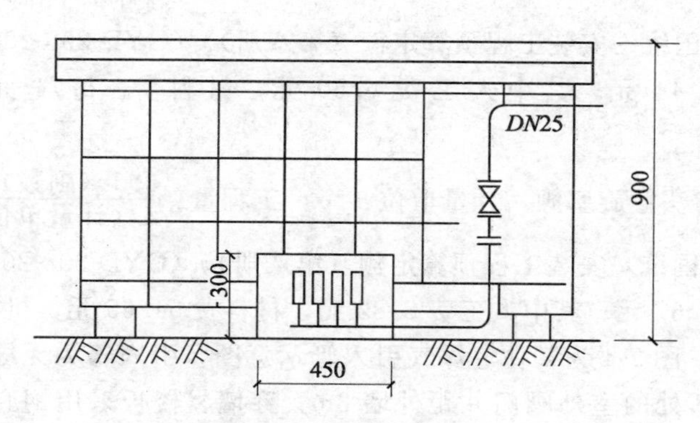

图 7-3 砖砌蒸锅灶示意图（mm）

【解】

(1) 清单工程量

1) XN15 型单嘴内螺纹气嘴

工程量：$\frac{20\text{（气嘴数）}}{1\text{（计量单位）}}=20$

2) *DN*25 焊接法兰

工程量：$\frac{1（副数）}{1（计量单位）}=1$

3）*DN*15 法兰旋塞阀

工程量：$\frac{1（个数）}{1（计量单位）}=1$

表 7-4 清单工程量计算表

项目编码	项目名称	项目特征描述	计量单位	工程量
031007007001	气嘴	XN15 型单嘴内螺纹气嘴	个	20
031003011001	焊接法兰	*DN*25	副	1
031003003001	法兰旋塞阀	*DN*15	个	1

（2）定额工程量：

1）XN15 型单嘴内螺纹气嘴，计量单位：10 个，工程量：$\frac{20（气嘴数）}{10（计量单位）}=2.0$

套用《全国统一安装工程预算定额（第八册）》（GYD-208-2000）8-680

基价：13.68 元；其中人工费 13.00 元，材料费 0.68 元

2）*DN*25 焊接法兰，计量单位：副，工程量：$\frac{1（副数）}{1（计量单位）}=1$

套用《全国统一安装工程预算定额（第八册）》（GYD-208-2000）8-189

基价：18.44 元；其中人工费 6.50 元，材料费：5.74 元，机械费：6.20 元

3）*DN*15 法兰旋塞阀，计量单位：个，工程量：$\frac{1（副数）}{1（计量单位）}=1$

套用《全国统一安装工程预算定额（第八册）》（GYD-208-2000）8-256

基价：69.67 元；其中人工费 8.82 元，材料费 54.65 元，机械费 6.20 元

【例 7-3】 图 7-4 为某住宅煤气引入管示意图，引入管为无缝钢管 D57×3.5，引入管所处的室外阀门井距外墙 3m，穿墙、楼板采用钢套管，计算引入管的定额工程量。

【解】

（1）定额工程量计算

引入管定额工程量：[3.0（引入处距外墙距离）+0.49（外墙厚）+(0.1+0.9)（室内地下管）+（0.9+0.6+0.3）（垂直管长度）+0.45（垂直管距旋塞阀距离）] /10（计量单位）=0.674（10m）

（2）套用定额

1）无缝管 D57×3.5 安装，计量单位 10m，工程量：6.74/10=0.674

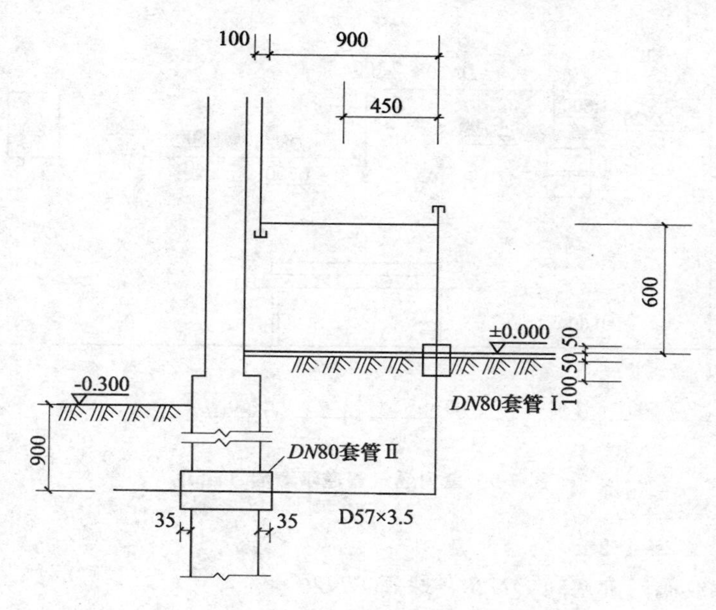

图 7-4 立管示意图

套用《全国统一安装工程预算定额（第八册）》(GYD-208-2000) 8-573

基价：26.48 元；其中人工费 18.58 元，材料费 5.14 元，机械费 2.76 元

2) $DN80$ 钢套管的安装，计量单位 10m，

工程量：

$$\frac{(0.035\times2+0.49)(\text{套管Ⅱ长度}) + (0.1+0.05+0.05)(\text{套管Ⅰ长度})}{10(\text{计量单位})}$$

$=0.076$

套用《全国统一安装工程预算定额（第八册）》(GYD-208-2000) 8-19

基价：45.88 元；其中人工费 22.06 元，材料费 22.09 元，机械费 1.73 元

【例 7-4】 图 7-5 为一室内燃气管道连接示意图，用户使用双眼灶具 JZ—2，燃气表使用 $2m^3/h$ 的单表头燃气表，快速热水器为平衡式，室内管道采用镀锌钢管 $DN20$，计算其工程量。

【解】

(1) 清单工程量

1) 镀锌钢管 $DN20$

工程量：{(0.5+1.0+1.2)(水平管长度)+[(1.8−1.7)+(2.1−1.7)+(2.1−1.3)+(1.5—1.3)](竖直管长度)}/1(计量单位)
=(2.7+1.5)/1

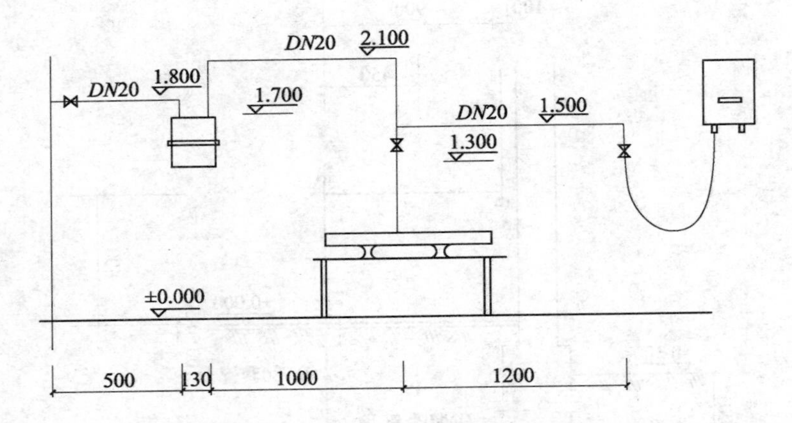

图 7-5　室内燃气管道示意图（mm）

=4.2m

2）螺纹阀门旋塞阀 $DN20$，球阀 $DN20$

旋塞阀工程量：$\frac{2}{1}=2$

球阀工程量：$\frac{1}{1}=1$

3）单表头燃气表 $2m^3/h$，工程量：1

4）燃气快速热水器直排式，工程量：$\frac{1}{1}=1$

5）气灶具：双眼灶具 JZ—2，工程量：$\frac{1}{1}=1$

表 7-5　清单工程量计算表

项目编码	项目名称	项目特征描述	计量单位	工程量
031001001001	镀锌钢管	DN20	m	4.2
031003001001	旋塞阀	DN20	个	2
031003001002	球阀	DN20	个	1
031007005001	燃气表	单表头燃气表 $2m^3/h$	块	1
031007004001	燃气快速热水器	直排式	台	1
031007006001	燃气灶具	双眼灶具 JZ—2	台	1

(2) 定额工程量

1) 镀锌钢管 *DN*20 安装，计量单位：10m，

工程量：{(0.5＋1.0＋1.2)(水平管长度)＋[(1.8－1.7)＋(2.1－1.7)＋(2.1－1.3)＋(1.5－1.3)](竖直管长度)}/10＝0.42

套用《全国统一安装工程预算定额（第八册）》（GYD—208—2000）8-590

基价：69.82 元；其中人工费 42.96 元，材料费 22.44 元，机械费 4.42 元

2) 螺纹阀门 *DN*20 安装，计量单位：个，工程量：$\frac{2（旋塞阀）+1（球阀）}{1（计量单位）}$＝3

套用《全国统一安装工程预算定额（第八册）》（GYD-208-2000）8-242

基价：5.00 元；其中人工费 2.32 元，材料费 2.68 元

3) 燃气计量表 $2m^3/h$ 单表头，计量单位：块，工程量：$\frac{1（块数）}{1（计量单位）}$＝1

套用《全国统一安装工程预算定额（第八册）》（GYD-208-2000）8-623

基价：11.85 元；其中人工费 11.61 元，材料费 0.24 元

4) 快速热水器平衡式，计量单位：台，工程量：$\frac{1（台数）}{1（计量单位）}$＝1

套用《全国统一安装工程预算定额（第八册）》（GYD-208-2000）8-645

基价：75.12 元；其中人工费 32.51 元，材料费 42.61 元

5) JZ—2 双眼灶，计量单位：台，工程量：$\frac{1（台数）}{1（计量单位）}$＝1

套用《全国统一安装工程预算定额（第八册）》（GYD-208-2000）8-648

基价：8.86 元；其中人工费 6.50 元，材料费 2.36 元

【例 7-5】 某室燃气管道一管段（见图 7-6），其中燃气管道为无缝钢管 D219×6。外刷沥青底漆三层，夹玻璃布两层以防腐，计算该管道清单工程量。

【解】

1) 燃气管道调长器 *DN*200，工程量：1

2) 焊接法兰阀 *DN*50，工程量：1

3) 法兰 *DN*200，工程量：1

4) 无缝钢管 D219×6

工程量：0.2＋0.36＋3.0＋0.36＋18.0＝21.92

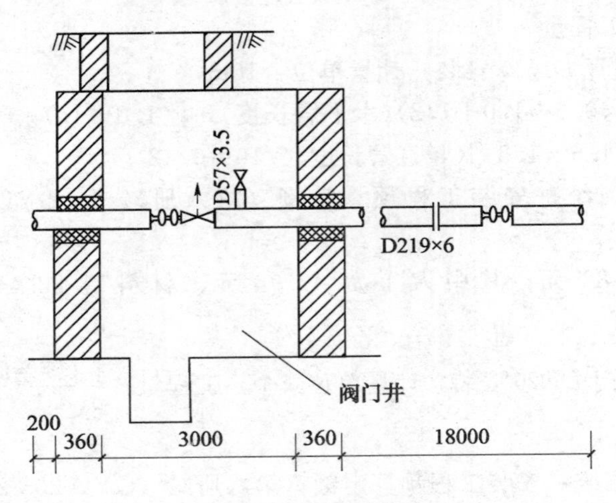

图 7-6 阀门井示意图

表 7-6 清单工程量计算表

项目编码	项目名称	项目特征描述	计量单位	工程量
031007010001	燃气管道调长器	*DN*200	个	1
031003003001	焊接法兰阀门	*DN*50	个	1
031003011001	法兰	*DN*200	副	1
031001002001	钢管	D219×6	m	21.92

【例 7-6】 某燃气立管完全敷设在外墙上，引入管为 D57×3.5 无缝钢管，燃气立管为镀锌钢管，该燃气由中压管道经调节器后供给用户，调压器设在专用箱体内，调压箱挂在外墙壁上，调压箱底部距室外地坪高 1.5m，系统简图见图 7-7，其中标高 0.700 处设清扫口，采用法兰连接，镀锌钢管外刷防锈漆两道，银粉漆两道，计算其工程量。

【解】

(1) 清单工程量

1) *DN*50 煤气调压器安装，工程量：1

2) *DN*50 法兰焊接连接，工程量：1

3) *DN*50 镀锌钢管

$$\text{工程量：}\frac{10.000-2.000\text{（标高差）}}{1\text{（计量单位）}}=8$$

4) *DN*40 镀锌钢管

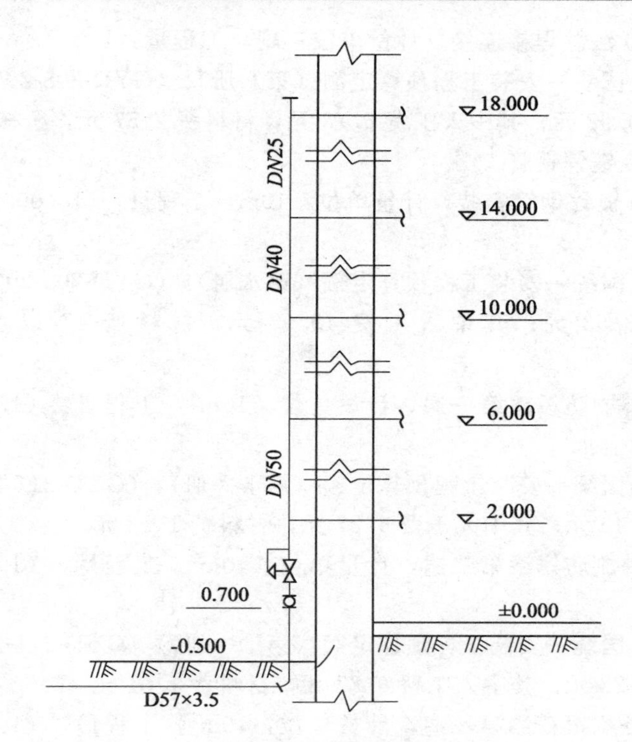

图 7-7 煤气系统图

工程量：$\frac{14.000-10.000\text{（标高差）}}{1\text{（计量单位）}}=4$

5）*DN*25 镀锌钢管

工程量：$\frac{18.000-14.000\text{（标高差）}+0.2}{1\text{（计量单位）}}=4.2$

表 7-7 清单工程量计算表

项目编码	项目名称	项目特征描述	计量单位	工程量
031007008001	煤气调压器	*DN*50	个	1
031003011001	焊接法兰	*DN*50	副	1
031001001001	镀锌钢管	*DN*50	m	8
031001001002	镀锌钢管	*DN*40	m	4
031001001003	镀锌钢管	*DN*25	m	4.2

(2) 定额工程量

1）*DN*50 煤气调压器安装，计量单位：个，工程量：1

2）*DN*50 法兰焊接连接，计量单位：副，工程量：1

套用《全国统一安装工程预算定额（第八册）》（GYD-208-2000）8-191

基价：20.98 元；其中人工费 6.73 元，材料费 7.57 元，机械费 6.68 元

3）*DN*50 镀锌钢管

① *DN*50 镀锌钢管安装，计量单位：10m，工程量：(10.000-2.000）/10＝0.8

套用《全国统一安装工程预算定额（第八册）》（GYD-208-2000）8-567

基价：73.53 元；其中人工费 19.97 元，材料费 47.17 元，机械费 6.39 元

② 钢管外刷防锈漆第一遍，计量单位：$10m^2$，工程量：（1.89×0.8）/10＝0.1512

套用《全国统一安装工程预算定额（第十一册）》（GYD-211-2000）11-53

基价：7.40 元；其中人工费 6.27 元，材料费 1.13 元

③ 钢管外刷防锈漆第二遍，计量单位：$10m^2$，工程量：（1.89×0.8）/10＝0.1512

套用《全国统一安装工程预算定额（第十一册）》（GYD-211-2000）11-54

基价：7.28 元；其中人工费 6.27 元，材料费 1.01 元

④ 钢管外刷银粉漆第一遍，计量单位：$10m^2$，工程量：（1.89×0.8）/10＝0.1512

套用《全国统一安装工程预算定额（第十一册）》（GYD-211-2000）11-56

基价：11.31 元；其中人工费 6.50 元，材料费 4.81 元

⑤ 钢管外刷银粉漆第二遍，计量单位：$10m^2$，工程量：（1.89×0.8）/10＝0.1512

套用《全国统一安装工程预算定额（第十一册）》（GYD-211-2000）11-57

基价：10.64 元；其中人工费 6.27 元，材料费 4.37 元

4）*DN*40 镀锌钢管

① *DN*40 镀锌钢管安装，计量单位：10m，工程量：（14.000-10.000）/10＝0.4

套用《全国统一安装工程预算定额（第八册）》（GYD-208-2000）8-566

基价：56.22 元；其中人工费 18.58 元，材料费 32.59 元，机械费 5.05 元

② 钢管外刷防锈漆第一遍，计量单位：$10m^2$，工程量：（1.51×0.4）/10＝0.0604

套用《全国统一安装工程预算定额（第十一册）》（GYD-211-2000）11-53

基价：7.40 元；其中人工费 6.27 元，材料费 1.13 元

③ 钢管外刷防锈漆第二遍，计量单位：$10m^2$，工程量：（1.51×0.4）/10＝0.0604

套用《全国统一安装工程预算定额（第十一册）》（GYD-211-2000）11-54

基价：7.28 元；其中人工费 6.27 元，材料费 1.01 元

④ 钢管外刷银粉漆第一遍，计量单位：$10m^2$，工程量：（1.51×0.4）/10＝0.0604

套用《全国统一安装工程预算定额（第十一册）》（GYD-211-2000）11-56

基价：11.31 元；其中人工费 6.50 元，材料费 4.81 元

⑤ 钢管外刷银粉漆第二遍，计量单位：$10m^2$，工程量：（1.51×0.4）/10＝0.0604

套用《全国统一安装工程预算定额（第十一册）》（GYD-211-2000）11-57

基价：10.64 元；其中人工费 6.27 元，材料费 4.37 元

5）*DN*25 镀锌钢管

① *DN*25 镀锌钢管安装，计量单位：10m，

工程量：（18.000-14.000＋0.2）/10＝0.42

套用《全国统一安装工程预算定额（第八册）》（GYD-208-2000）8-564

基价：42.56 元；其中人工费 15.79 元，材料费 22.48 元，机械费 4.29 元

② 钢管外刷防锈漆第一遍，计量单位：$10m^2$，

工程量：（1.05×0.42）/10＝0.0441

套用《全国统一安装工程预算定额（第十一册）》（GYD-211-2000）11-53

基价：7.40 元；其中人工费 6.27 元，材料费 1.13 元

③ 钢管外刷防锈漆第二遍，计量单位：$10m^2$，

工程量：（1.05×0.42）/10＝0.0441

套用《全国统一安装工程预算定额（第十一册）》（GYD-211-2000）11-54

基价：7.28 元；其中人工费 6.27 元，材料费 1.01 元

④ 钢管外刷银粉漆第一遍，计量单位：$10m^2$，

工程量：（1.05×0.42）/10＝0.0441

套用《全国统一安装工程预算定额（第十一册）》（GYD-211-2000）11-56

基价：11.31 元；其中人工费 6.50 元，材料费 4.81 元

⑤ 钢管外刷银粉漆第二遍，计量单位：$10m^2$，

工程量：（1.05×0.42）/10＝0.0441

套用《全国统一安装工程预算定额（第十一册）》（GYD-211-2000）11-57

基价：10.64 元；其中人工费 6.27 元，材料费 4.37 元

8 水暖工程施工图预算的编制

8.1 施工图预算的编制与实例

8.1.1 施工图预算的概念与作用

施工图预算是在设计的施工图完成以后，以施工图为依据，按照预算定额、费用标准以及工程所在地区的人工、材料、施工机械设备台班的预算价格编制的，是确定建筑工程、安装工程预算造价的文件。作用如下：

1）落实和调整年度基建计划的依据。施工图预算比设计概算所确定的安装工程造价更详细、具体、准确。

2）实行招标、投标的依据。施工图预算是建设单位在实行工程招标编制标底的依据，是施工企业投标、编制投标文件、确定工程报价的依据。

3）甲乙双方签订工程承包合同、确定承包价款的依据。建设单位和施工单位是以施工图预算为基础，签订工程承包的经济合同，明确甲、乙双方的工程经济责任。

4）办理财务拨款、工程贷款、工程结算的依据。建设银行根据施工图预算办理工程的拨款和贷款，并监督甲、乙双方按工期和工程进度办理结算。工程竣工后，按施工图和实际工程变更记录及签证。

8.1.2 施工图预算的编制依据

1）施工图及说明书和标准图集是编制施工图预算的重要依据。

2）现行预算定额和单位估价表是编制施工图预算确定分项工程子目、计算工程量、选用单位估价表、计算综合基价合计的主要依据。

3）施工组织设计或施工方案包括了与编制施工图预算必不可少的有关资料，也是编制施工图预算的重要依据。

4）材料、人工、机械台班预算价格及调价规定，合理确定材料、人工、机械台班预算价格及其调价规定是编制施工图预算的重要依据。

5）建筑安装工程费用定额指各省、市、自治区和各专业部门规定的费用定额及计算程序，是编制施工图预算的重要依据。

6）预算员工作手册及相关工具书是编制施工图预算必不可少的依据。

8.1.3 施工图预算的编制方法

1. 单价法

该方法首先是根据单位工程施工图计算出各分部分项工程的工程量，然后从预算定额或单位估价表中查出各分项工程相应的定额单价（该定额单价即单位分项工程的人工费、材料费和施工机械使用费三者之和），并且将各分项工程量与其相应的定额单价相乘，其乘积就是各分项工程的直接工程费。再累计各分项工程的直接工程费，即得出该工程的定额直接工程费；然后根据各地区规定、费用定额和各项取费标准（取费率），计算出措施费、间接费、利润、税金和其他费用等；最后汇总各项费用即得到单位工程施工图预算造价。

单价法既简化编制工作，又便于进行技术经济分析。但在市场价格波动较大的情况下，该法计算的造价可能会偏离实际市场价格，造成误差。因此，有时候需要根据工程造价管理法规进行价差调整。

2. 综合单价法

该方法也是根据单位工程施工图计算出各分部分项工程的工程量，然后将各分项工程量与其相应的单价相乘，但该单价为全费用单价。全费用单价经综合计算后生成，其内容包括直接工程费、间接费、利润和税金（措施费也可按此方法生成全费用价格）。分项工程量乘以综合单价的合价实际就是该分部分项工程的预算造价。各分项工程量乘以综合单价的合价汇总后，生成工程发承包价。该工程发承包价相当于施工图预算造价。

3. 实物法

该方法首先根据单位工程施工图计算出各分部分项工程的工程量；然后从预算定额中查出各相应分项工程所需的人工、材料和机械台班定额耗用量，再分别将各分项工程的工程量与其相应的定额人工、材料和机械台班耗用量相乘，累计其积并加以汇总，就得出该单位工程全部的人工、材料和机械台班的总耗用量；再将所得的人工、材料和机械台班总耗用量，各自分别乘以当时当地的工资单价，材料预算价格和机械台班单价，其积的总和就是该单位工程的直接工程费；再根据地区有关规定、费用定额和取费标准，计算出措施费、间接费、利润、税金和其他费用；最后汇总各项费用即得出单位工程施工图预算造价。

实物法适合于工料因时因地不同而发生价格变动的情况下，与市场价格相吻合的需要。

8.1.4 施工图预算的编制实例

1. 工程概况

图 8-1～图 8-3 是一公司办公楼采暖安装工程的系统图和平面图。该办公

楼采用的是热水采暖系统。

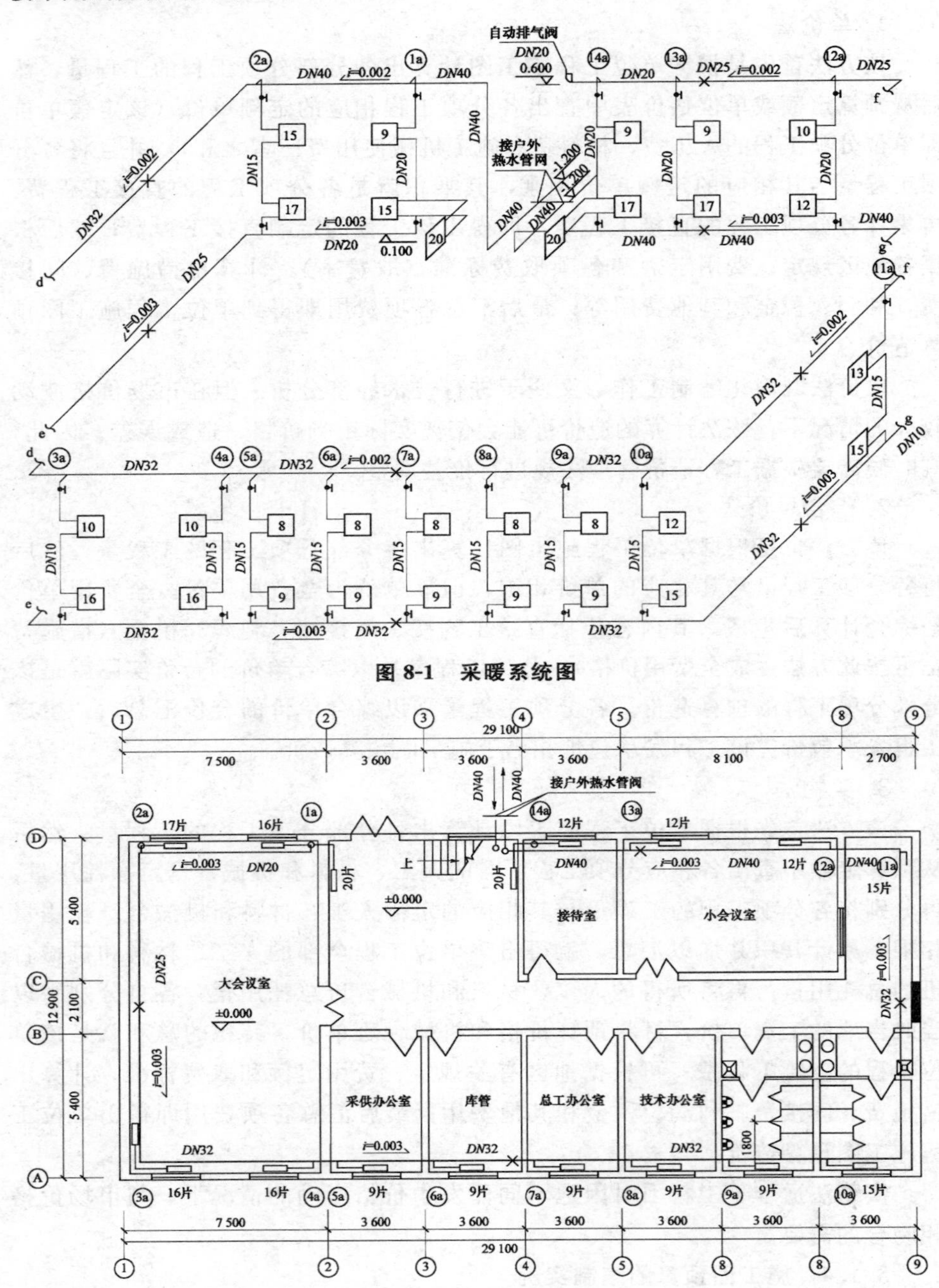

图 8-1　采暖系统图

图 8-2　一层采暖平面图

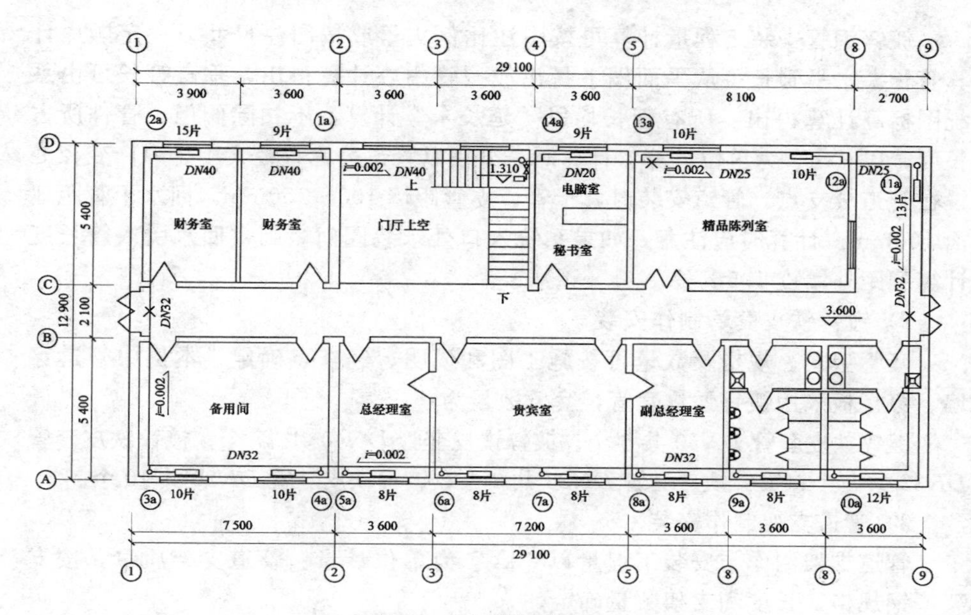

图 8-3　二层采暖平面图

2. 预算编制

(1) 阅读施工图与施工说明 该工程是热水采暖，设计图中实线表示供水管道，虚线表示回水管道，管道的规格型号用文字在线旁标注，散热器在图中用图例符号表示，并且标出每组散热器的片数。

由图 8-2 与图 8-3 可知，该采暖工程为单管上供下回顺流式系统，入户主管上未装阀门，各立管上均设截止阀，选用四柱 813 型铸铁散热器，管材均为镀锌钢管，采用螺纹连接。

(2) 熟悉预算定额，划分和排列分项工程项目 分项工程项目应按所用定额划分和排列。划分和排列的分项工程项目为：

1) 镀锌钢管安装。

2) 管道穿墙、穿楼板镀锌铁皮套管制作安装。

3) 管道支架制作安装。

4) 管道冲洗。

5) 阀门安装。

6) 散热器组对安装。

7) 管道支架除锈和刷油。

8) 散热器除锈和刷油。

(3) 工程量计算

1) 镀锌钢管安装

镀锌钢管安装工程量计算可按图注比例丈量或按图注尺寸以一定顺序计算管长。水平管长可从平面图上量出或按管中心计算得出，垂直管长可由系统图标高计算得出。所有管长均以“延长米”计算，不扣除阀门、管件所占长度，以“m”为单位计算。计算时，分别以管道公称直径大小排列，变径处设在管道分支点。管道安装时，干管、立管距墙 100～150mm，回水干管距地面 100mm。计算时应注意，如果系统入口处未装阀门，则供回水引入管长度计算到距外墙皮 1.5m 处。

2）镀锌铁皮套管制作安装

套管型式、规格及数量可按施工图和说明，经查点确定，本例中管道穿墙、穿楼板采用镀锌铁皮套管，套管数量为：

镀锌铁皮套管 *DN*50 共 6 个；镀锌铁皮套管 *DN*40 共 17 个；镀锌铁皮套管 *DN*32 共 2 个；镀锌铁皮套管 *DN*25 共 8 个；镀锌铁皮套管 *DN*20 共 10 个。

3）管道支架制作安装

管道支架制作与安装工程量以“kg”为单位计量。管道支架质量，按支架型钢规格、长度和支架数量确定。

支架数量的确定：固定支架的安装位置由设计人员在施工图中予以确定，数量为 8 个。活动支架的安装位置一般设计不予确定，须按照施工及验收规范的规定具体定位，该例中数量是 4 个。

支架采用角钢∟ 30×3，其质量为：

$$0.6\times1.373\times12=9.886\text{kg}$$

4）管道冲洗

管道冲洗以“m”为计算单位，本例中镀锌钢管长度 *DN*50 以内管道，总长度为 278.29m。

5）阀门安装

采暖系统中所用阀门可根据施工图，按其型号、规格及数量以“个”为计量单位清点，本例阀门安装工程量为：

螺纹闸板阀 Z15T—10，*DN*20，1 个；螺纹截止阀 J11T—10，*DN*20，8 个；螺纹截止阀 J11T—10，*DN*15 共 20 个；自动排气阀 WGZP—*DN*20，1 个。

6）散热器组对安装

采暖工程所用散热器可按施工图规定的型号，以一定的顺序经过盘点来确定其数量。本例中散热器为四柱 813 型铸铁散热器，以“片”为计算单位，数量 354 片。

7）管道支架除锈、刷油

① 管道支架除锈。管道支架除锈工程量 9.886kg。

② 管道支架刷油。支架刷防锈漆。全部支架刷防锈漆两道，其工程量与

除锈相同，为 9.886kg。

8）散热器除锈、刷油

铸铁散热器采用动力工具除轻锈，计量单位为“m^2”。散热器刷油按不同油漆涂料种类和遍数，计量单位为“m^2”。本例采用四柱 813 型铸铁散热器，每片散热器表面积（按散热面积计算）为 0.28m^2，数量 354 片，则散热器除锈、刷油面积为：

$$0.28\times354=99.12m^2$$

该公司办公楼采暖安装工程施工图预算工程量计算结果汇总见表 8-1。

表 8-1　工程量汇总表

编号	分项工程名称	单位	计算公式	工程量
1	室内镀锌钢管（螺纹连接）安装 *DN*15	m	立管长度：10×（6.6－0.1－2×0.7） 支管长度：2×0.6×20	75.000
2	室内镀锌钢管（螺纹连接）安装 *DN*20		供水干管长度：3.6＋0.15＋0.1 供水立支管长度：4×（6.6－0.1－2×0.7）＋2×0.6×8＋0.9×2 回水管长度：7.5－2×0.15	42.850
3	室内镀锌钢管（螺纹连接）安装 *DN*25		供水管长度：10.8－2×0.15 回水管长度：12.9－2×0.15	23.100
4	室内镀锌钢管（螺纹连接）安装 *DN*32		供水管长度：12.9＋29.1＋12.9－6×0.15 回水管长度：29.1＋12.9－4×0.15	95.400
5	室内镀锌钢管（螺纹连接）安装 *DN*40		供水引入管、供水立管、回水引出管 1.5＋0.37＋6.6＋1.2＋0.15＋14.7－2×0.15＋14.4＋1.2＋0.1＋0.15＋1.5＋0.37	41.940
6	镀锌铁皮套管制作 *DN*25	个	—	10.000
7	镀锌铁皮套管制作 *DN*32	个	—	8.000
8	镀锌铁皮套管制作 *DN*40		—	2.000
9	镀锌铁皮套管制作 *DN*50		—	17.000
10	镀锌铁皮套管制作 *DN*65		—	6.000
11	一般管道支架制作安装	100kg	—	0.099
12	管道冲洗	100m	—	2.783

续表

编号	分项工程名称	单位	计算公式	工程量
13	螺纹截止阀 J11T—10 *DN*15	个	见系统图	20.000
14	螺纹截止阀 J11T—10 *DN*20			8.000
15	螺纹闸板阀 Z15T—10 *DN*20			1.000
16	自动排气阀 WGZP *DN*20			1.000
17	散热器组对与安装	10 片	四柱 813 型铸铁散热器	35.400
18	管道支架除锈（轻锈）	100kg	—	0.099
19	散热器除锈（轻锈）	$10m^2$	0.28×35.4	9.912
20	散热器刷银粉漆第一遍		—	9.912
21	散热器刷银粉漆第二遍		—	9.912
22	管道支架刷红丹防锈漆第一遍	100kg	—	0.099
23	管道支架刷红丹防锈漆第二遍		—	0.099
24	管道支架刷银粉漆第一遍		—	0.099
25	管道支架刷银粉漆第二遍		—	0.099

（4）编制施工图预算表 施工图预算表，见表 8-2、表 8-3。

表 8-2 采暖安装工程施工图预算表（主材费除外）

工程名称：某公司办公楼采暖安装工程

定额编号	定额名称	工程量		基价/元				合价	
		单位	数量	单价	人工费	材料费	机械费	基价	人工费
8—788	室内镀锌钢管（螺纹连接）安装 *DN*15	10m	7.500	68.54	42.48	20.90	5.16	514.05	318.60
8—789	室内镀锌钢管（螺纹连接）安装 *DN*20		4.285	69.95	42.55	22.24	5.16	299.74	182.33
8—790	室内镀锌钢管（螺纹连接）安装 *DN*25		2.310	79.22	50.49	25.68	3.05	183.00	116.63
8—791	室内镀锌钢管（螺纹连接）安装 *DN*32		9.540	88.78	50.60	34.52	3.66	846.96	482.72
8—792	室内镀锌钢管（螺纹连接）安装 *DN*40		4.194	109.14	63.25	41.03	4.86	457.73	265.27

续表

定额编号	定额名称	工程量		基价/元				合价	
		单位	数量	单价	人工费	材料费	机械费	基价	人工费
8－232	镀锌铁皮套管制作 *DN*25	个	10.000	1.41	0.69	0.72	0.00	14.10	6.90
8－233	镀锌铁皮套管制作 *DN*32	个	8.000	2.46	1.38	1.08	0.00	19.68	11.04
8－234	镀锌铁皮套管制作 *DN*40	个	2.000	2.46	1.38	1.08	0.00	4.92	2.76
8－235	镀锌铁皮套管制作 *DN*50	个	17.000	2.46	1.38	1.08	0.00	41.82	23.46
8－236	镀锌铁皮套管制作 *DN*65	个	6.000	3.70	2.07	1.63	0.00	22.20	12.42
8－253	一般管道支架制作安装	100kg	0.099	709.35	132.25	202.95	374.15	70.13	13.07
8－305	管道冲洗	100m	2.783	27.04	11.96	15.08	0.00	75.25	33.28
8－311	螺纹截止阀 J11T－10 *DN*15	个	20.000	4.44	2.30	2.14	0.00	88.80	46.00
8－312	螺纹截止阀 J11T－10 *DN*20	个	8.000	6.08	2.76	3.32	0.00	48.64	22.08
8－313	螺纹闸板阀 Z15T－10 *DN*20	个	1.000	6.08	2.76	3.32	0.00	6.08	2.76
8－370	自动排气阀 WGZP *DN*20	个	1.000	10.67	5.06	5.61	0.00	10.67	5.06
8－491	四柱 813 型铸铁散热器	10 片	35.400	87.73	9.61	78.12	0	3105.64	340.19
采暖安装工程基价合计									
11－7	管道支架除锈（轻锈）	100kg	0.099	17.49	7.82	1.42	8.25	1.73	0.77
11－16	散热器除锈（轻锈）	10m^2	9.912	12.15	10.12	2.03	0.00	120.43	100.31
11－196	散热器刷银粉漆第一遍	10m^2	9.912	12.86	7.82	5.04	0	127.47	77.51
11－197	散热器刷银粉漆第二遍	10m^2	9.912	12.04	7.59	4.45	0	119.34	75.23
11－113	管道支架刷红丹防锈漆第一遍	100kg	0.099	14.50	5.29	0.96	8.25	1.43	0.52
11－114	管道支架刷红丹防锈漆第二遍	100kg	0.099	14.14	5.06	0.83	8.25	1.40	0.50
11－118	管道支架刷银粉漆第一遍	100kg	0.099	16.89	5.06	3.58	8.25	1.67	0.50
11－119	管道支架刷银粉漆第二遍	100kg	0.099	16.25	5.06	2.94	8.25	1.61	0.50
刷油工程基价合计								375.08	255.85
8－附加费	脚手架搭拆费	元	1.000	94.23	23.56			94.23	23.56
8－附加费	系统调试费	元	1.000	282.69	56.54			282.69	56.54
11－附加费	脚手架搭拆费（刷油工程）	元	1.000	20.47	5.12			20.47	5.12
合计								6581.87	2225.65

表 8-3 采暖安装工程施工图预算表（主材费）

工程名称：某公司办公楼采暖安装工程

序号	主材名称	单位	数量	单价/元	合计/元
1	镀锌钢管 *DN*15	m	76.500	7.90	604.35
2	镀锌钢管 *DN*20		43.707	9.70	423.96
3	镀锌钢管 *DN*25		23.562	14.00	329.87
4	镀锌钢管 *DN*32		97.308	18.00	1751.54
5	镀锌钢管 *DN*40		42.779	22.00	941.13
6	角钢	kg	10.395	.3.65	37.94
7	螺纹截止阀 *DN*15	片	20.200	17.00	343.40
8	螺纹截止阀 *DN*20		8.080	20.00	161.60
9	螺纹闸板阀 *DN*20		1.010	20.00	20.20
10	自动排气阀 *DN*20		1.010	38.00	38.38
11	四柱 813 型铸铁散热器		357.540	21.00	7508.34
12	酚醛清漆各色	kg	4.460	10.4	46.39
13	酚醛清漆各色		4.064	10.4	42.26
14	醇酸防锈漆 G53－1		0.115	9.20	1.06
15	醇酸防锈漆 G53－1		0.094	9.20	0.87
16	酚醛清漆各色		0.025	10.40	0.26
17	酚醛清漆各色		0.023	10.40	0.24
18	主材费总计				12251.78

（5）计算安装工程费用，汇总单位工程预算造价 编制的安装工程取费计算表，见表 8-4。

表 8-4 安装工程取费计算表

工程名称：某公司办公楼采暖安装工程

序号	费用项目	计算方法	计费基数	费率	金额/元
1	工程直接、措施性成本	基价合计＋附加费合计			6581.87
2	人工费合计	基价人工费合计＋ 附加费人工费合计			2225.65
3	主材费				12251.78
4	现场管理费	（2）×费率	2225.65	14%	311.59
5	企业管理费	（2）×费率	2225.65	22%	489.64
6	财务费用	（2）×费率	2225.65	4%	89.0

续表

序号	费用项目		计算方法	计费基数	费率	金额/元
7	社会劳保	职工养老失业保费	(2) ×费率	2225.65	10%	222.57
8	社会劳保	职工基本医疗保费	(2) ×费率	2225.65	3%	66.77
9	利润		(2) ×费率	2225.65	20%	445.13
10	造价调整		按合同确认的方式、方法计算			0.00
11	费率小计		(4)+(5)+(6)+(7)+(8)+(9)+(10)			1624.72
12	规费		[(1)+(3)+(11)]×费率	20458.39	0.22%	45.01
13	税金		[(1)+(3)+(11)+(12)]×费率	20503.4	3.43%	703.27
14	工程造价		(1)+(3)+(11)+(12)+(13)			21206.67

1）确定综合基价

从施工图预算表中累计得出：

综合基价＝∑(采暖工程基价)＋∑(刷油工程基价)＝5809.41＋375.08
＝6184.49 元

其中　人工费＝采暖工程人工费合计＋刷油工程人工费合计＝1884.58＋255.85＝2140.43 元

采暖工程脚手架搭拆费＝（采暖工程人工费合计）×5%＝188458×5%＝94.23 元

其中　人工费＝（脚手架搭拆费）×25%＝94.23×25%＝23.56 元

刷油工程脚手架搭拆费＝（刷油工程人工费合计）×8%＝255.85×8%＝20.47 元

其中　人工费＝（脚手架搭拆费）×25%＝20.47×25%＝5.12 元

采暖工程系统调整费＝（采暖工程人工费合计）×15%＝1884.58×15%＝282.69 元

其中　人工费＝（系统调整费）×20%＝282.69×20%＝56.54 元

工程直接、措施性成本＝综合基价＋采暖工程脚手架搭拆费＋刷油工程脚手架搭拆费＋系统调整费＝6184.49＋94.23＋20.47＋282.69＝6581.87 元

其中　人工费合计＝2140.43＋23.56＋5.12＋56.54＝2225.65 元

2）确定未计价材料费用（主材费用）

从施工图预算表中累计得出主材费用为 12251.78 元

3）确定施工经营性费用

① 现场管理费即为组织施工生产和管理所需费用。

现场管理费＝人工费合计×14％＝2225.65×14％＝311.59 元

② 企业管理费即工程承包商为组织施工生产经营活动所发生的管理费用。

企业管理费＝人工费合计×22％＝2225.65×22％＝489.64 元

③ 财务费用即工程承包商为筹集资金而发生的各项费用，包括承包商经营期间发生的短期贷款利息净支出、汇兑净损失、调剂外汇手续费、金融机构手续费，以及承包商筹集资金发生的其他财务费用。

财务费用＝人工费合计×4％＝2225.65×4％＝89.03 元

④ 社会劳动保险费即承包商按规定比例支付给社会劳动保险管理部门的在职职工养老、失业保险、基本医疗保险基金的费用。

职工养老失业保险费＝人工费合计×10％＝2225.65×10％＝222.57 元

职工基本医疗保险费＝人工费合计×3％＝2225.65×3％＝66.77 元

社会劳动保险费＝职工养老失业保险费＋职工基本医疗保险费

＝222.57＋66.77＝289.34 元

4）确定利润

利润是施工企业完成所承包工程而合理收取的酬金，是工程价格的组成部分。本费率按工程类别实行差别利润率。

利润＝人工费合计×20％＝2225.65×20％＝445.13 元

5）确定人、材、机差价费用

本系统未调价，此项费用为 0。

6）确定规费

规费即国家和省级以上政府管理部门规定必须缴纳的费用。包括定额测定管理费、河道工程修建维护管理费等。

其他间接性成本＝现场管理费＋企业管理费＋财务费用＋社会劳动保险费

＝311.59＋489.64＋89.03＋289.34＝1179.6 元

工程成本＝直接、措施性成本＋其他间接性成本＋主材费＋造价调整

＝6581.87＋1179.6＋12251.78＋0＝20013.25 元

规费＝(工程成本＋利润)×0.22％＝(20013.25＋445.13)×0.22％

＝45.01 元

7）确定税金

税金是指国家税法规定的应计入建筑工程造价内的营业税、城市建设维

护税及教育费附加。

税金＝（工程成本＋利润＋规费）×3.43％

＝（20013.25＋445.13＋45.01）×3.43％＝703.27元

8）确定工程造价

工程造价＝工程成本＋利润＋规费＋税金

＝20013.25＋445.13＋45.01＋703.27＝21206.66元

（6）编制预算文件

1）施工图预算书封面

① 建设单位：某公司。

② 工程名称：某公司办公楼采暖安装工程。

③ 施工单位：某施工单位。

④ 工程造价：21206.67元。

⑤ 编制人、审核人、日期。

2）编制施工图预算说明书

① 工程名称：某公司办公楼采暖安装工程。

② 工程概况：略。

3）施工图预算表

施工图预算表一般应写明各分部分项工程的名称套用预算定额的编号、工程量、计量单位、预算单价、合价及其中的人工费等，见表8-2。安装工程费用总表见表8-4。

4）汇总工程造价

该工程造价为21206.67元。

本例中未作工料分析。

将上述内容按封面、编织说明书、施工图预算表、安装工程费用总表的顺序编制成册，即为一套施工图预算文件。

8.2 施工图预算的审查

8.2.1 施工图预算审查的内容

审查施工图预算的重点包括工程量计算是否准确；分部、分项单价套用是否正确；各项取费标准是否符合现行规定等。

1. 审查定额或单价的套用

1）预算中所列各分项工程单价是否与预算定额的预算单价相符；其名称、规格、计量单位和所包括的工程内容是否与预算定额一致。

2）有单价换算时应审查换算的分项工程是否符合定额规定及换算是否

正确。

3）对补充定额和单位计价表的使用应审查补充定额是否符合编制原则、单位计价表计算是否正确。

2. 审查其他相关费用

其他相关费用包括的内容各地有所不同，审查时应注意是否符合当地规定和定额的要求。

1）是否按本项目的工程性质计取费用、有无高套取费标准。

2）间接费的计取基础是否符合规定。

3）预算外调增的材料差价是否计取间接费；直接费或人工费增减后，相关费用是否做了相应调整。

4）有无将不需安装的设备计取在安装工程的间接费中。

5）有无巧立名目、乱摊费用的情况。

利润和税金的审查，重点应放在计取基础和费率是否符合当地有关部门的现行规定、有无多算或重算方面。

8.2.2 施工图预算审查的方法

1. 逐项审查法

逐项审查法也叫全面审查法，即按定额顺序或施工顺序，对各分项工程中的工程细目逐项全面详细审查的一种方法。优点是全面、细致，审查质量高、效果好。缺点是工作量大，时间较长。该方法适合于一些工程量较小、工艺比较简单的工程。

2. 标准预算审查法

标准预算审查法是对利用标准图或通用图施工的工程，先集中力量编制标准预算，以此为准来审查工程预算的一种方法。按标准设计图或通用图施工的工程，通常上部结构和做法相同，只是根据现场施工条件或地质情况不同，仅对基础部分做局部改变。凡这样的工程，以标准预算为准，对局部修改部分单独审查即可，不需逐一详细审查。优点是时间短、效果好、易定案。缺点是适用范围小，只适用于采用标准图的工程。

3. 分组计算审查法

分组计算审查法是把预算中相关项目按类别划分若干组，利用同组中的一组数据审查分项工程量的一种方法。其首先将若干分部分项工程按相邻且有一定内在联系的项目进行编组，利用同组分项工程间具有相同或相近计算基数的关系，审查一个分项工程数量，由此判断同组中其他几个分项工程的准确程度。特点是审查速度快、工作量小。

4. 对比审查法

对比审查法是当工程条件相同时，用已完工程的预算或未完但已经过审查修正的工程预算对比审查拟建工程的同类工程预算的一种方法。

5. “筛选”审查法

“筛选法”是能较快发现问题的一种方法。建筑工程虽面积和高度不同，但其各分部分项工程的单位建筑面积指标变化并不大。将这样的分部分项工程加以汇集、优选，找出其单位建筑面积工程量、单价、用工的基本数值，归纳为工程量、价格、用工三个单方基本指标，并注明基本指标的适用范围。这些基本指标用来筛分各分部分项工程，对不符合条件的应进行详细审查，如果审查对象的预算标准与基本指标的标准不符，就应对其进行调整。优点是简单易懂，便于掌握，审查速度快，便于发现问题。但是问题出现的原因仍需继续审查。该方法适用于审查住宅工程或不具备全面审查条件的工程。

6. 重点审查法

重点审查法即抓住工程预算中的重点进行审核的方法。审查的重点一般是工程量大或者造价较高的各种工程、补充定额、计取的各项费用（计取基础、取费标准）等。优点是突出重点、审查时间短、效果好。

9　水暖工程竣工结算

9.1　工程价款结算

工程价款结算指承包商在工程实施过程中，依据承包合同中关于付款条款的规定和已经完成的工程量，并且按照规定的程序向建设单位（业主）收取工程价款的一项经济活动。是由施工企业在原预算造价的基础上进行调整修正，重新确定工程造价的技术经济文件。

9.1.1　工程价款结算的方式

我国现行工程价款结算根据不同情况，可采取如下几种方式：

（1）按月结算 实行旬末或月中预支，月中结算，竣工后清算。

（2）竣工后一次结算 建设工程项目或单项工程全部建筑安装工程建设期在12个月以内，或工程承包合同价在100万元以下的，可实行工程价款每月月中预支、竣工后一次结算。即合同完成后承包人与发包人进行合同价款结算，确认的工程价款为承发包双方结算的合同价款总额。

（3）分段结算 开工当年不能竣工的单项工程或单位工程，根据工程形象进度，划分不同阶段进行结算。分段标准由各部门、省、自治区、直辖市规定。

（4）目标结算方式 在工程合同中，将承包工程的内容分解成不同控制面（验收单元），当承包商完成单元工程内容并且经工程师验收合格后，业主支付单元工程内容的工程价款。对于控制面的设定，合同中应有明确的描述。

目标结算方式下，承包商要想获得工程款，必须按照合同约定的质量标准完成控制面工程内容，要想尽快获得工程款，承包商必须充分发挥自己的组织实施能力，在保证质量的前提下，加快施工进度。

（5）双方约定的其他结算方式。

9.1.2　工程价款结算的主要内容

根据《建设项目工程结算编审规程》中的有关规定，工程价款结算主要包括竣工结算、分阶段结算、专业分包结算和合同中止结算。

（1）竣工结算 建设项目完工并经验收合格后，对所完成的建设项目进行的全面的工程结算。

（2）分阶段结算 在签订的施工承发包合同中，按工程特征划分为不同阶段实施和结算。该阶段合同工作内容已完成，经发包人或有关机构中间验收合格后，由承包人在原合同分阶段价格的基础上编制调整价格并提交发包人审核签认的工程价格，它是表达该工程不同阶段造价和工程价款结算依据的工程中间结算文件。

（3）专业分包结算 在签订的施工承发包合同或由发包人直接签订的分包工程合同中，按工程专业特征分类实施分包和结算。分包合同工作内容已完成，经总包人、发包人或有关机构对专业内容验收合格后，按合同的约定，由分包人在原合同价格基础上编制调整价格并提交总包人、发包人审核签认的工程价格，它是表达该专业分包工程造价和工程价款结算依据的工程分包结算文件。

（4）合同中止结算 工程实施过程中合同中止，对施工承发包合同中已完成并且经验收合格的工程内容，经发包人、总包人或有关机构点交后，由承包人按照原合同价格或合同约定的定价条款，参照有关计价规定编制合同中止价格，提交发包人或总包人审核签认的工程价格，它是表达该工程合同中止后已完成工程内容的造价和工程价款结算依据的工程经济文件。

9.1.3 工程预付款结算

1）承包人应将预付款专用于合同工程。

2）包工包料工程的预付款的支付比例不得低于签约合同价（扣除暂列金额）的10%，不宜高于签约合同价（扣除暂列金额）的30%。

3）承包人应在签订合同或向发包人提供与预付款等额的预付款保函后向发包人提交预付款支付申请。

4）发包人应在收到支付申请的7天内进行核实，向承包人发出预付款支付证书，并在签发支付证书后的7天内向承包人支付预付款。

5）发包人没有按合同约定按时支付预付款的，承包人可催告发包人支付；发包人在预付款期满后的7天内仍未支付的，承包人可在付款期满后的第8天起暂停施工。发包人应承担由此增加的费用和延误的工期，并应向承包人支付合理利润。

6）预付款应从每一个支付期应支付给承包人的工程进度款中扣回，直到扣回的金额达到合同约定的预付款金额为止。

7）承包人的预付款保函的担保金额根据预付款扣回的数额相应递减，但在预付款全部扣回之前一直保持有效。发包人应在预付款扣完后的14天内将预付款保函退还给承包人。

9.1.4 工程进度款结算

1）发承包双方应按照合同约定的时间、程序和方法，根据工程计量结果，办理期中价款结算，支付进度款。

2）进度款支付周期应与合同约定的工程计量周期一致。

3）已标价工程量清单中的单价项目，承包人应按工程计量确认的工程量与综合单价计算；综合单价发生调整的，以发承包双方确认调整的综合单价计算进度款。

4）已标价工程量清单中的总价项目和总价合同，承包人应按合同中约定的进度款支付分解，分别列入进度款支付申请中的安全文明施工费和本周期应支付的总价项目的金额中。

5）发包人提供的甲供材料金额，应按照发包人签约提供的单价和数量从进度款支付中扣除，列入本周期应扣减的金额中。

6）承包人现场签证和得到发包人确认的索赔金额应列入本周期应增加的金额中。

7）进度款的支付比例按照合同约定，按期中结算价款总额计，不低于60%，不高于90%。

8）承包人应在每个计量周期到期后的7天内向发包人提交已完工程进度款支付申请一式四份，详细说明此周期认为有权得到的款额，包括分包人已完工程的价款。支付申请应包括以下内容：

① 累计已完成的合同价款。

② 累计已实际支付的合同价款。

③ 本周期合计完成的合同价款：

a. 本周期已完成单价项目的金额。

b. 本周期应支付的总价项目的金额。

c. 本周期已完成的计日工价款。

d. 本周期应支付的安全文明施工费。

e. 本周期应增加的金额。

④ 本周期合计应扣减的金额：

a. 本周期应扣回的预付款。

b. 本周期应扣减的金额。

⑤ 本周期实际应支付的合同价款。

9）发包人应在收到承包人进度款支付申请后的14天内，依照计量结果和合同约定对申请内容予以核实，确认后向承包人出具进度款支付证书。若发承包双方对部分清单项目的计量结果出现争议，发包人应对无争议部分的工程计量结果向承包人出具进度款支付证书。

10）发包人应在签发进度款支付证书后的14天内，按照支付证书列明的金额向承包人支付进度款。

11）若发包人逾期未签发进度款支付证书，则视为承包人提交的进度款支付申请已被发包人认可，承包人可向发包人发出催告付款的通知。发包人应在收到通知后的14天内，按照承包人支付申请的金额向承包人支付进度款。

12）发包人未按照9）～11）条的规定支付进度款的，承包人可催告发包人支付，并有权获得延迟支付的利息；发包人在付款期满后的7天内仍未支付的，承包人可在付款期满后的第8天起暂停施工。发包人应承担由此增加的费用和延误的工期，向承包人支付合理利润，并应承担违约责任。

13）发现已签发的任何支付证书有错、漏或重复的数额，发包人有权予以修正，承包人也有权提出修正申请。经发承包双方复核同意修正的，应在本次到期的进度款中支付或扣除。

9.1.5　工程质量保证金结算

建设工程质量保证金（简称保证金）即发包人与承包人在建设工程承包合同中约定，从应付的工程款中预留，用以保证承包人在缺陷责任期内对建设工程出现的缺陷进行维修的资金。质量保证金的计算额度不包括预付款的支付、扣回以及价格调整的金额。

1）发包人应按照合同约定的质量保证金比例从结算款中预留质量保证金。

2）承包人未按照合同约定履行属于自身责任的工程缺陷修复义务的，发包人有权从质量保证金中扣除用于缺陷修复的各项支出。经查验，工程缺陷属于发包人原因造成的，应由发包人承担查验和缺陷修复的费用。

3）在合同约定的缺陷责任期终止后，发包人应按照以下规定，将剩余的质量保证金返还给承包人。

① 缺陷责任期终止后，承包人应按照合同约定向发包人提交最终结清支付申请。发包人对最终结清支付申请有异议的，有权要求承包人进行修正和提供补充资料。承包人修正后，应再次向发包人提交修正后的最终结清支付申请。

② 发包人应在收到最终结清支付申请后的14天内予以核实，并应向承包人签发最终结清支付证书。

③ 发包人应在签发最终结清支付证书后的14天内，按照最终结清支付证书列明的金额向承包人支付最终结清款。

④ 发包人未在约定的时间内核实，又未提出具体意见的，应视为承包人提交的最终结清支付申请已被发包人认可。

⑤ 发包人未按期最终结清支付的，承包人可催告发包人支付，并有权获得延迟支付的利息。

⑥ 最终结清时，承包人被预留的质量保证金不足以抵减发包人工程缺陷修复费用的，承包人应承担不足部分的补偿责任。

⑦ 承包人对发包人支付的最终结清款有异议的，应按照合同约定的争议解决方式处理。

9.1.6　工程竣工结算

1）工程完工后，发承包双方必须在合同约定时间内办理工程竣工结算。

2）工程竣工结算应由承包人或受其委托具有相应资质的工程造价咨询人编制，并应由发包人或受其委托具有相应资质的工程造价咨询人核对。

3）当发承包双方或一方对工程造价咨询人出具的竣工结算文件有异议时，可向工程造价管理机构投诉，申请对其进行执业质量鉴定。

4）工程造价管理机构对投诉的竣工结算文件进行质量鉴定，宜按以下规定进行。

① 工程造价咨询人在鉴定项目合同有效的情况下应根据合同约定进行鉴定，不得任意改变双方合法的合意。

② 工程造价咨询人在鉴定项目合同无效或合同条款约定不明确的情况下应根据法律法规、相关国家标准和《建设工程工程量清单计价规范》GB 50500－2013 的规定，选择相应专业工程的计价依据和方法进行鉴定。

③ 工程造价咨询人出具正式鉴定意见书之前，可报请鉴定项目委托人向鉴定项目各方当事人发出鉴定意见书征求意见稿，并指明应书面答复的期限及其不答复的相应法律责任。

④ 工程造价咨询人收到鉴定项目各方当事人对鉴定意见书征求意见稿的书面复函后，应对不同意见认真复核，修改完善后再出具正式鉴定意见书。

⑤ 工程造价咨询人出具的工程造价鉴定书应包括以下内容：

a. 鉴定项目委托人名称、委托鉴定的内容。

b. 委托鉴定的证据材料。

c. 鉴定的依据及使用的专业技术手段。

d. 对鉴定过程的说明。

e. 明确的鉴定结论。

f. 其他需说明的事宜。

g. 工程造价咨询人盖章及注册造价工程师签名盖执业专用章。

⑥ 工程造价咨询人应在委托鉴定项目的鉴定期限内完成鉴定工作，如确因特殊原因不能在原定期限内完成鉴定工作时，应按照相应法规提前向鉴定项目委托人申请延长鉴定期限，并应在此期限内完成鉴定工作。

经鉴定项目委托人同意等待鉴定项目当事人提交、补充证据的，质证所用的时间不应计入鉴定期限。

⑦ 对于已经出具的正式鉴定意见书中有部分缺陷的鉴定结论，工程造价咨询人应通过补充鉴定作出补充结论。

5）竣工结算办理完毕，发包人应将竣工结算文件报送工程所在地或有该工程管辖权的行业管理部门的工程造价管理机构备案，竣工结算文件应作为工程竣工验收备案、交付使用的必备文件。

9.1.7　工程价款调整

1. 一般规定

1）以下事项（但不限于）发生，发承包双方应当按照合同约定调整合同价款：

① 法律法规变化。

② 工程变更。

③ 项目特征不符。

④ 工程量清单缺项。

⑤ 工程量偏差。

⑥ 计日工。

⑦ 物价变化。

⑧ 暂估价。

⑨ 不可抗力。

⑩ 提前竣工（赶工补偿）。

⑪误期赔偿。

⑫索赔。

⑬现场签证。

⑭暂列金额。

⑮发承包双方约定的其他调整事项。

2）出现合同价款调增事项（不包括工程量偏差、计日工、现场签证、索赔）后的14天内，承包人应向发包人提交合同价款调增报告并附上相关资料；承包人在14天内未提交合同价款调增报告的，应视为承包人对该事项不存在调整价款请求。

3）出现合同价款调减事项（不包括工程量偏差、索赔）后的14天内，发包人应向承包人提交合同价款调减报告并附相关资料；发包人在14天内未提交合同价款调减报告的，应视为发包人对该事项不存在调整价款请求。

4）发（承）包人应在收到承（发）包人合同价款调增（减）报告及相关资料之日起14天内对其核实，予以确认的应书面通知承（发）包人。当有疑问时，应向承（发）包人提出协商意见。发（承）包人在收到合同价款调增（减）报告之日起14天内未确认也未提出协商意见的，应视为承（发）包人提交的合同价款调增（减）报告已被发（承）包人认可。发（承）包人提出协商意见的，承（发）包人应在收到协商意见后的14天内对其核实，予以确认的应书面通知发（承）包人。承（发）包人在收到发（承）包人的协商意见后14天内既不确认也未提出不同意见的，应视为发（承）包人提出的意见已被承（发）包人认可。

5）发包人与承包人对合同价款调整的不同意见不能达成一致的，只要对发承包双方履约不产生实质影响，双方应继续履行合同义务，直到其按照合同约定的争议解决方式得到处理。

6）经发承包双方确认调整的合同价款，作为追加（减）合同价款，应与工程进度款或结算款同期支付。

2. 法律法规变化

1）招标工程以投标截止日前28天、非招标工程以合同签订前28天为基准日，其后因国家的法律、法规、规章和政策发生变化引起工程造价增减变化的，发承包双方应按照省级或行业建设主管部门或其授权的工程造价管理机构据此发布的规定调整合同价款。

2）因承包人原因导致工期延误的，按第1）条规定的调整时间，在合同工程原定竣工时间之后，合同价款调增的不予调整，合同价款调减的予以调整。

3. 工程变更

1）因工程变更引起已标价工程量清单项目或其工程数量发生变化时，应按照以下规定调整：

① 已标价工程量清单中有适用于变更工程项目的，应采用该项目的单价；但当工程变更导致该清单项目的工程数量发生变化，且工程量偏差超过15%时，该项目单价应按照6. 第2）条的规定调整。

② 已标价工程量清单中没有适用但有类似于变更工程项目的，可在合理范围内参照类似项目的单价。

③ 已标价工程量清单中没有适用也没有类似于变更工程项目的，应由承包人根据变更工程资料、计量规则和计价办法、工程造价管理机构发布的信息价格和承包人报价浮动率提出变更工程项目的单价，并应报发包人确认后调整。承包人报价浮动率可按下式计算：

招标工程：

$$\text{承包人报价浮动率 } L=(1-\text{中标价}/\text{招标控制价})\times 100\% \quad (9\text{-}1)$$

非招标工程：

$$\text{承包人报价浮动率 } L=(1-\text{报价}/\text{施工图预算})\times 100\% \quad (9\text{-}2)$$

④ 已标价工程量清单中没有适用也没有类似于变更工程项目，且工程造

价管理机构发布的信息价格缺价的，应由承包人根据变更工程资料、计量规则、计价办法和通过市场调查等取得有合法依据的市场价格提出变更工程项目的单价，并应报发包人确认后调整。

2）工程变更引起施工方案改变并使措施项目发生变化时，承包人提出调整措施项目费的，应事先将拟实施的方案提交发包人确认，并应详细说明与原方案措施项目相比的变化情况。拟实施的方案经发承包双方确认后执行，并应按照以下规定调整措施项目费：

① 措施项目中的安全文明施工费必须按国家或省级、行业建设主管部门的规定计算，不得作为竞争性费用。

② 采用单价计算的措施项目费，应按照实际发生变化的措施项目，按1）的规定确定单价。

③ 按总价（或系数）计算的措施项目费，按照实际发生变化的措施项目调整，但应考虑承包人报价浮动因素，即调整金额按照实际调整金额乘以1）规定的承包人报价浮动率计算。

若承包人未事先将拟实施的方案提交给发包人确认，则应视为工程变更不引起措施项目费的调整或承包人放弃调整措施项目费的权利。

3）当发包人提出的工程变更因非承包人原因删减了合同中的某项原定工作或工程，致使承包人发生的费用或（和）得到的收益不能被包括在其他已支付或应支付的项目中，也未被包含在任何替代的工作或工程中时，承包人有权提出并应得到合理的费用及利润补偿。

4. 项目特征不符

1）发包人在招标工程量清单中对项目特征的描述，应被认为是准确的和全面的，并且与实际施工要求相符合。承包人应按照发包人提供的招标工程量清单，根据项目特征描述的内容及有关要求实施合同工程，直到项目被改变为止。

2）承包人应按照发包人提供的设计图实施合同工程，若在合同履行期间出现设计图（含设计变更）与招标工程量清单任一项目的特征描述不符，且该变化引起该项目工程造价增减变化的，应按照实际施工的项目特征，按3. 相关条款的规定重新确定相应工程量清单项目的综合单价，并调整合同价款。

5. 工程量清单缺项

1）合同履行期间，由于招标工程量清单中缺项，新增分部分项工程清单项目的，应按照1. 确定单价，并调整合同价款。

2）新增分部分项工程清单项目后，引起措施项目发生变化的，应按3. 第2）条的规定，在承包人提交的实施方案被发包人批准后调整合同价款。

3）由于招标工程量清单中措施项目缺项，承包人应将新增措施项目实施方案提交发包人批准后，按照3. 第1）条、第2）条的规定调整合同价款。

6. 工程量偏差

1）合同履行期间，当应予计算的实际工程量与招标工程量清单出现偏差，且符合下面2）、3）条规定时，发承包双方应调整合同价款。

2）对于任一招标工程量清单项目，当因本节规定的工程量偏差和3. 规定的工程变更等原因导致工程量偏差超过15%时，可进行调整。当工程量增加15%以上时，增加部分的工程量的综合单价应予调低；当工程量减少15%以上时，减少后剩余部分的工程量的综合单价应予调高。

3）当工程量出现2）条的变化，且该变化引起相关措施项目相应发生变化时，按系数或单一总价方式计价的，工程量增加的措施项目费调增，工程量减少的措施项目费调减。

7. 计日工

1）发包人通知承包人以计日工方式实施的零星工作，承包人应予执行。

2）采用计日工计价的任何一项变更工作，在该项变更的实施过程中，承包人应按合同约定提交下列报表和有关凭证送发包人复核：

① 工作名称、内容和数量。

② 投入该工作所有人员的姓名、工种、级别和耗用工时。

③ 投入该工作的材料名称、类别和数量。

④ 投入该工作的施工设备型号、台数和耗用台时。

⑤ 发包人要求提交的其他资料和凭证。

3）任一计日工项目持续进行时，承包人应在该项工作实施结束后的24小时内向发包人提交有计日工记录汇总的现场签证报告一式三份。发包人在收到承包人提交现场签证报告后的2天内予以确认并将其中一份返还给承包人，作为计日工计价和支付的依据。发包人逾期未确认也未提出修改意见的，应视为承包人提交的现场签证报告已被发包人认可。

4）任一计日工项目实施结束后，承包人应按照确认的计日工现场签证报告核实该类项目的工程数量，并应根据核实的工程数量和承包人已标价工程量清单中的计日工单价计算，提出应付价款；已标价工程量清单中没有该类计日工单价的，由发承包双方按3. 的规定商定计日工单价计算。

5）每个支付期末，承包人提交本期间所有计日工记录的签证汇总表，并应说明本期间自己认为有权得到的计日工金额，调整合同价款，列入进度款支付。

8. 物价变化

1）合同履行期间，因人工、材料、工程设备、机械台班价格波动影响合同价款时，应根据合同约定，按《建设工程工程量清单计价规范》GB

50500—2013 附录 A 的方法之一调整合同价款。

2）承包人采购材料和工程设备的，应在合同中约定主要材料、工程设备价格变化的范围或幅度；当没有约定，且材料、工程设备单价变化超过 5% 时，超过部分的价格应按照《建设工程工程量清单计价规范》GB 50500－2013 附录 A 的方法计算调整材料、工程设备费。

3）发生合同工程工期延误的，应按照下列规定确定合同履行期的价格调整：

① 因非承包人原因导致工期延误的，计划进度日期后续工程的价格，应采用计划进度日期与实际进度日期两者的较高者。

② 因承包人原因导致工期延误的，计划进度日期后续工程的价格，应采用计划进度日期与实际进度日期两者的较低者。

4）发包人供应材料和工程设备的，不适用 1）、2）条规定，应由发包人按照实际变化调整，列入合同工程的工程造价内。

9. 暂估价

1）发包人在招标工程量清单中给定暂估价的材料、工程设备属于依法必须招标的，应由发承包双方以招标的方式选择供应商，确定价格，并应以此为依据取代暂估价，调整合同价款。

2）发包人在招标工程量清单中给定暂估价的材料、工程设备不属于依法必须招标的，应由承包人按照合同约定采购，经发包人确认单价后取代暂估价，调整合同价款。

3）发包人在工程量清单中给定暂估价的专业工程不属于依法必须招标的，应按照 3. 工程变更相应条款的规定确定专业工程价款，并应以此为依据取代专业工程暂估价，调整合同价款。

4）发包人在招标工程量清单中给定暂估价的专业工程，依法必须招标的，应当由发承包双方依法组织招标选择专业分包人，并接受有管辖权的建设工程招标投标管理机构的监督，还应符合以下要求：

① 除合同另有约定外，承包人不参加投标的专业工程发包招标，应由承包人作为招标人，但拟定的招标文件、评标工作、评标结果应报送发包人批准。与组织招标工作有关的费用应当被认为已经包括在承包人的签约合同价（投标总报价）中。

② 承包人参加投标的专业工程发包招标，应由发包人作为招标人，与组织招标工作有关的费用由发包人承担。同等条件下，应优先选择承包人中标。

③ 应以专业工程发包中标价为依据取代专业工程暂估价，调整合同价款。

10. 不可抗力

1）因不可抗力事件导致的人员伤亡、财产损失及其费用增加，发承包双方应按以下原则分别承担并调整合同价款和工期：

① 合同工程本身的损害、因工程损害导致第三方人员伤亡和财产损失以及运至施工场地用于施工的材料和待安装的设备的损害，应由发包人承担。

② 发包人、承包人人员伤亡应由其所在单位负责，并应承担相应费用。

③ 承包人的施工机械设备损坏及停工损失，应由承包人承担。

④ 停工期间，承包人应发包人要求留在施工场地的必要的管理人员及保卫人员的费用应由发包人承担。

⑤ 工程所需清理、修复费用，应由发包人承担。

2）不可抗力解除后复工的，若不能按期竣工，应合理延长工期。发包人要求赶工的，赶工费用应由发包人承担。

3）因不可抗力解除合同的，发包人应向承包人支付合同解除之日前已完成工程但尚未支付的合同价款，此外，还应支付以下金额：

① 11. 第 1）条规定的由发包人承担的费用。

② 已实施或部分实施的措施项目应付价款。

③ 承包人为合同工程合理订购且已交付的材料和工程设备货款。

④ 承包人撤离现场所需的合理费用，包括员工遣送费和临时工程拆除、施工设备运离现场的费用。

⑤ 承包人为完成合同工程而预期开支的任何合理费用，且该项费用未包括在本款其他各项支付之内。

发承包双方办理结算合同价款时，应扣除合同解除之日前发包人应向承包人收回的价款。当发包人应扣除的金额超过了应支付的金额，承包人应在合同解除后的 56 天内将其差额退还给发包人。

11. 提前竣工（赶工补偿）

1）招标人应依据相关工程的工期定额合理计算工期，压缩的工期天数不得超过定额工期的 20%，超过者，应在招标文件中明示增加赶工费用。

2）发包人要求合同工程提前竣工的，应征得承包人同意后与承包人商定采取加快工程进度的措施，并应修订合同工程进度计划。发包人应承担承包人由此增加的提前竣工（赶工补偿）费用。

3）发承包双方应在合同中约定提前竣工每日历天应补偿额度，此项费用应作为增加合同价款列入竣工结算文件中，应与结算款一并支付。

12. 误期赔偿

1）承包人未按照合同约定施工，导致实际进度迟于计划进度的，承包人应加快进度，实现合同工期。

合同工程发生误期，承包人应赔偿发包人由此造成的损失，并应按照合同约定向发包人支付误期赔偿费。即使承包人支付误期赔偿费，也不能免除承包人按照合同约定应承担的任何责任和应履行的任何义务。

2）发承包双方应在合同中约定误期赔偿费，并应明确每日历天应赔额度。误期赔偿费应列入竣工结算文件中，并应在结算款中扣除。

3）在工程竣工之前，合同工程内的某单项（位）工程已通过了竣工验收，且该单项（位）工程接收证书中表明的竣工日期并未延误，而是合同工程的其他部分产生了工期延误时，误期赔偿费应按照已颁发工程接收证书的单项（位）工程造价占合同价款的比例幅度予以扣减。

13. 索赔

1）当合同一方向另一方提出索赔时，应有正当的索赔理由和有效证据，并应符合合同的相关约定。

2）根据合同约定，承包人认为非承包人原因发生的事件造成了承包人的损失，应按下列程序向发包人提出索赔：

① 承包人应在知道或应当知道索赔事件发生后28天内，向发包人提交索赔意向通知书，说明发生索赔事件的事由。承包人逾期未发出索赔意向通知书的，丧失索赔的权利。

② 承包人应在发出索赔意向通知书后28天内，向发包人正式提交索赔通知书。索赔通知书应详细说明索赔理由和要求，并应附必要的记录和证明材料。

③ 索赔事件具有连续影响的，承包人应继续提交延续索赔通知，说明连续影响的实际情况和记录。

④ 在索赔事件影响结束后的28天内，承包人应向发包人提交最终索赔通知书，说明最终索赔要求，并应附必要的记录和证明材料。

3）承包人索赔应按下列程序处理：

① 发包人收到承包人的索赔通知书后，应及时查验承包人的记录和证明材料。

② 发包人应在收到索赔通知书或有关索赔的进一步证明材料后的28天内，将索赔处理结果答复承包人，如果发包人逾期未作出答复，视为承包人索赔要求已被发包人认可。

③ 承包人接受索赔处理结果的，索赔款项应作为增加合同价款，在当期进度款中进行支付；承包人不接受索赔处理结果的，应按合同约定的争议解决方式办理。

4）承包人要求赔偿时，可以选择以下一项或几项方式获得赔偿：

① 延长工期。

② 要求发包人支付实际发生的额外费用。

③ 要求发包人支付合理的预期利润。

④ 要求发包人按合同的约定支付违约金。

5）当承包人的费用索赔与工期索赔要求相关联时，发包人在作出费用索赔的批准决定时，应结合工程延期，综合作出费用赔偿和工程延期的决定。

6）发承包双方在按合同约定办理了竣工结算后，应被认为承包人已无权再提出竣工结算前所发生的任何索赔。承包人在提交的最终结清申请中，只限于提出竣工结算后的索赔，提出索赔的期限应自发承包双方最终结清时终止。

7）根据合同约定，发包人认为由于承包人的原因造成发包人的损失，宜按承包人索赔的程序进行索赔。

8）发包人要求赔偿时，可以选择下面一项或几项方式获得赔偿：

① 延长质量缺陷修复期限。

② 要求承包人支付实际发生的额外费用。

③ 要求承包人按合同的约定支付违约金。

9）承包人应付给发包人的索赔金额可从拟支付给承包人的合同价款中扣除，或由承包人以其他方式支付给发包人。

14. 现场签证

1）承包人应发包人要求完成合同以外的零星项目、非承包人责任事件等工作的，发包人应及时以书面形式向承包人发出指令，并应提供所需的相关资料；承包人在收到指令后，应及时向发包人提出现场签证要求。

2）承包人应在收到发包人指令后的 7 天内向发包人提交现场签证报告，发包人应在收到现场签证报告后的 48 小时内对报告内容进行核实，予以确认或提出修改意见。发包人在收到承包人现场签证，报告后的 48 小时内未确认也未提出修改意见的，应视为承包人提交的现场签证报告已被发包人认可。

3）现场签证的工作如已有相应的计日工单价，现场签证中应列明完成该类项目所需的人工、材料、工程设备和施工机械台班的数量。

如现场签证的工作没有相应的计日工单价，应在现场签证报告中列明完成该签证工作所需的人工、材料设备和施工机械台班的数量及单价。

4）合同工程发生现场签证事项，未经发包人签证确认，承包人便擅自施工的，除非征得发包人书面同意，否则发生的费用应由承包人承担。

5）现场签证工作完成后的 7 天内，承包人应按照现场签证内容计算价款，报送发包人确认后，作为增加合同价款，与进度款同期支付。

6）在施工过程中，当发现合同工程内容因场地条件、地质水文、发包人要求等不一致时，承包人应提供所需的相关资料，并提交发包人签证认可，作为合同价款调整的依据。

15. 暂列金额

1）已签约合同价中的暂列金额应由发包人掌握使用。

2）发包人按照上述1～14项的规定支付后，暂列金额余额应归发包人所有。

9.2 工程竣工结算

9.2.1 竣工结算的概念

竣工结算是指由施工企业按照合同规定的内容全部完成所承包的工程，经建设单位以及相关单位验收质量合格，并且符合合同要求之后，在交付生产或使用前，由施工单位根据合同价格和实际发生的费用增减变化情况进行编制，并且经发包方或委托方签字确认的，正确反映该项工程最终实际造价，并且作为向发包单位进行最终结算工程款的经济文件。

9.2.2 竣工结算的编制与复核

1）工程竣工结算应按照以下依据编制和复核：

①《建设工程工程量清单计价规范》GB 50500－2013。

② 工程合同。

③ 发承包双方实施过程中已确认的工程量及其结算的合同价款。

④ 发承包双方实施过程中已确认调整后追加（减）的合同价款。

⑤ 建设工程设计文件及相关资料。

⑥ 投标文件。

⑦ 其他依据。

2）分部分项工程和措施项目中的单价项目应根据发承包双方确认的工程量与已标价工程量清单的综合单价计算；发生调整的，应以发承包双方确认调整的综合单价计算。

3）措施项目中的总价项目应依据已标价工程量清单的项目和金额计算；发生调整的，应以发承包双方确认调整的金额计算，其中安全文明施工费必须按国家或省级、行业建设主管部门的规定计算，不得作为竞争性费用。

4）其他项目应按下列规定计价：

① 计日工应按发包人实际签证确认的事项计算。

② 暂估价应按《建设工程工程量清单计价规范》GB 50500—2013中的规定计算。

③ 总承包服务费应依据已标价工程量清单金额计算；发生调整的，应以发承包双方确认调整的金额计算。

④ 索赔费用应依据发承包双方确认的索赔事项和金额计算。

⑤ 现场签证费用应依据发承包双方签证资料确认的金额计算。

⑥ 暂列金额应减去合同价款调整（包括索赔、现场签证）金额计算，如有余额归发包人。

5）规费和税金必须按国家或省级、行业建设主管部门的规定计算，不得作为竞争性费用。规费中的工程排污费应按工程所在地环境保护部门规定的标准缴纳后按实列入。

6）发承包双方在合同工程实施过程中已经确认的工程计量结果和合同价款，在竣工结算办理中应直接进入结算。

9.2.3　竣工结算的具体内容

1）合同工程完工后，承包人应在经发承包双方确认的合同工程期中价款结算的基础上汇总编制完成竣工结算文件，应在提交竣工验收申请的同时向发包人提交竣工结算文件。

承包人未在合同约定的时间内提交竣工结算文件，经发包人催告后14天内仍未提交或没有明确答复的，发包人有权根据已有资料编制竣工结算文件，作为办理竣工结算和支付结算款的依据，承包人应予以认可。

2）发包人应在收到承包人提交的竣工结算文件后的28天内核对。发包人经核实：认为承包人还应进一步补充资料和修改结算文件，应在上述时限内向承包人提出核实意见，承包人在收到核实意见后的28天内应按照发包人提出的合理要求补充资料，修改竣工结算文件，并应再次提交给发包人复核后批准。

3）发包人应在收到承包人再次提交的竣工结算文件后的28天内予以复核，将复核结果通知承包人，并应遵守如下规定：

① 发包人、承包人对复核结果无异议的，应在7天内在竣工结算文件上签字确认，竣工结算办理完毕。

② 发包人或承包人对复核结果认为有误的，无异议部分按照1）规定办理不完全竣工结算；有异议部分由发承包双方协商解决；协商不成的，应按照合同约定的争议解决方式处理。

4）发包人在收到承包人竣工结算文件后的28天内，不核对竣工结算或未提出核对意见的，应视为承包人提交的竣工结算文件已被发包人认可，竣工结算办理完毕。

5）承包人在收到发包人提出的核实意见后的28天内，不确认也未提出异议的，应视为发包人提出的核实意见已被承包人认可，竣工结算办理完毕。

6）发包人委托工程造价咨询人核对竣工结算的，工程造价咨询人应在28天内核对完毕，核对结论与承包人竣工结算文件不一致的，应提交给承包人复核；承包人应在14天内将同意核对结论或不同意见的说明提交工程造价咨询人。工程造价咨询人收到承包人提出的异议后，应再次复核，复核无异议的，应按3）中①的规定办理，复核后仍有异议的，按3）中②的规定办理。

承包人逾期未提出书面异议的，应视为工程造价咨询人核对的竣工结算文件已经承包人认可。

7）对发包人或发包人委托的工程造价咨询人指派的专业人员与承包人指派的专业人员经核对后无异议并签名确认的竣工结算文件，除非发承包人能提出具体、详细的不同意见，发承包人都应在竣工结算文件上签名确认，如其中一方拒不签认的，按以下规定办理：

① 若发包人拒不签认的，承包人可不提供竣工验收备案资料，并有权拒绝与发包人或其上级部门委托的工程造价咨询人重新核对竣工结算文件。

② 若承包人拒不签认的，发包人要求办理竣工验收备案的，承包人不得拒绝提供竣工验收资料，否则，由此造成的损失，承包人承担相应责任。

8）合同工程竣工结算核对完成，发承包双方签字确认后，发包人不得要求承包人与另一个或多个工程造价咨询人重复核对竣工结算。

9）发包人对工程质量有异议，拒绝办理工程竣工结算的，已竣工验收或已竣工未验收但实际投入使用的工程，其质量争议应按该工程保修合同执行，竣工结算应按合同约定办理；已竣工未验收且未实际投入使用的工程以及停工、停建工程的质量争议，双方应就有争议的部分委托有资质的检测鉴定机构进行检测，并应根据检测结果确定解决方案，或按工程质量监督机构的处理决定执行后办理竣工结算，无争议部分的竣工结算应按合同约定办理。

9.2.4　竣工结算的审查方法

1）工程结算的审查应依据施工发承包合同约定的结算方法进行，根据施工发承包合同类型，采用不同的审查方法。本节审查方法主要适用于采用单价合同的工程量清单单价法编制竣工结算的审查。

2）审查工程结算，除合同约定调整的方法外，分部分项工程费应依据施工合同相关约定以及实际完成的工程量、投标时的综合单价等进行计算。

3）工程结算审查时，对原招标工程量清单描述不清或项目特征发生变化，以及变更工程、新增工程中的综合单价应按以下方法确定：

① 合同中已有适用的综合单价，应按已有的综合单价确定。

② 合同中有类似的综合单价，可参照类似的综合单价确定。

③ 合同中没有适用或类似的综合单价，由承包人提供综合单价，经发包人确认后执行。

4）工程结算审查中涉及措施项目费用的调整时，措施项目费应依据合同约定的项目和金额计算，发生变更、新增的措施项目，以发承包双方合同约定的计价方式计算，其中措施项目清单中的安全文明施工费用应审查是否按照国家或省级、行业建设主管部门的规定计算。施工合同中未约定措施项目费结算方法时，措施项目费可参照下列方法审查：

① 审查与分部分项实体消耗相关的措施项目，应随该分部分项工程的实体工程量的变化，是否依据双方确定的工程量、合同约定的综合单价进行结算。

② 审查独立性的措施项目是否按合同价中相应的措施项目费用进行结算。

③ 审查与整个建设项目相关的综合取定的措施项目费用是否参照投标报价的取费基数及费率进行结算。

5）工程结算审查涉及其他项目费用的调整时，按以下方法确定：

① 审查计日工是否按发包人实际签证的数量、投标时的计时工单价，以及确认的事项进行结算。

② 审查暂估价中的材料单价是否按发承包双方最终确认价在分部分项工程费中相应综合单价进行调整，计入相应的分部分项费用。

③ 对专业工程结算价的审查应按中标价或分包人、承包人与发包人最终确认的分包工程价进行结算。

④ 审查总承包服务费是否依据合同约定的结算方式进行结算，以总价方式固定的总承包服务费不予调整，以费率形式确定的总包服务费，应按专业分包工程中标价或分包人、承包人与发包人最终确认的分包工程价为基数和总承包单位的投标费率计算总承包服务费。

⑤ 审查暂列金额是否按合同约定计算实际发生的费用，并分别列入相应的分部分项工程费、措施项目费中。

6）招标工程量清单的漏项、设计变更、工程洽谈等费用应依据施工图以及发承包双方签证资料确认的数量和合同约定的计价方式进行结算，其费用列入相应的分部分项工程费或措施项目费中。

7）工程结算审查中涉及索赔费用的计算时，应依据发承包双方确认的索赔事项和合同约定的计价方式进行结算，其费用列入相应的分部分项工程费或措施项目费中。

8）工程结算审查中涉及规费和税金的计算时，应按国家、省级或行业建设主管部门的规定计算并调整。

9.3 工程索赔

9.3.1 工程索赔的概念和分类

1. 工程索赔的概念

通常索赔是指承包人（施工单位）在合同实施过程中，对非自身原因造成的工程延期、费用增加而要求发包人给予补偿损失的一种权利要求。

其概念也可概括为以下三个方面：

1）一方违约使另一方蒙受损失，受损方向对方提出赔偿损失的要求。

2）发生应由发包人承担责任的特殊风险或遇到不利自然条件等情况，使承包人蒙受较大损失而向发包人提出补偿损失要求。

3）承包人本应当获得的正当利益，由于没能及时得到监理人的确认以及发包人应给予的支付，而以正式函件向发包人索赔。

2. 工程索赔的分类

工程索赔按不同的标准可以进行不同的分类。

（1）按索赔的合同依据分类

1）合同中明示的索赔。指承包人提出的索赔要求，在该工程项目的合同文件中有文字依据，承包人可以据此提出索赔要求，并取得经济补偿。这些在合同文件中有文字规定的合同条款，称为明示条款。

2）合同中默示的索赔。指承包人的该项索赔要求，虽然在工程项目的合同条款中没有专门的文字叙述，但可以根据该合同的某些条款的含义，推论出承包人有索赔权。这种索赔要求，同样具有法律效力，有权得到相应的经济补偿。这种有经济补偿含义的条款，在合同管理工作中被称为“默示条款”或称为“隐含条款”。默示条款是一个广泛的合同概念，它包含合同明示条款中没有写入但符合双方签订合同时设想的愿望和当时环境条件的一切条款。这些默示条款，或者从明示条款所表述的设想愿望中引申出来，或者从合同双方在法律上的合同关系引申出来，经合同双方协商一致，或被法律和法规所指明，都成为合同文件的有效条款，要求合同双方遵照执行。

（2）按索赔目的分类

1）工期索赔。指由于非承包人责任的原因而导致施工进程延误，要求批准顺延合同工期的索赔。工期索赔形式上是对权利的要求，以避免在原定合同竣工日不能完工时，被发包人追究拖期违约责任。一旦获得批准合同工期顺延后，承包人不仅免除了承担拖期违约赔偿费的严重风险，而且可能提前工期得到奖励，最终仍反映在经济收益上。

2）费用索赔。其目的是要求经济补偿。当施工的客观条件改变导致承包人增加开支，要求对超出计划成本的附加开支给予补偿，以挽回不应由他承担的经济损失。

（3）按索赔事件的性质分类

1）工程延误索赔。因发包人未按合同要求提供施工条件，如未及时交付设计图样、施工现场、道路等，或因发包人指令工程暂停或不可抗力事件等原因造成工期拖延的，承包人对此提出索赔。它是工程中常见的一类索赔。

2）工程变更索赔。由于发包人或监理人指令增加或减少工程量或增加附加工程、修改设计、变更工程顺序等，造成工期延长和费用增加，承包人对此提出索赔。

3）合同被迫终止的索赔。由于发包人或承包人违约以及不可抗力事件等原因造成合同非正常终止，无责任的受害方因其蒙受经济损失而向对方提出索赔。

4）工程加速索赔。由于发包人或监理人指令承包人加快施工速度，缩短工期，引起承包人的人、财、物的额外开支而提出的索赔。

5）意外风险和不可预见因素索赔。在工程实施过程中，因人力不可抗拒的自然灾害、特殊风险以及一个有经验的承包人通常不能合理预见的不利施工条件或外界障碍，如地下水、溶洞、地下障碍物等引起的索赔。

6）其他索赔。如因货币贬值、物价上涨、政策法令变化等原因引起的索赔。

9.3.2 工程索赔产生的原因

1. 当事人违约

当事人违约一般表现为没有按照合同约定履行自己的义务。发包人违约一般表现为没有为承包人提供合同约定的施工条件、未按照合同约定的期限和数额付款等。监理人未能按照合同约定完成工作，如未能及时发出图样、指令等也视为发包人违约。承包人违约的情况则主要是没有按照合同约定的质量、期限完成施工，或者由于不当行为给发包人造成其他损害。

2. 不可抗力或不利的物质条件

不可抗力包括自然事件和社会事件。自然事件主要指的是工程施工过程中不可避免发生并不能克服的自然灾害，如地震、海啸、瘟疫、水灾等；社会事件则包括国家政策、法律、法令的变更，战争、罢工等。不利的物质条件一般是指承包人在施工现场遇到的不可预见的自然物质条件、非自然的物质障碍和污染物，包括地下和水文条件。

3. 合同缺陷

合同缺陷表现为合同文件规定不严谨甚至矛盾、合同中的遗漏或错误。若出现这种情况下，工程师应当予以解释，若这种解释将导致成本增加或工期延长，发包人应当给予补偿。

4. 合同变更

合同变更表现为设计变更、施工方法变更、追加或者取消某些工作、合同规定的其他变更等。

5. 监理人指令

监理人指令有时也会产生索赔，如监理人指令承包人加速施工、进行某项工作、更换某些材料、采取某些措施等，而且这些指令不是由于承包人的原因造成的。

6. 其他第三方原因

其他第三方原因一般表现为与工程有关的第三方的问题而引起的对本工程的不利影响。

9.3.3 工程索赔费用的计算

1. 可索赔的费用

可索赔的费用一般包括如下几个方面：

1）人工费。包括增加工作内容的人工费、停工损失费和工作效率降低的损失费等累计，但是不能简单地用计日工费计算。

2）设备费。可采用机械台班费、机械折旧费、设备租赁费等几种形式。

3）材料费。

4）保函手续费。工程延期时，保函手续费相应增加，相反，取消部分工程并且发包人与承包人达成提前竣工协议时，承包人的保函金额相应折减，则计入合同价内的保函手续费也应相应扣减。

5）贷款利息。

6）保险费。

7）利润。

8）管理费。其又可分为现场管理费和公司管理费两部分，由于两者的计算方法不一样，所以在审核过程中应区别对待。

2. 索赔费用的计算

索赔费用的计算方法有实际费用法、修正总费用法等。

（1）实际费用法 它是按照每索赔事件所引起损失的费用项目分别计算索赔值，然后将各费用项目的索赔值汇总，即得到总索赔费用值。实际费用法以承包商为某项索赔工作所支付的实际开支为依据，但是仅限于由于索赔事项引起的、超过原计划的费用，所以也叫额外成本法。在该方法中，要注意不要遗漏费用项目。

（2）修正总费用法 它是对总费用法的改进，即在总费用计算的基础上，去掉一些不确定的可能因素，对总费用法进行相应的修改和调整，使其更加合理。

参考文献

[1] 中华人民共和国住房和城乡建设部．建设工程工程量清单计价规范 GB 50500－2013 [S]. 北京：中国计划出版社，2013.

[2] 中华人民共和国住房和城乡建设部．通用安装工程工程量计算规范 GB 50856－2013 [S]. 北京：中国计划出版社，2013.

[3] 吉林省建设厅．全国统一安装工程预算定额．第八册，给排水、采暖、燃气工程．GYD—208—2000 [S]．北京：中国计划出版社，2001.

[4] 中华人民共和国建设部标准定额司．全国统一安装工程预算工程量计算规则 GYDGZ—201—2000 [S]．2 版．北京：中国计划出版社，2001.

[5] 中华人民共和国住房和城乡建设部．建筑给水排水制图标准 GB/T 50106—2010 [S]. 北京：中国建筑工业出版社，2010.

[6] 中华人民共和国住房和城乡建设部．暖通空调制图标准 GB/T 50114—2010 [S]. 北京：中国计划出版社，2011.

[7] 中华人民共和国住房和城乡建设部．燃气工程制图标准 CJJ/T 130—2009 [S]. 北京：中国建筑工业出版社，2009.

[8] 刘庆山．建筑安装工程预算：给水排水、电气安装、通风空调、室内采暖 [M]. 北京：机械工业出版社，2004.

[9] 赵莹华．水暖及通风空调工程招投标与预决算 [M]. 北京：化学工业出版社，2010.

[10] 高霞．建筑暖通空调施工识图速成与技法 [M]. 江苏：江苏科学技术出版社，2010.

[11] 邱晓慧．建筑设备安装工程预算 [M]. 北京：中国建材工业出版社，2012.

[12] 曹丽君．安装工程预算与清单报价 [M]．北京：机械工业出版社，2011.